F.M. Wahl, Digitale Bildsignalverarbeitung, 1.Auflage (1984)

BERICHTIGUNGEN

Seite 6, Gl.(2-3): <u>lies</u>

$$f(x,y) = \frac{1}{4\pi^2} \int\limits_{-\infty}^{+\infty} \int\limits_{-\infty}^{+\infty} F(u,v)\exp[j(ux+vy)]\, du\, dv$$

Seite 24, Gl.(2-89), erste Zeile: <u>lies</u> $l\Delta y$ <u>statt</u> $n\Delta y$

Seite 25, 6. Zeile: <u>lies</u> $f_d(m\Delta x, n\Delta y)$ <u>statt</u> $f_d(m\Delta x, u\Delta y)$

Seite 26, mitte: $\{|x| < \Delta x/2 \cap |y| < \Delta y/2\}$ <u>statt</u> $\{|x| < \Delta x/2 \cap |y| < \Delta x/2\}$

Seite 32, Gl.(2-115), zweite Zeile: <u>lies</u> $\tilde{F}(-k,-l)$ <u>statt</u> $\tilde{F}'(-k,-l)$

Seite 35, Gl.(2-128): <u>lies</u> ●—○ $\underset{k}{} f(m,0)$ <u>statt</u> ○—● $\underset{k}{} F(m,0)$

Seite 35, 3. Zeile von unten: <u>lies</u> $\{M_f \le m \le M-1 \cup N_f \le l \le N-1\}$ bzw. $\{M_h \le m \le M-1 \cup N_h \le n \le N-1\}$ <u>statt</u> $\{M_f \le m \le M-1 \cap N_f \le l \le N-1\}$ bzw. $\{M_h \le m \le M-1 \cap N_h \le n \le N-1\}$

Seite 38, Gl.(2-136), zweite Zeile: <u>lies</u> $(j2\pi km/M)$ <u>statt</u> $(j2\pi(km/M)$

Seite 66, Gl.(3-6): <u>lies</u> $\delta\big(f(m,n)-i\big)$ <u>statt</u> $\delta\big(f(m,n)\big)-i$

Seite 70, Bild 3.4: <u>lies</u> (a), (d) Originalbilder <u>statt</u> (a), (b) Originalbilder

Seite 99, Gl.(4-17): <u>lies</u> $\hat{F}(k,l)H(k,l)$ <u>statt</u> $\hat{F}(k,l)h(k,l)$

Seite 100, Gl.(4-20), zweite Zeile: <u>lies</u> $j\lambda$ <u>statt</u> λ

Seite 111, Gl.(4-56): <u>lies</u> ●—○ <u>statt</u> ○—●

Seite 159, Gl.(6-10): <u>lies</u> $\eta_{pq} = \mu_{pq}/\mu_{00}^{\gamma+1}$ <u>statt</u> $\mu_{pq} = \eta_{pq}/\mu_{00}^{\gamma}$

Seite 161, Gl.(6-15): <u>lies</u> $(k^2+l^2)^p$ <u>statt</u> $(k^2+l^2)^2$

Seite 166, Bild A.1: <u>lies</u> nach /A.2/ <u>statt</u> nach /A.1/

Nachrichtentechnik
Herausgegeben von H. Marko
Band 13

Friedrich M. Wahl

Digitale Bildsignalverarbeitung

Grundlagen, Verfahren, Beispiele

Mit 85 Abbildungen

Springer-Verlag
Berlin Heidelberg New York Tokyo 1984

Dr.-Ing., Dr.-Ing. habil. FRIEDRICH M. WAHL

IBM Forschungslaboratorium Zürich
CH-8803 Rüschlikon, Schweiz

Dr.-Ing. HANS MARKO

Professor, Lehrstuhl für Nachrichtentechnik
Technische Universität München

Text und Formeln wurden vom Autor unter Verwendung von D. Knuth's Typesetting System TEX gesetzt und auf einem IBM 4250 Elektroerosionsdrucker ausgedruckt.

CIP-Kurztitelaufnahme der Deutschen Bibliothek

Wahl, Friedrich:
Digitale Bildsignalverarbeitung: Grundlagen, Verfahren, Beispiele/Friedrich M. Wahl. –
Berlin; Heidelberg; New York; Tokyo: Springer, 1984.
(Nachrichtentechnik; Bd. 13)

ISBN 3-540-13586-3 Springer-Verlag Berlin Heidelberg New York Tokyo
ISBN 0-387-13586-3 Springer-Verlag New York Heidelberg Berlin Tokyo

NE: GT

Druck: Brüder Hartmann GmbH & Co., Berlin; Bindearbeiten: Lüderitz & Bauer, Berlin
2362/3020-543210

Zur Buchreihe „Nachrichtentechnik"

Die Nachrichten- oder Informationstechnik befindet sich seit vielen Jahrzehnten in einer stetigen, oft sogar stürmisch verlaufenden Entwicklung, deren Ende nicht abzusehen ist. Durch die Fortschritte der Technologie wurden ebenso wie durch die Verbesserung der theoretischen Methoden nicht nur die vorhandenen Anwendungsgebiete ausgeweitet und den sich ändernden Erfordernissen angepaßt, sondern auch neue Anwendungsgebiete erschlossen.

Zu den klassischen Aufgaben der Nachrichtenübertragung und Nachrichtenvermittlung sind die Nachrichtenverarbeitung und die Datenverarbeitung hinzugekommen, die viele Gebiete des beruflichen sowie des privaten Lebens in zunehmendem Maße verändern. Die Bedürfnisse und Möglichkeiten der Raumfahrt haben gleichermaßen neue Perspektiven eröffnet wie die verschiedenen Alternativen zur Realisierung breitbandiger Kommunikationsnetze. Neben die analoge ist die digitale Übertragungstechnik, neben die klassische Text-, Sprach- und Bildübertragung ist die Datenübertragung getreten. Die Nachrichtenvermittlung im Raumvielfach wurde durch die elektronische zeitmultiplexe Vermittlungstechnik ergänzt. Satelliten- und Glasfasertechnik haben zu neuen Übertragungsmedien geführt. Die Realisierung nachrichtentechnischer Schaltungen und Systeme ist durch den Einsatz des Elektronenrechners und die digitale Schaltungstechnik erheblich verbessert und erweitert worden. Die schnelle Entwicklung der Halbleitertechnologie zu immer höheren Integrationsgraden erschließt neue Anwendungsgebiete besonders auf dem Gebiet der digitalen Technik.

Die Buchreihe „Nachrichtentechnik" trägt dieser Entwicklung Rechnung und bietet eine zeitgemäße Darstellung der wichtigsten Themen der Nachrichtentechnik an. Die einzelnen Bände werden von Fachleuten geschrieben, die auf dem jeweiligen Gebiet kompetent sind. Jedes Buch soll in ein bestimmtes Teilgebiet einführen, die wesentlichen heute bekannten Ergebnisse darstellen und eine Brücke zur weiterführenden Spezialliteratur bilden. Dadurch soll es sowohl dem Studierenden bei der Einarbeitung in die jeweilige Thematik als auch dem im Beruf stehenden Ingenieur oder Physiker als Grundlagen- oder Nachschlagewerk dienen. Die einzelnen Bände sind in sich abgeschlossen, ergänzen einander jedoch innerhalb der Reihe. Damit ist eine gewisse Überschneidung unvermeidlich, ja sogar erforderlich.

Die derzeitige Planung der Reihe umfaßt die mathematischen Grundlagen, die Baugruppen und Systeme sowie die Technik der Signalverarbeitung und Signalübertragung. Eine Ergänzung bildet die Meßtechnik. Das folgende Schema zeigt den heutigen Stand der Reihe unter Einschluß der demnächst erscheinenden Bände.

Mathematische Grundlagen	Band 1:	Methoden der Systemtheorie (H. Marko)
	Band 4:	Numerische Berechnung linearer Netzwerke und Systeme (H. Kremer)
	Band 7:	Grundlagen digitaler Filter (R. Lücker)
	Band 10:	Grundlagen der Theorie statistischer Signale (E. Hänsler)
	Geplant:	Anwendungsbeispiele zur Systemtheorie
	Geplant:	Mehrdimensionale Systemtheorie
	Geplant:	Kanalcodierung
Baugruppen und Systeme	Band 3:	Bau hybrider Mikroschaltungen (E. Lüder)
	Band 8:	Nichtlineare Schaltungen (R. Elsner)
	Geplant:	Transistorverstärker
Signalverarbeitung	Band 5:	Prozeßrechentechnik (G. Färber)
	Band 12:	Sprachverarbeitung und Sprachübertragung (K.-R. Fellbaum)
	Band 13:	Digitale Bildsignalverarbeitung (F. Wahl)
	Geplant:	Analoge Bildverarbeitung
Signalübertragung	Band 2:	Fernwirktechnik der Raumfahrt (P. Hartl)
	Band 6:	Nachrichtenübertragung über Satelliten (E. Herter, H. Rupp)
	Band 11:	Bildkommunikation (H. Schönfelder)
	Geplant:	Millimeterwellen
	Geplant:	Lichtwellenleiter
	Geplant:	Optimierung digitaler Übertragungssysteme
	Geplant:	Antennen
	Geplant:	Radartechnik
Ergänzungen	Band 9:	Nachrichten-Meßtechnik (E. Schuon, H. Wolf)

Herausgeber und Verlag danken für alle Anregungen zur weiteren Ausgestaltung dieser Reihe. Die freundliche Aufnahme in der Fachwelt hat die Richtigkeit der Idee, das sich schnell entwickelnde Gebiet der Nachrichtentechnik oder Informationstechnik in einer Buchreihe darzustellen, bestätigt.

München, im Frühjahr 1984   H. Marko

Vorwort

Mit dem vorliegenden Buch soll eine Einführung in die digitale Bildverarbeitung gegeben werden. Hierbei werden gemäß der allgemeinen Themenstellung der vorliegenden Buchreihe insbesondere die signalorientierten Aspekte der Bildverarbeitung in den Vordergrund gestellt. Den besonderen Reiz der Bildverarbeitung sehe ich in dem interessanten Zusammenwirken von intuitiven und theoretischen Lösungsansätzen, die jeweils durch "anschauliche" Experimente evaluierbar sind. Entsprechend wird in der vorliegenden Darstellung versucht, insbesondere anhand von zahlreichen Simulationsbeispielen ein Verständnis dieses jungen, an Bedeutung zunehmenden Gebietes beim Leser zu erreichen. Zum Verständnis des Buches sind außer Kenntnissen der Mathematik, wie sie etwa in ingenieurwissenschaftlichen Studiengängen vermittelt werden, Grundkenntnisse der linearen Systemtheorie bzw. Signalverarbeitung und Grundkenntnisse der Wahrscheinlichkeitsrechnung vorteilhaft.

Das Material des vorliegenden Buches wurde zum größten Teil während meiner wissenschaftlichen Tätigkeit am Lehrstuhl für Nachrichtentechnik der Technischen Universität in München erarbeitet. Meinen herzlichen Dank möchte ich an dieser Stelle Herrn Prof. Dr. H. Marko aussprechen, der dieses Buch anregte, in großzügiger Art unterstützte und durch zahlreiche Ratschläge förderte. Besonderer Dank gebührt auch meinen früheren und jetzigen Kollegen für viele Diskussionen und Anregungen zur behandelten Problematik. Meinen zahlreichen früheren Studenten verdanke ich nicht nur einen Großteil der Illustrationen, sondern auch sehr viel Spaß beim gemeinsamen Experimentieren und Suchen nach Lösungen während der letzten Jahre. Schließlich sei der Deutschen Forschungsgemeinschaft für ihre finanzielle Unterstützung gedankt.

Rüschlikon, im Frühjahr 1984   Friedrich M. Wahl

Inhaltsverzeichnis

1 Einführung

Neben der Sprache spielt die bildhafte Information zur Orientierung und Kommunikation beim Menschen eine entscheidende Rolle. Es wird geschätzt, daß etwa 75% aller durch den Menschen aufgenommenen Information über das visuelle System erfolgt, was schon in dem alten chinesischen Sprichwort "ein Bild sagt mehr als tausend Worte" zum Ausdruck kommt. Es ist daher nicht verwunderlich, daß mit dem Entstehen der elektronischen Datenverarbeitung der Wunsch nach einer Erfassung, Verarbeitung und Analyse von Bildern mit Hilfe von Digitalrechnern auftrat. Ausgehend von den ersten Gehversuchen vor etwa 25 Jahren hat sich die Bildverarbeitung zu einer heute breiten wissenschaftlichen Disziplin entwickelt, die mit mehreren anderen Disziplinen wie Optik, Nachrichten- und Signaltheorie, Mustererkennung und künstliche Intelligenz in enger Wechselwirkung steht.

Durch unzählige Anwendungen - nicht zuletzt als Folge der billig gewordenen Rechnertechnologie - beeinflußt die Bildverarbeitung heute nahezu alle Bereiche unseres täglichen Lebens. Man denke hierbei beispielsweise an die automatisierte Dokumentenerfassung, -verarbeitung und -erstellung, an den Bereich der industriellen Prozeßautomation (bildabhängige Steuerung von Werkzeugmaschinen, Transportstraßen und Robotern; maschinelle Qualitätskontrolle), an die Erzeugung und automatisierte Analyse medizinischer Bilder (Röntgenaufnahmen, Tomographie, Szintigramme, Ultraschallmessungen, Zell- und Chromosomenbildanalyse), an die Biologie (z.B. Beobachtung von Wachstumsprozessen), an die Geophysik (Magnet- und Gravitationsfelder, seismische Signale, Auswertung von Luftbildern), an die Meteorologie (flächendeckende Temperatur-, Feuchtigkeits- und Luftdruckmessungen), an Astronomie, Archäologie und Physik (Analyse von Teilchenspuren, Elektronenmikroskopie, usw.), an die Kriminalistik (Analyse von Fingerabdrücken und Gesichtsprofilen, Dokumentsicherstellung) und an die Navigation.

Den meisten der oben aufgezählten Anwendungen liegt eine Sequenz von Verarbeitungsschritten zugrunde, die etwa durch Bild 1.1 veranschaulicht werden kann. Eine dreidimensionale Szene, die sich aus mehreren komplexen Objekten zusammensetzen kann, wird im allgemeinen durch die physikalischen Prozesse der Strahlenreflexion (z.B. herkömmliche Fotographie, Luftbildaufnahmen), der Strahlenabsorption (z.B. Röntgenaufnahmen Durchlichtmikroskopbilder) oder der Strahlenemission (z.B. nuklearmedizinische Bilder) mit Hilfe eines Abbildungssystems (z.B. Objektiv, Kollimator, elektromagnetische Felder)

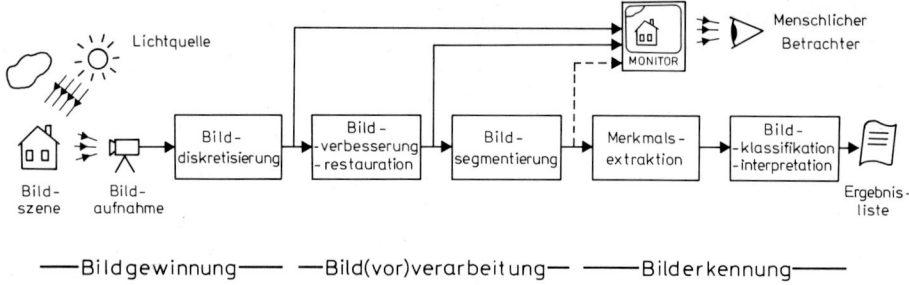

Bild 1.1. Stufen der Bildverarbeitung und Bilderkennung - Übersicht.

in ein zweidimensionales (Strahlungsab-)Bild umgesetzt und anschließend mit
Hilfe eines Sensors meist in ein elektrisches Signal gewandelt (z.B. Videokamera,
Bildabtaster). Für die Verarbeitung von Bildern im Digitalrechner müssen diese
zunächst noch in kontinuierlichen Koordinaten definierten Signale orts- und amplitudenquantisiert, d.h. in eine Zahlenmatrixdarstellung überführt werden.
Durch die Physik der Bildgewinnung und Bildaufnahme, sowie bei der Diskretisierung entstehen in der Regel Fehler, die sich mit den Methoden der Signalverarbeitung analysieren lassen und die, darauf basierend, mit Bildverbesse-
rungs- und Bildrestaurationsverfahren in Digitalrechnern wenigstens teilweise
wieder rückgängig gemacht werden können. Bild 1.2a,b zeigt, wie beispielsweise die exponentielle Strahlungsschwächung bei Röntgenaufnahmen mit Hilfe
einer einfachen Punkt-zu-Punkt-Abbildung über eine logarithmische Kennlinie
kompensiert werden kann und damit zu besser befundbaren Bildern führt. Bild
1.2c,d zeigt anhand eines Knochenszintigramms, daß mit Filterverfahren, wie
sie im Eindimensionalen in der Nachrichten- und Signaltheorie schon lange bekannt sind, starke zufällige Intensitätsfluktuationen (sogenanntes Rauschen) unterdrückt und dabei gleichzeitig Details im Bild erhalten werden können. In einer
nachfolgenden Verarbeitungsstufe wird häufig versucht, mit Segmentierungsverfahren das Bild in "bedeutungsvolle" Unterbereiche zu unterteilen. Dies ge-
schieht oft mit Hilfe sogenannter Gradientenverfahren die z.B. lokale Helligkeits-
unterschiede im Bild detektieren. Bild 1.2e,f zeigt anhand einer Chromosomen-
mikroskopaufnahme ein Beispiel hierfür.
Verfahren der Bildverbesserung/Restauration sowie der Bildsegmentierung werden oft eingesetzt um, wie in Bild 1.1 angedeutet, Bilder für einen menschlichen Betrachter an einem Bildwiedergabegerät besser interpretierbar zu machen. Häufig werden solche Verfahren jedoch auch als Vorverarbeitung für eine
folgende maschinelle Bilderkennung realisiert. Beispielsweise können für segmentierte Bildbereiche Merkmale berechnet werden, die dann einer weiteren Stufe
zur Objektklassifikation (z.B. "Organ enthält einen/keinen Tumor") oder - je
nach Komplexität der zu analysierenden Szenen - zur Bildinterpretation (z.B.
"Bild zeigt Straßenszene mit 5 Passanten vor 3 Geschäftshäusern, 7 parkende

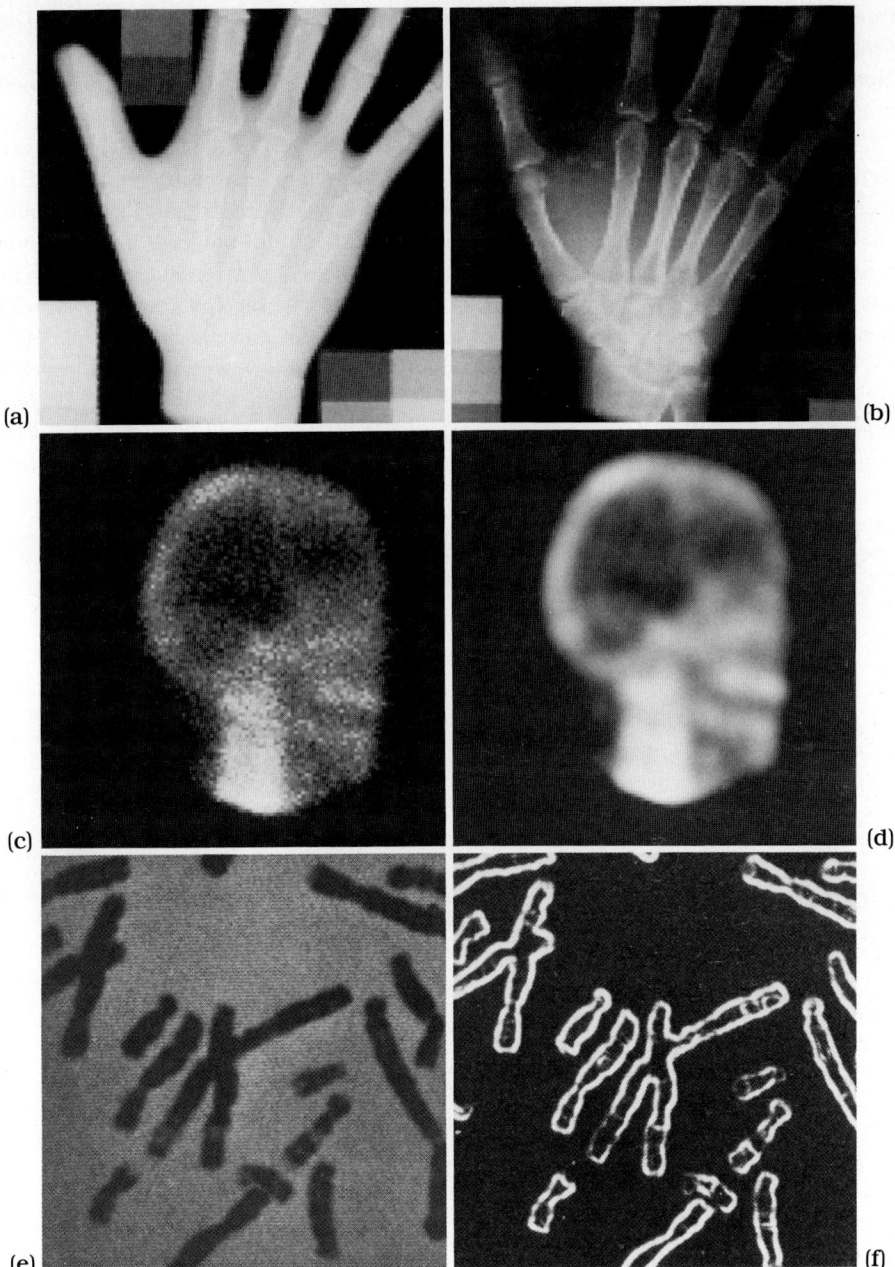

Bild 1.2. Bildverarbeitungsbeispiele: (a), (b) Intensitätstransformation von Röntgenbildern; (c), (d) Ortsfrequenzfilterung von nuklearmedizinischen Bilddaten; (e), (f) Gradientenoperation angewendet auf Mikroskopbilder.

und 2 fahrende PKWs") zugeführt werden. Die Ergebnisse sind listenartige Datenstrukturen mit Objekt- und Szenenbeschreibungen.

Neben der Verarbeitung monochromatischer und statischer Bildsignale spielt auch die Analyse von Farbbildern (z.B. multispektrale Satellitenaufnahmen: jeder Bildpunkt ist durch einen Farbvektor repräsentiert) oder die Analyse von dynamischen Szenen mit Hilfe von Bildfolgen in vielen Anwendungen eine wichtige Rolle. Im Rahmen der vorliegenden Darstellung werden primär die signaltheoretischen Aspekte bei der Diskretisierung, Darstellung und Verarbeitung monochromatischer Bilder (im weiteren Sinne auch Zählratenfelder, seismische Erregungsmuster, usw.) behandelt. Zur weitergehenden Vertiefung sei der Leser auf die vorwiegend englischsprachige Literatur auf diesem Gebiet /1.1-1.11/, sowie auf die Literatur zur Bildanalyse /1.12-1.24/ verwiesen. Weiterhin sei die Literatur zu den wichtigen und eng verwandten Gebieten der Bildcodierung /1.25-1.28/, der Computergraphik /1.29-1.32/ und der Bildverarbeitungssystemarchitekturen /1.33-1.37/ erwähnt. Reichhaltige Informationsquellen sind darüber hinaus die einschlägigen Fachzeitschriften /1.38-1.43/ und Kongreßberichte /1.44-1.52/.

2 Grundlagen zweidimensionaler Signale und Systeme

Da mit der Systemtheorie kontinuierlicher zweidimensionaler Signale wichtige Zusammenhänge bei der Umwandlung kontinuierlicher Strahlenverteilungen in orts-, zeit- und amplitudendiskrete Signale sowie Artefakte bei der Bilddarstellung erklärt und quantitativ analysiert werden können, faßt Abschnitt 2.1 ihre wichtigsten Grundlagen zusammen. (Detailliertere Einführungen möge der Leser der Literatur (z.B. /2.1-2.3/ entnehmen.) Abschnitt 2.2 beschreibt die signaltheoretischen Zusammenhänge bei der Bildabtastung und Bilddarstellung im idealen Fall und unter verschiedenen physikalischen Randbedingungen. Anschließend wird in Abschnitt 2.3 die diskrete Fouriertransformation, ihre wichtigsten Gesetze und ihre Bedeutung für die anschauliche Charakterisierung von diskreten Bildsignalen und Bild"übertragungs"systemen behandelt. Darüber hinaus werden kurz weitere wichtige diskrete Transformationen vorgestellt und Realisierungsmöglichkeiten linearer Systeme aufgezeigt.

2.1 Systemtheorie zweidimensionaler kontinuierlicher Signale

2.1.1 Die zweidimensionale kontinuierliche Fouriertransformation

Es sei $f(x,y)$ eine kontinuierliche Funktion der beiden reellen Variablen x, y. Die zweidimensionale Fouriertransformation von $f(x,y)$ ist dann definiert als

$$F(u,v) = \int\limits_{-\infty}^{+\infty} \int\limits_{-\infty}^{+\infty} f(x,y) \exp[-j(ux+vy)]\, \mathrm{d}x\, \mathrm{d}y \qquad (2\text{-}1)$$

mit $j = \sqrt{-1}$. Eine hinreichende Bedingung für die Existenz der Fouriertransformierten $F(u,v)$ ist die absolute Summierbarkeit der Funktion $f(x,y)$, d.h.

$$\int\limits_{-\infty}^{+\infty} \int\limits_{-\infty}^{+\infty} |f(x,y)|\, \mathrm{d}x\, \mathrm{d}y < \infty \qquad (2\text{-}2)$$

Ist Gl.(2-2) nicht erfüllt, kann in vielen Fällen mit Hilfe eines Konvergenzfaktors eine Konvergenz des Integrals in Gl.(2-1) erzwungen werden /2.1/. Hierzu wird

$f(x, y)$ beispielsweise durch $f(x, y) \exp(-\alpha x - \beta y)$ mit α, β reellen positiven Konstanten in Gl.(2-1) substituiert, die Integration durchgeführt und anschließend der Grenzwert für $\alpha, \beta \to 0$ gebildet. Entsprechend zu Gl.(2-1) läßt sich $f(x, y)$ aus der kontinuierlichen, absolut integrierbaren Funktion $F(u, v)$ mittels der zweidimensionalen inversen Fouriertransformation berechnen:

$$f(x, y) = \int\limits_{-\infty}^{+\infty} \int\limits_{-\infty}^{+\infty} F(u, v) \exp[j(ux + vy)] \, du \, dv \qquad (2\text{-}3)$$

$f(x, y)$ und $F(u, v)$ werden auch als Fouriertransformationspaar bezeichnet, für das man die Kurzbezeichnung

$$f(x, y) \; \circ\!\!-\!\!\bullet \; F(u, v) \qquad (2\text{-}4)$$

eingeführt hat (der Doppelstrich deutet auf die Transformation nach zwei Variablen hin). Faßt man die beiden Variablen x, y als Ortskoordinaten und damit $f(x, y)$ als kontinuierliche Ortsfunktion auf, so bezeichnet man $F(u, v)$ als kontinuierliches Ortsfrequenzspektrum der beiden Ortsfrequenzvariablen u und v. Obwohl die obigen Gleichungen sowohl für reell- als auch für komplexwertige $f(x, y)$ gelten, werden im folgenden meist reellwertige Funktionen $f(x, y)$ wie z.B. Intensitätsfunktionen betrachtet; die korrespondierenden Ortsfrequenzspektren sind dagegen im allgemeinen komplexwertige Funktionen, d.h.

$$F(u, v) = \Re e\{F(u, v)\} + j\Im m\{F(u, v)\} \qquad (2\text{-}5)$$

$F(u, v)$ wird auch oft als Produkt eines Amplituden- und Phasenterms geschrieben:

$$F(u, v) = |F(u, v)| \exp[j\varphi(u, v)] \qquad (2\text{-}6)$$

wobei man

$$|F(u, v)| = [\Re e\{F(u, v)\}^2 + \Im m\{F(u, v)\}^2]^{1/2} \qquad (2\text{-}7)$$

als Betrags- oder auch als Amplitudenspektrum und

$$\varphi(u, v) = \arctan[\Im m\{F(u, v)\}/\Re e\{F(u, v)\}] \qquad (2\text{-}8)$$

als Phasenspektrum bezeichnet. Das Quadrat des Amplitudenspektrums

$$|F(u, v)|^2 = \Re e\{F(u, v)\}^2 + \Im m\{F(u, v)\}^2 = F(u, v)F^*(u, v) \qquad (2\text{-}9)$$

ist das Leistungsspektrum von $f(x, y)$. Ein für viele Bildverarbeitungsprobleme wichtiger Spezialfall ist die Fouriertransformation rotationssymmetrischer Signale. Die resultierenden Ortsfrequenzspektren sind dann ebenfalls rotationssymmetrisch:

$$f(x, y) = f(\sqrt{x^2 + y^2}) \; \circ\!\!-\!\!\bullet \; F(u, v) = 2\pi \bar{F}(\sqrt{u^2 + v^2}) \qquad (2\text{-}10)$$

Die Fouriertransformation in Gl.(2-1) nach zwei Variablen kann in diesem Fall mit einer Transformation nach einer Variablen, der sogenannten Hankeltransformation, vereinfacht berechnet werden. Die Hankeltransformation ist mit $r = \sqrt{x^2 + y^2}$ und $w = \sqrt{u^2 + v^2}$ definiert als

$$\bar{F}(w) = \int\limits_0^\infty r f(r) J_o(wr)\,\mathrm{d}r \qquad (2\text{-}11)$$

wobei J_o die Besselfunktion nullter Ordnung ist. $f(r)$ bzw. $F(w)$ mit $r \geq 0$ und $w \geq 0$ lassen sich jeweils als Halbprofil der rotationssymmetrischen Funktionen $f(x,y)$ bzw. $F(u,v)$ in der Orts- bzw. Ortsfrequenzebene auffassen. Die Hankelrücktransformation ist identisch zur Vorwärtstransformation, d.h.

$$f(r) = \int\limits_0^\infty w \bar{F}(w) J_o(rw)\,\mathrm{d}w \qquad (2\text{-}12)$$

$f(r), \bar{F}(w)$ wird als Hankeltransformationspaar bezeichnet, für das auch die Kurzschreibweise

$$f(r) \overset{H}{\circ\!\!-\!\!\bullet} \bar{F}(w) \qquad (2\text{-}13)$$

verwendet wird. Im Anhang ist ein Programmbeispiel zur numerischen Berechnung der Hankeltransformation und eine Tabelle mit einigen gebräuchlichen Hankeltransformationspaaren angegeben.

2.1.2 Wichtige Eigenschaften der zweidimensionalen Fouriertransformation

Vertauschungssatz

Faßt man das Ortsfrequenzspektrum $F(u,v)$ der Ortsfunktion $f(x,y)$ als neue Ortsfunktion $F(x,y)$ auf, so hat deren Fouriertransformierte die an den Koordinatenachsen gespiegelte Form $f(-u,-v)$ des ursprünglichen Signals, multipliziert mit $4\pi^2$. In Kurzschreibweise gilt demgemäß:

$$\begin{aligned} f(x,y) &\circ\!\!-\!\!\bullet F(u,v) \\ F(x,y) &\circ\!\!-\!\!\bullet 4\pi^2 f(-u,-v) \end{aligned} \qquad (2\text{-}14)$$

Separierbarkeit der Fouriertransformation

Die zweidimensionale Fouriertransformation ist eine separierbare Operation, d.h., sie kann mit Hilfe einer eindimensionalen Fouriertransformation zunächst nach der Variablen x (bzw. y) und anschließend durch eine weitere eindimensionale Fouriertransformation der so erhaltenen Zwischengröße $F_x(u,y)$ (bzw. $F_y(x,v)$) nach der Variablen y (bzw. x) berechnet werden. Das gleiche trifft auch auf die Rücktransformation zu. In Kurzschreibweise gilt:

$$f(x,y) \underset{x}{\circ\!\!-\!\!\bullet} F_x(u,y) \underset{y}{\circ\!\!-\!\!\bullet} F(u,v) \qquad (2\text{-}15)$$

$$f(x,y) \circ\!\!-\!\!\bullet \underset{y}{F_y(x,v)} \circ\!\!-\!\!\bullet \underset{x}{F(u,v)} \tag{2-16}$$

Die Fouriertransformation separierbarer Signale

Nach den Variablen x, y multiplikativ separierbare Signale haben ein nach den Variablen u, v separierbares Spektrum und umgekehrt:

$$f(x,y) = f_x(x)\, f_y(y) \circ\!\!-\!\!\bullet F(u,v) = F_u(u)F_v(v) \tag{2-17}$$
$$\text{mit } f_x(x) \circ\!\!-\!\!\bullet F_u(u) \text{ und } f_y(y) \circ\!\!-\!\!\bullet F_v(v)$$

Entsprechendes gilt für additiv separierbare Signale.

Symmetrieeigenschaften

Einige nützliche allgemeine Symmetriebeziehungen sind

$$f(-x,-y) \circ\!\!=\!\!\bullet F(-u,-v) \tag{2-18}$$

$$f^*(-x,-y) \circ\!\!=\!\!\bullet F^*(u,v) \tag{2-19}$$

Der Stern bezeichnet hierbei konjugiert komplexe Größen. Für die Ortsfrequenz-spektren reeller Ortsfunktionen gilt insbesondere

$$F^*(u,v) = F(-u,-v) \tag{2-20}$$

Überlagerungssatz

Da die Fouriertransformation eine lineare Operation ist, ist die Fouriertrans-formierte von Summen von Ortsfunktionen gleich der Summe ihrer Fouriertrans-formierten. Es gilt:

$$\sum_{(i)} c_i f_i(x,y) \circ\!\!=\!\!\bullet \sum_{(i)} c_i F_i(u,v) \tag{2-21}$$
$$\text{mit } f_i(x,y) \circ\!\!=\!\!\bullet F_i(u,v),\ c_i \in \mathbb{R},\ i = 1,2,3,\dots$$

Ähnlichkeitssatz

Eine Dehnung der Ortsfunktion $f(x,y)$ in der Ortsebene führt zu einer Skalie-rung und Stauchung von $F(u,v)$ in der Ortsfrequenzebene und umgekehrt:

$$f(ax,bx) \circ\!\!=\!\!\bullet \frac{1}{|ab|}F\left(\frac{u}{a}, \frac{v}{b}\right) \tag{2-22}$$
$$\text{mit } a,b \in \mathbb{R}$$

Rotationssatz

Eine Drehung der Funktion $f(x,y)$ im Ortsbereich um einen Winkel α bewirkt eine Drehung von $F(u,v)$ in der Ortsfrequenzebene um den gleichen Winkel im gleichen Richtungssinn und umgekehrt:

$$f_\alpha(x',y') \circ\!\!=\!\!\bullet F_\alpha(u',v') \tag{2-23}$$

$$x' = x \cos \alpha + y \sin \alpha, \quad y' = y \cos \alpha - x \sin \alpha$$
$$u' = u \cos \alpha + v \sin \alpha, \quad v' = v \cos \alpha - u \sin \alpha \tag{2-24}$$

Verschiebungssatz

Eine Verschiebung der Funktion $f(x,y)$ im Ortsbereich bewirkt eine lineare Phasendrehung der Funktion $F(u,v)$ im Ortsfrequenzbereich und umgekehrt:

$$f(x-a, y-b) \circ\!\!-\!\!\bullet F(u,v) \exp\left[-j(ua + vb)\right] \tag{2-25}$$

$$f(x,y) \exp\left[j(cx + dy)\right] \circ\!\!-\!\!\bullet F(u-c, v-d) \tag{2-26}$$

Örtliche Differentiation

Die Fouriertransformierten der Richtungsableitungen von $f(x,y)$ sind

$$\frac{\partial f(x,y)}{\partial x} \circ\!\!-\!\!\bullet juF(u,v) \tag{2-27}$$

$$\frac{\partial f(x,y)}{\partial y} \circ\!\!-\!\!\bullet jvF(u,v) \tag{2-28}$$

Für die Fouriertransformierte des zweidimensionalen Laplace-Operators folgt aus Gln.(2-27) und (2-28):

$$\nabla^2 f(x,y) = \frac{\partial^2 f(x,y)}{\partial x^2} + \frac{\partial^2 f(x,y)}{\partial y^2} \circ\!\!-\!\!\bullet -(u^2 + v^2)F(u,v) \tag{2-29}$$

Integration nach einer Variablen

Die Dimension einer Q-dimensionalen Funktion läßt sich durch Integration nach einer Variablen auf $Q - 1$ reduzieren. Speziell gilt für die zweidimensionale Funktion $f(x,y)$ bzw. für ihre korrespondierende Fouriertransformierte $F(u,v)$:

$$f_x(y) = \int\limits_{-\infty}^{\infty} f(x,y)\, \mathrm{d}x \underset{y}{\circ\!\!-\!\!\bullet} F(0,v) \tag{2-30}$$

$$f_y(x) = \int\limits_{-\infty}^{\infty} f(x,y)\, \mathrm{d}y \underset{x}{\circ\!\!-\!\!\bullet} F(u,0) \tag{2-31}$$

d.h., die Integration der Ortsfunktion in einer Richtung resultiert in einer spektralen Belegung der Ortsfrequenzebene entlang einer zur Integrationsrichtung orthogonalen, durch den Ursprung verlaufenden Geraden. Wegen des Rotationssatzes (Gln.(2-23), (2-24)) gilt dieser Zusammenhang, den man auch als Projektionsschnittheorem bezeichnet, in beliebigen Richtungen.

Faltungssatz

Das Faltungsprodukt zweier zweidimensionalen Funktionen korrespondiert mit
dem Produkt der Fouriertransformierten dieser Funktionen und umgekehrt:

$$f(x,y) * *h(x,y) = \int\limits_{-\infty}^{\infty} \int\limits_{-\infty}^{\infty} f(\xi,\eta)h(x-\xi,y-\eta)\,\mathrm{d}\xi\,\mathrm{d}\eta$$

$$= \int\limits_{-\infty}^{\infty} \int\limits_{-\infty}^{\infty} f(x-\xi,y-\eta)h(\xi,\eta)\,\mathrm{d}\xi\,\mathrm{d}\eta \tag{2-32}$$

$$\circ\!\!-\!\!\bullet\ F(u,v)H(u,v)$$

$$f(x,y)h(x,y) \circ\!\!-\!\!\bullet \frac{1}{4\pi^2}F(u,v) * * H(u,v)$$

$$= \frac{1}{4\pi^2} \int\limits_{-\infty}^{\infty} \int\limits_{-\infty}^{\infty} F(\xi,\eta)H(u-\xi,v-\eta)\,\mathrm{d}\xi\,\mathrm{d}\eta \tag{2-33}$$

$$= \frac{1}{4\pi^2} \int\limits_{-\infty}^{\infty} \int\limits_{-\infty}^{\infty} F(u-\xi,v-\eta)H(\xi,\eta)\,\mathrm{d}\xi\,\mathrm{d}\eta$$

Korrelationssatz

Die Kreuzkorrelation zweier Ortsfunktionen $f(x,y)$ und $g(x,y)$ ist definiert als

$$\phi_{fg}(x,y) = f(x,y) \circ\circ g(x,y) = \int\limits_{-\infty}^{\infty} \int\limits_{-\infty}^{\infty} f(\xi,\eta)g^*(\xi+x,\eta+y)\,\mathrm{d}\xi\,\mathrm{d}\eta \tag{2-34}$$

Mit $g'(x,y) = g(-x,-y)$ läßt sich Gl.(2-34) als Faltungsoperation auffassen.
Damit folgt mit Gl.(2-18) für die örtliche Kreuzkorrelation und ihr korrespondierendes Spektrum

$$f(x,y) \circ\circ g(x,y) \circ\!\!-\!\!\bullet F(u,v)G^*(u,v) \tag{2-35}$$

Mit $g(x,y) = f(x,y)$ folgt für die Autokorrelationsfunktion von $f(x,y)$ und ihre
zugehörige Fouriertransformierte:

$$\phi_{ff}(x,y) = f(x,y) \circ\circ f(x,y)$$

$$= \int\limits_{-\infty}^{\infty} \int\limits_{-\infty}^{\infty} f(\xi,\eta)f^*(\xi+x,\eta+y)\,\mathrm{d}\xi\,\mathrm{d}\eta \tag{2-36}$$

$$\circ\!\!-\!\!\bullet F(u,v)F^*(u,v) = |F(u,v)|^2$$

Satz von Parseval

Für die Energien des Ortssignals $f(x, y)$ und des zugehörigen Ortsfrequenzspektrums $F(u, v)$ besteht der Zusammenhang

$$\int\limits_{-\infty}^{\infty} \int\limits_{-\infty}^{\infty} |f(x,y)|^2 \, \mathrm{d}x \, \mathrm{d}y = \frac{1}{4\pi^2} \int\limits_{-\infty}^{\infty} \int\limits_{-\infty}^{\infty} |F(u,v)|^2 \, \mathrm{d}u \, \mathrm{d}v \qquad (2\text{-}37)$$

Anmerkung: In /2.4/ sind einige der oben erwähnten Eigenschaften bildhaft mit kohärent-optischen Methoden dargestellt.

2.1.3 Einige spezielle Signale und ihre Fouriertransformation

Rechteckimpuls

Die zweidimensionale Rechteckimpulsfunktion ist definiert als

$$\mathrm{rect}_{a,b}(x,y) = \begin{cases} 1 & \text{für } |x| \leq a \text{ und } |y| \leq b \\ 0 & \text{sonst} \end{cases} \qquad (2\text{-}38)$$

Sie läßt sich als Produkt zweier eindimensionaler Rechteckimpulsfunktionen schreiben, ist also eine separierbare Funktion. Es ist

$$\mathrm{rect}_{a,b}(x,y) = \mathrm{rect}_a(x)\mathrm{rect}_b(y) \qquad (2\text{-}39)$$

$$\text{mit } \mathrm{rect}_c(x) = \begin{cases} 1 & \text{für } |x| \leq c \\ 0 & \text{sonst} \end{cases} \qquad (2\text{-}40)$$

Wie aus der eindimensionalen Systemtheorie /2.5/ bekannt ist, gilt für einen Rechteckimpuls die folgende Fourierkorrespondenz:

$$\mathrm{rect}_a(x) \;\circ\!\!-\!\!\bullet\; 2a\mathrm{si}(au)$$

$$\text{mit } \mathrm{si}(\xi) = \frac{\sin \xi}{\xi} \qquad (2\text{-}41)$$

Aus Gln.(2-39) und (2-41) folgt mit Gl.(2-17) unmittelbar

$$\mathrm{rect}_{a,b}(x,y) \;\circ\!\!-\!\!\bullet\; 4ab\,\mathrm{si}(au)\mathrm{si}(bv) \qquad (2\text{-}42)$$

Diracfunktion

Wie in der eindimensionalen Systemtheorie, so spielt auch im Zweidimensionalen bei der Analyse von Systemen die Diracfunktion eine wichtige Rolle. Sie läßt sich anschaulich als Grenzübergang

$$\lim_{a,b \to 0} \frac{1}{4ab}\mathrm{rect}_{a,b}(x,y) \qquad (2\text{-}43)$$

auffassen (im strengen mathematischen Sinn existiert dieser Grenzübergang nicht; die Diracfunktion gehört vielmehr zur Klasse der verallgemeinerten Funktionen (Distributionen) /2.6/). Entsprechend Gl.(2-43) kann man sich unter der zweidimensionalen Diracfunktion $\delta(x, y)$ eine zweidimensionale Rechteckimpulsfunktion $\text{rect}_{a,b}(x, y)$ mit der unendlich kleinen Impulsfläche $4ab$ und der unendlichen Impulshöhe $1/(4ab)$ vorstellen. Für das Integral von $\delta(x, y)$ gilt

$$\int_{-\infty}^{\infty} \int_{-\infty}^{\infty} \delta(x, y) \, \mathrm{d}x \, \mathrm{d}y = 1 \tag{2-44}$$

Eine wichtige Eigenschaft der Diracfunktion ist

$$\int_{-\infty}^{\infty} \int_{-\infty}^{\infty} f(x, y)\delta(x - a, y - b) \, \mathrm{d}x \, \mathrm{d}y = f(a, b) \tag{2-45}$$

Gl.(2-45) wird als Ausblendeigenschaft der Diracfunktion bezeichnet. Aus Gl.(2-45) folgt unmittelbar die Verschiebungseigenschaft der Diracfunktion bei der Faltung

$$f(x, y) * * \delta(x - a, y - b) = f(x - a, y - b) \tag{2-46}$$

Mit Gl.(2-25) ergibt sich die weitere wichtige Eigenschaft der Diracfunktion

$$\delta(x, y) = \frac{1}{4\pi^2} \int_{-\infty}^{\infty} \int_{-\infty}^{\infty} \exp[j(ux + vy)] \, \mathrm{d}u \, \mathrm{d}v \tag{2-47}$$

Vergleicht man Gl.(2-47) mit der inversen Fouriertransformationsgleichung (2-3) und benutzt den Zusammenhang in Gl.(2-14), so lassen sich sofort die beiden Fouriertransformationspaare

$$\delta(x, y) \circ\!\!\!-\!\!\bullet 1 \tag{2-48}$$

$$1 \circ\!\!\!-\!\!\bullet 4\pi^2\delta(u, v) \tag{2-49}$$

angeben. D.h., eine Konstante im Ortsbereich hat als Fouriertransformierte eine Diracfunktion im Ortsfrequenzbereich und umgekehrt.

Diracfeld

Das zweidimensionale Diracfeld ist definiert als

$$s(x, y) = \sum_{m=-\infty}^{\infty} \sum_{n=-\infty}^{\infty} \delta(x - m\Delta x, y - n\Delta y) \tag{2-50}$$

$$\text{mit } m, n \text{ ganze Zahlen}$$

$s(x, y)$ ist eine periodische Funktion mit den Perioden Δx in x-Richtung und Δy in y-Richtung. Ähnlich wie in der eindimensionalen Systemtheorie /2.5/ lassen sich zweidimensionale periodische Funktionen als zweidimensionale Fourierreihen darstellen. Es ist

$$s(x,y) = \sum_{k=-\infty}^{\infty} \sum_{l=-\infty}^{\infty} S_{kl} \exp[j2\pi(kx/\Delta x + ly/\Delta y)] \qquad (2\text{-}51)$$

wobei für die Koeffizienten S_{kl} der Reihe gilt

$$S_{kl} = \frac{1}{\Delta x \Delta y} \int\limits_{-\Delta x/2}^{\Delta x/2} \int\limits_{-\Delta y/2}^{\Delta y/2} s(x,y) \exp[-j2\pi(kx/\Delta x + ly/\Delta y)] \,\mathrm{d}x\,\mathrm{d}y \qquad (2\text{-}52)$$

Da $s(x,y)$ im Integrationsgebiet nur aus einer Diracfunction im Ursprung besteht, ergibt sich mit der Ausblendeigenschaft (Gl.(2-45)) sofort

$$S_{kl} = \frac{1}{\Delta x \Delta y} \text{ für alle } k,l \qquad (2\text{-}53)$$

Setzt man Gl.(2-53) in Gl.(2-51) ein, so ergibt sich für die Darstellung des Diracfeldes als Fourierreihe

$$s(x,y) = \frac{1}{\Delta x \Delta y} \sum_{k=-\infty}^{\infty} \sum_{l=-\infty}^{\infty} \exp[j2\pi(kx/\Delta x + ly/\Delta y)] \qquad (2\text{-}54)$$

Mit Hilfe von Gl.(2-26) und dem Fouriertransformationspaar in Gl.(2-49) ergibt sich schließlich für das Spektrum $S(u,v)$ der Reihe $s(x,y)$ mit $\Delta u = 2\pi/\Delta x$ und $\Delta v = 2\pi/\Delta y$

$$S(u,v) = \Delta u \Delta v \sum_{k=-\infty}^{\infty} \sum_{l=-\infty}^{\infty} \delta(u - k\Delta u, v - l\Delta v) \qquad (2\text{-}55)$$

D.h., die Fouriertransformierte eines unendlich ausgedehnten Diracfeldes ist wiederum ein unendlich ausgedehntes Diracfeld.

Gaußfunktion

Die zweidimensionale Gaußfunktion $\exp[-(a^2x^2 + b^2y^2)]$ ist eine in den beiden Variablen x,y separierbare Funktion. Es ist

$$\exp[-(a^2x^2 + b^2y^2)] = \exp(-a^2x^2)\exp(-b^2y^2) \qquad (2\text{-}56)$$

Von der Systemtheorie eindimensionaler Signale ist bekannt, daß die Fouriertransformierte einer gaußförmigen Funktion wiederum gaußförmig ist:

$$\exp[-c^2x^2] \ \circ\!\!-\!\!\bullet \ \frac{\sqrt{\pi}}{c} \exp[-(u/2c)^2] \qquad (2\text{-}57)$$

Aus Gl.(2-56), (2-57) und Gl.(2-17) folgt dann

$$\exp[-(a^2x^2 + b^2y^2)] \;\circ\!\!\!-\!\!\bullet\; \frac{\pi}{ab}\exp[-(u^2/a^2 + v^2/b^2)/4] \qquad (2\text{-}58)$$

d.h., die Fouriertransformierte einer Gaußfunktion ist wiederum eine Gaußfunktion.

Kreisfunktion

Die zweidimensionale Kreisfunktion ist mit $r = \sqrt{x^2 + y^2}$ definiert als

$$\mathrm{circ}_a(r) = \begin{cases} 1 & \text{für } |r| \le a \\ 0 & \text{sonst} \end{cases} \qquad (2\text{-}40)$$

Im Gegensatz zu den vorhergehenden Beispielen ist diese Funktion nicht separierbar. Man kann sich jedoch aufgrund ihrer Rotationssymmetrie bei der Berechnung des zugehörigen Fourierspektrums der Hankeltransformation bedienen. Nach Gl.(2-11) gilt mit $w = \sqrt{u^2 + v^2}$

$$\bar{F}(w) = \int\limits_0^a r J_o(wr)\,\mathrm{d}r \qquad (2\text{-}60)$$

woraus sich mit der Identität

$$\int\limits_0^\xi \eta J_o(\eta)d\eta = \xi J_1(\xi) \qquad (2\text{-}61)$$

für die Kreisfunktion das folgende Fouriertransformationspaar ergibt

$$\mathrm{circ}_a(r) \;\circ\!\!\!-\!\!\bullet\; \frac{2\pi a J_1(aw)}{w} \qquad (2\text{-}62)$$

Mit den Zusammenhängen in Gl.(2-10) und Gl.(2-14) ergibt sich als korrespondierende Ortsfunktion für ein rotationssymmetrisches konstantes Spektrum

$$\frac{a J_1(ar)}{2\pi r} \;\circ\!\!\!-\!\!\bullet\; \mathrm{circ}_a(w) \qquad (2\text{-}63)$$

2.2 Diskretisierung von Bildsignalen und Bilddarstellung

Für die Verarbeitung von Bildern im Digitalrechner ist eine Umwandlung der im allgemeinen orts- und intensitätskontinuierlichen Bildsignale in diskrete Größen notwendig. Ähnlich wie bei der digitalen Verarbeitung eindimensionaler kontinuierlicher Signale wird die örtliche Diskretisierung durch eine zweidimensionale Abtastung erreicht; die kontinuierliche Ortsfunktion $f(x,y)$ wird hierbei in das abgetastete Bildsignal $f(m\Delta x, n\Delta y)$ überführt, das an den Stützstellen

$m\Delta x, n\Delta y$ mit den Elementen der Bildmatrix $f(m,n)$ übereinstimmt. Mit Hilfe der in den vorherigen Abschnitten beschriebenen Gesetzmäßigkeiten der zweidimensionalen kontinuierlichen Fouriertransformation ist es nun möglich, die der Abtastung zugrundeliegenden signaltheoretischen Aspekte zu diskutieren. Hierbei werden im folgenden, zunächst von idealisierenden Annahmen ausgehend, das zweidimensionale Abtasttheorem beschrieben und anschließend wichtige systemtheoretische Gesichtspunkte, die bei der Abtastung von Bildsignalen in technischen Systemen relevant sind, behandelt.

2.2.1 Idealisierte zweidimensionale Abtastung

Das Ziel der zweidimensionalen Abtastung ist die Überführung eines, zunächst als unendlich ausgedehnt angenommenen, ortskontinuierlichen Bildsignals $f(x,y)$ in das ortsdiskrete Bildsignal

$$f(m\Delta x, n\Delta y) = \begin{cases} f(x,y) & \text{für } x = m\Delta x, y = n\Delta y \\ 0 & \text{sonst} \end{cases} \tag{2-64}$$

mit den Abtastintervallen $\Delta x, \Delta y$ in x- bzw. y-Richtung wobei m, n ganze Zahlen sind. Zur Untersuchung der Eigenschaften von $f(m\Delta x, n\Delta y)$ ist es sinnvoll, das Produkt von $f(x,y)$ mit der in Gl.(2-50) definierten zweidimensionalen unendlich ausgedehnten Diracimpulsfolge als Abtastfunktion zu betrachten

$$f_d(x,y) = f(x,y)s(x,y) \tag{2-65}$$

Für die weitere Analyse ist die Betrachtung von $f_d(x,y)$ im Fourierraum sehr nützlich. Nach dem Faltungssatz entspricht dem Produkt der beiden Ortsfunktionen in Gl.(2-65) gemäß Gl.(2-33) eine Faltungsoperation der zugehörigen Ortsfrequenzspektren. D.h. Gl.(2-65) korrespondiert im Ortsfrequenzbereich mit

$$F_d(u,v) = \frac{1}{4\pi^2}F(u,v) * * S(u,v) \tag{2-66}$$

Da die Fouriertransformierte der Abtastfunktion $s(x,y)$, wie in Abschnitt 2.1.3 gezeigt wurde, wiederum eine unendliche zweidimensionale Diracimpulsfolge ist, ergibt sich für die Fouriertransformierte des diskreten Bildsignals

$$F_d(u,v) = \frac{\Delta u \Delta v}{4\pi^2} \sum_{k=-\infty}^{\infty} \sum_{l=-\infty}^{\infty} F(u - k\Delta u, v - l\Delta v) \tag{2-67}$$

wobei $\Delta u = 2\pi/\Delta x$ und $\Delta v = 2\pi/\Delta y$ ist, d.h., $F_d(u,v)$ entsteht aus dem ursprünglichen Ortsfrequenzspektrum $F(u,v)$ durch periodische Wiederholung an den Stellen $k\Delta u, l\Delta v$ in der Ortsfrequenzebene und Überlagerung derselben. Hieraus läßt sich für bandbegrenzte Ortsfunktionen $f(x,y)$, deren Ortsfrequenzspektren $F(u,v)$ nur innerhalb des Intervalls $\{|u| < b_u \cap |v| < b_v\}$

von Null verschiedene Werte annehmen, eine hinreichende Bedingung für eine überlappungsfreie Überlagerung der einzelnen Spektralordnungen angeben:

$$(\Delta u, \Delta v): \quad \Delta u \geq 2b_u \cap \Delta v \geq 2b_v \qquad (2\text{-}68)$$

Hieraus folgt wegen $\Delta u = 2\pi/\Delta x$ und $\Delta v = 2\pi/\Delta y$ die für die Abtastintervalle $\Delta x, \Delta y$ äquivalente Bedingung

$$(\Delta x, \Delta y): \quad \Delta x \leq \pi/b_u \cap \Delta y \leq \pi/b_v \qquad (2\text{-}69)$$

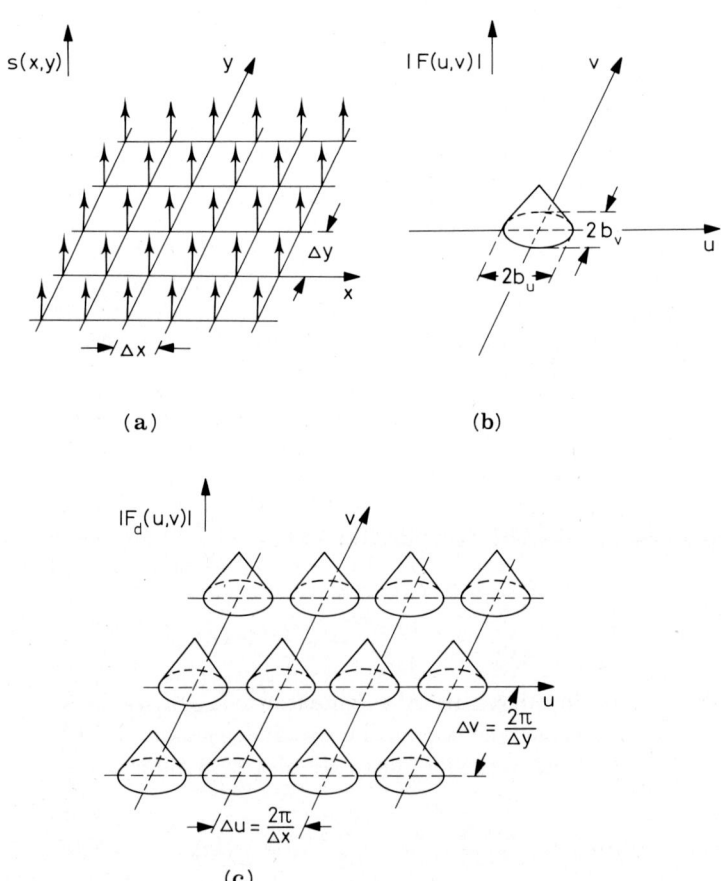

Bild 2.1. Zusammenhang zwischen Abtastgitter und periodischer Fortsetzung der Bildspektren bei der Bildabtastung.

Dieser Zusammenhang ist aus Bild 2.1 unmittelbar ersichtlich. Bei einem Vergrößern der Abtastintervalle $\Delta x, \Delta y$ wird der Abstand $\Delta u, \Delta v$ zwischen den

sich wiederholenden Ortsfrequenzspektren geringer, bis sich bei Verletzung der
Bedingungen in Gln.(2-68) bzw. (2-69) die einzelnen Spektralordnungen überlappen. Falls die Bedingungen in Gl.(2-68) bzw. (2-69) erfüllt sind, läßt sich aus dem
diskreten Signal $f_d(x,y)$ mit Hilfe eines Tiefpasses, dessen Übertragungsfunktion
beispielsweise

$$H_{TP}(u,v) = \Delta x \Delta y \, \text{rect}_{\xi,\eta}(u,v) \qquad (2\text{-}70)$$

mit $b_u < \xi < \Delta u - b_u$ und $b_v < \eta < \Delta v - b_v$ ist, wieder ein kontinuierliches Signal
$\tilde{f}(x,y)$ gewinnen, das mit dem ursprünglichen Signal $f(x,y)$ identisch ist. Dieser
Sachverhalt ist aus der eindimensionalen Signaltheorie als Whittaker-Shannon-
Abtasttheorem bekannt und hat im Zweidimensionalen eine analoge Bedeutung
(siehe hierzu /2.7, 2.8/). Es ist

$$\tilde{f}(x,y) \; \circ\!\!\!-\!\!\bullet \; F_d(u,v) H_{TP}(u,v) \qquad (2\text{-}71)$$

Mit dem Faltungssatz in Gl.(2-32) entspricht Gl.(2-71) im Ortsbereich

$$\tilde{f}(x,y) = f_d(x,y) \; * \; * \; h_{TP}(x,y) \qquad (2\text{-}72)$$

wobei sich für die Funktion $h_{TP}(x,y)$ aufgrund von Gl.(2-42) und der Beziehung
in Gl.(2-14)

$$h_{TP}(x,y) = \frac{\Delta x \Delta y \xi \eta}{\pi^2} \text{si}(\xi x) \text{si}(\eta y) \qquad (2\text{-}73)$$

ergibt. Gl.(2-72) kann als lineare Ortsinterpolation des diskreten Signals $f_d(x,y)$
mit der zweidimensionalen si-Funktion in Gl.(2-73) aufgefaßt werden:

$$\tilde{f}(x,y) = \frac{\Delta x \Delta y \xi \eta}{\pi^2} \sum_{m=-\infty}^{\infty} \sum_{n=-\infty}^{\infty} f_d(m\Delta x, n\Delta y) si[\xi(x - m\Delta x)] si[\eta(y - n\Delta y)]$$

$$(2\text{-}74)$$

Bei Verletzung der Bedingungen in Gl.(2-68) bzw. Gl.(2-69), d.h. bei Überlappung der einzelnen Spektralordnungen in der Ortsfrequenzebene ist die Rückgewinnung von $f(x,y)$ aus $f_d(x,y)$ nicht mehr fehlerfrei möglich, weshalb den
Gln.(2-68) bzw. (2-69) eine fundamentale Bedeutung beim Abtasten von Bildsignalen zukommt. Die in Bild 2.2 gezeigte Simulation veranschaulicht die Artefaktbildung (engl. 'aliasing'), die beim Abtasten von Bildsignalen bei Verletzung der mit Gln.(2-68) bzw. (2-69) gegebenen Bedingungen eintreten kann.
Die kreisförmig gekrümmten Sinusmuster mit von links nach rechts zunehmenden Ortsfrequenzen, wobei die maximale Ortsfrequenz am rechten Bildrand von
Bild 2.2a bis Bild 2.2d jeweils schrittweise vergrößert wurde, lassen sich nur
dann fehlerfrei darstellen, wenn Gln.(2-68) bzw. (2-69) erfüllt sind. Dies ist
nur in Bild 2.2a der Fall; im Fall von Bild 2.2d macht sich die Artefaktbildung so stark bemerkbar, daß im Bild Kreisbögen entgegengesetzter Richtung
auftreten. Besonders kritisch ist die Wahl geeigneter Abtastraten bei der Erfassung von Halbtonbildern (z.B. Zeitungsdruck), bei denen die Grauwerte mit

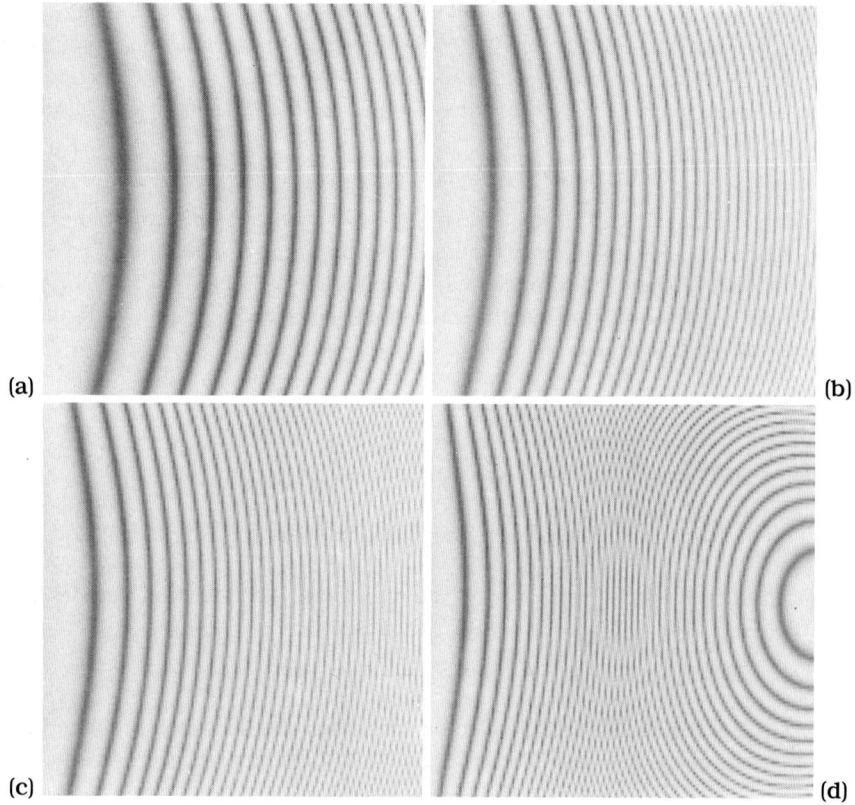

(a)

(b)

(c)

(d)

Bild 2.2. Artefaktbildung bei der Unterabtastung von Bildsignalen.

Hilfe feiner Punktmuster mit modulierten Punktdurchmessern oder Punktdich-
ten repräsentiert sind (siehe hierzu /2.9-2.11/).

Es sollte nicht übersehen werden, daß es sich bei Gln.(2-68) bzw. (2-69) nur um
hinreichende Bedingungen handelt. Bild 2.3 veranschaulicht, daß bei Bildern,
deren Ortsfrequenzspektren eine gewisse Richtungsorientierung aufweisen, die
Abtastraten gegebenenfalls an deren spezifische Form angepaßt werden kann,
wobei die Gln.(2-68) bzw. (2-69) zwar nicht mehr erfüllt sind, jedoch die für
eine fehlerfreie Rekonstruktion notwendige Überlappungsfreiheit der sich wiederholenden Spektralordnungen immer noch gewährleistet ist. Ähnliches gilt für
bandpaßartige Spektren, bei denen unter Umständen sogar eine Verschränkung
der verschiedenen Spektralordnungen ohne Überlappung derselben möglich ist.
Eine bessere Anpassung der Abtastfunktion an die Form des Spektrums von
Bildsignalen kann beispielsweise auch durch eine horizontale Versetzung der Ab-
tastpunkte aufeinanderfolgender Bildzeilen um $\Delta'x$ erreicht werden. In diesem

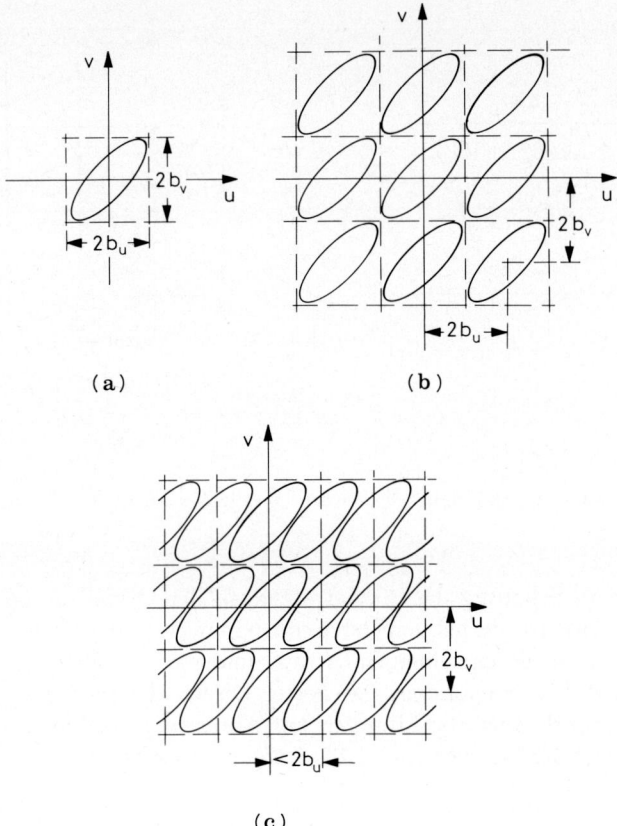

(a)   (b)

(c)

Bild 2.3.   Zur Abtastung von Bildsignalen mit ausgeprägter spektraler Richtungsorientierung.

Fall ergibt sich für die Abtastfunktion

$$s(x,y) = \sum_{m=-\infty}^{\infty} \sum_{n=-\infty}^{\infty} \delta(x - m\Delta x - n\Delta'x, y - n\Delta y) \qquad (2\text{-}75)$$

Das korrespondierende Spektrum dieser Abtastfunktion ist

$$S(u,v) = \frac{4\pi^2}{\Delta x \Delta y} \sum_{k=-\infty}^{\infty} \sum_{l=-\infty}^{\infty} \delta(u - k\Delta u, v - l\Delta v + k\Delta'v) \qquad (2\text{-}76)$$

$$\text{mit } \Delta u = 2\pi/\Delta x, \Delta v = 2\pi/\Delta y \text{ und } \Delta'v = \frac{2\pi}{\Delta y}\frac{\Delta'x}{\Delta x}$$

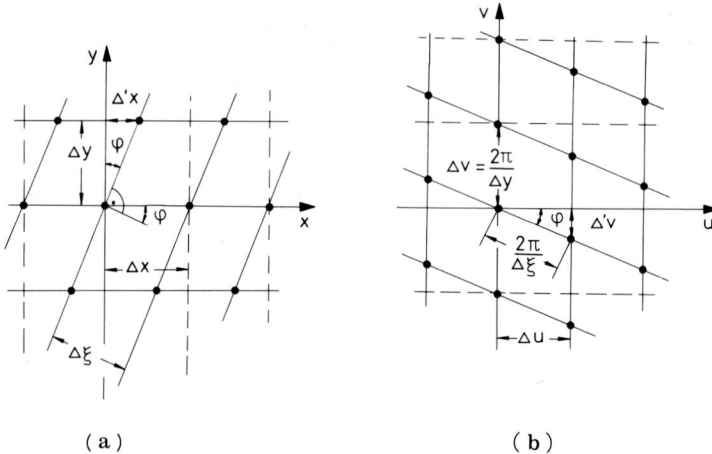

Bild 2.4. Fourierkorrespondenz gescherter Diracfelder im (a) Orts- und (b) Ortsfrequenzbereich.

Der horizontalen Scherung des Abtastrasters in der Ortsebene entspricht also eine vertikale Scherung derjenigen Ortsfrequenzpunkte in der Ortsfrequenzebene, um die herum sich die einzelnen Spektralordnungen von $F_d(u, v)$ wiederholen. Bild 2.4 zeigt die Korrespondenz gescherter Diracfelder im Orts- und Ortsfrequenzbereich (vergl. auch die Literatur zur Abtastung mit hexagonalem /2.12, 2.13/ und rotationssymmetrischem /2.14, 2.15/ Abtastraster).

2.2.2 Abtastung im endlichen Intervall mit endlicher Apertur

Den Betrachtungen im vorhergehenden Abschnitt lagen die beiden Annahmen zugrunde, daß sich der Abtastvorgang über eine unendlich ausgedehnte Ebene erstreckt und daß die Abtastimpulse Diracfunktionen sind, was einer Abtastung mit einer unendlich kleinen Apertur entsprechen würde (unter Apertur kann man sich hierbei ein kleines Fenster im Ortsbereich vorstellen, innerhalb dessen die Bildvorlage in technischen Systemen durch (gewichtete) Mittelung zu einem Abtastwert beiträgt). Beide Annahmen müssen bei der Betrachtung realer Systeme fallengelassen werden.

Bild 2.5 veranschaulicht die hierbei für die systemtheoretische Analyse notwendigen Überlegungen, die zu einem linearen Modell des realen Abtastvorgangs führen. Bedingt durch das endliche Auflösungsvermögen bzw. die endlich kleine Apertur realer Bildgewinnungssysteme werden hohe Ortsfrequenzen des zunächst noch als unendlich ausgedehnt angenommenen Bildsignals $f(x, y)$ gedämpft. Dies entspricht einer Faltung von $f(x, y)$ mit einer Aperturfunktion $a(x, y)$:

$$f'(x, y) = f(x, y) * * a(x, y) \qquad (2\text{-}77)$$

In der Ortsfrequenzebene entspricht dies einer Multiplikation der korrespon-

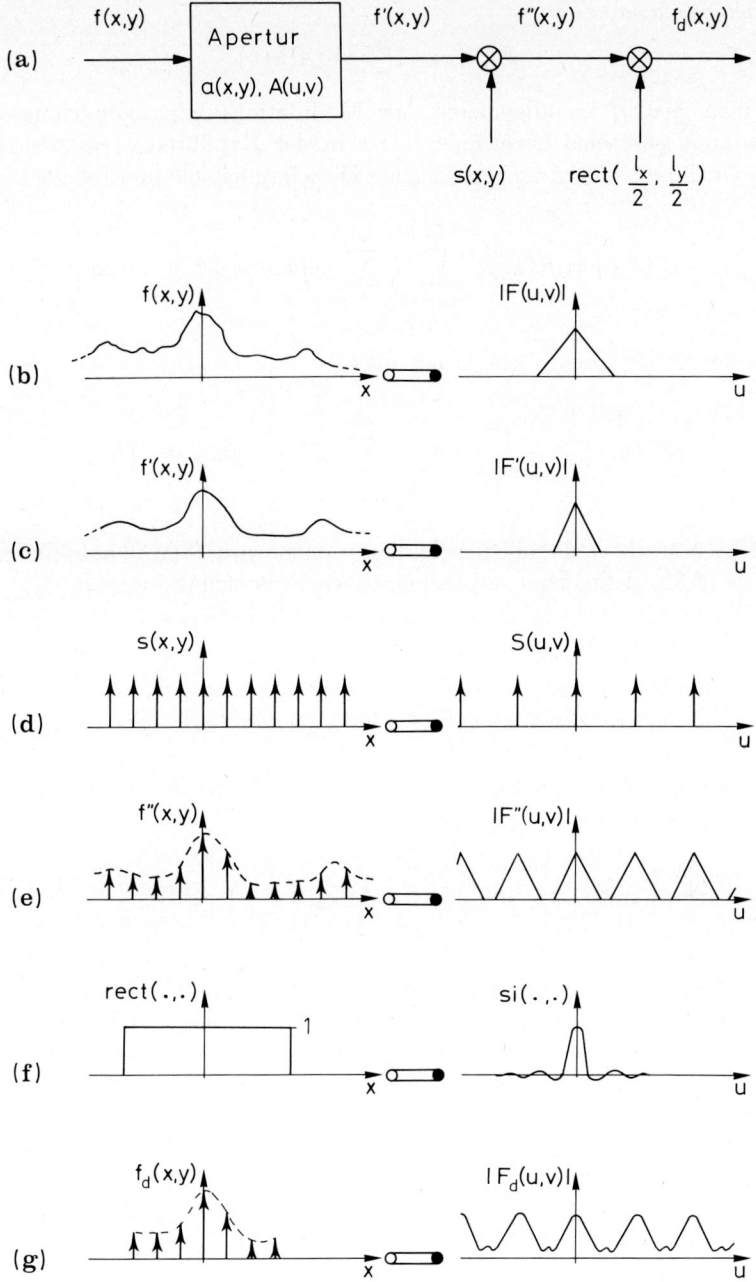

Bild 2.5. Zur Systemtheorie des Abtastvorgangs mit endlicher Apertur und endlichem Bildausschnitt.

dierenden Spektren

$$F'(u,v) = F(u,v)A(u,v) \tag{2-78}$$

wobei man $A(u,v)$ im allgemeinen als Modulationsübertragungsfunktion des Bildgewinnungssystems bezeichnet. Das in der Bandbreite reduzierte Signal $f'(x,y)$ wird dann mit einer unendlichen Diracimpulsfolge multipliziert

$$f''(x,y) = f'(x,y) \sum_{m=-\infty}^{\infty} \sum_{n=-\infty}^{\infty} \delta(x - m\Delta x, y - n\Delta y) \tag{2-79}$$

bzw. in der Ortsfrequenzebene erhält man

$$F''(u,v) = \frac{1}{\Delta x \Delta y} \sum_{k=-\infty}^{\infty} \sum_{l=-\infty}^{\infty} F'(u - k\Delta u, v - l\Delta v) \tag{2-80}$$

Gemäß des betrachteten endlichen Bildausschnitts wird $f''(x,y)$ anschließend mit der in Gl.(2-38) definierten rechteckförmigen Fensterfunktion $\text{rect}_{l_x/2,l_y/2}(x,y)$ mit den Seitenlängen l_x, l_y, die den Bildausschnitt festlegen, multipliziert. Hieraus folgt dann für $f_d(x,y)$

$$f_d(x,y) = f''(x,y)\text{rect}_{l_x/2,l_y/2}(x,y) \tag{2-81}$$

Dies entspricht gemäß der Beziehung in Gl.(2-33) einer Faltungsoperation der korrespondierenden Ortsfrequenzspektren

$$F_d(u,v) = f''(u,v) \; * \; * \; \frac{l_x l_y}{4\pi^2} \text{si}\left(\frac{l_x u}{2}\right) \text{si}\left(\frac{l_y v}{2}\right) \tag{2-82}$$

Aus Gl.(2-82) geht hervor, daß die endliche Ausdehnung des Bildausschnitts eine spektrale "Verwischung" der periodisch sich wiederholenden Spektralordnungen in $F''(u,v)$ bewirkt. Da die Fensterfunktion im Vergleich zu den Abtastintervallen im allgemeinen jedoch sehr weit ausgedehnt und das hierzu korrespondierende Ortsfrequenzspektrum entsprechend schmalbandig ist, ist in den meisten praktisch relevanten Fällen der dadurch bedingte Überlappungseffekt der einzelnen Spektralordnungen, der den Bedingungen in Gln.(2-68) bzw. (2-69) entgegensteht, vernachlässigbar. Oder anderst ausgedrückt: Für große $l_x/\Delta x, l_y/\Delta y$ gehen in Gl.(2-82) die beiden si-Funktionen in $\delta(u,v)$ und damit $F_d(u,v)$ in $F''(u,v)$ über. Das ursprüngliche Signal $f(x,y)$ wird dann aus $f_d(x,y)$ wieder mit großer Genauigkeit innerhalb des Bildfensters rückgewinnbar.

Faßt man die Gln.(2-77) bis (2-82) zusammen, so bekommt man beim Abtastvorgang mit endlichem Bildfenster und endlich kleiner Apertur den folgenden Zusammenhang:

$$f_d(x,y) = [f(x,y) \; * * \; a(x,y)] \cdot \tag{2-83}$$

$$\cdot \left[\sum_{m=-\infty}^{\infty} \sum_{n=-\infty}^{\infty} \delta(x - m\Delta x, y - n\Delta y) \right] \mathrm{rect}_{l_x/2, l_y/2}(x, y)$$

In der Ortsfrequenzebene entspricht dies

$$F_d(u,v) = \frac{l_x l_y}{\Delta x \Delta y}[F(u,v)A(u,v)] \; * * \; \left[\sum_{k=-\infty}^{\infty} \sum_{l=-\infty}^{\infty} \delta(u - k\Delta u, v - l\Delta v) \right] \; * *$$

$$* * \left[\mathrm{si}\left(\frac{l_x u}{2}\right) \mathrm{si}\left(\frac{l_y v}{2}\right) \right] \tag{2-84}$$

Für die Abweichung des aus dem diskreten Signal $f_d(x,y)$ mittels Interpolation nach Gl.(2-74) mit $\xi = b_u$ und $\eta = b_v$ rückgewinnbaren kontinuierlichen Signals $f(x,y)$ zum ursprünglichen Signal $\tilde{f}(x,y)$ läßt sich eine obere Fehlerschranke im tschebycheffschen Sinn angeben:

$$\max_{(x,y)} |f(x,y) - \tilde{f}(x,y)| = \frac{\gamma}{4\pi^2} \iint_{\Gamma} |F(u,v)| \, du \, dv \tag{2-85}$$

$$\mathrm{mit} \; \Gamma = \{(u,v) : \; |u| > b_u \cup |v| > b_v\}$$

Es kann gezeigt werden /2.16/, daß für beliebig breitbandige Ortsfunktionen die vom Leistungsspektrum abhängige Konstante $\gamma \leq 2$ ist. Für Ortsfunktionen die vor dem Abtasten auf den Bereich $\{|u| \leq b_u \cap |v| \leq b_v\}$ bandbegrenzt werden ist $\gamma \leq 1$ (zur Analyse von Abtastfehlern siehe auch /2.17/).

2.2.3 Die Abtastung stochastischer Bildsignale

Im vorhergehenden wurde implizit angenommen, daß das abzutastende Bildsignal $f(x,y)$ eine deterministische Funktion ist. Da jedoch Abtastsysteme im allgemeinen für eine Familie von Bildsignalen konzipiert werden (z.B. für Luftbilder oder für Lichtmikroskopbilder oder für Dokumente, usw.), stellt sich die Frage, wie für derartige Bildklassen der Abtastvorgang für eine fehlerfreie Wiedergewinnung der kontinuierlichen Signale aus den diskreten Abtastwerten beschaffen sein muß. Im folgenden wird daher $f(x,y)$ als spezielle Realisierung eines kontinuierlichen zweidimensionalen stationären Zufallsprozesses $\vec{f}(x,y)$ mit dem Mittelwert $\mu_f(x,y)$ und der Autokorrelationsfunktion $\phi_{ff}(x_1 - x_2, y_1 - y_2)$ aufgefaßt. Jedes Bild $f(x,y)$ des Zufallsprozesses $\vec{f}(x,y)$ soll sich nun möglichst gut im Sinne des minimalen mittleren Fehlerquadrates aus seiner in den Punkten $(m\Delta x, n\Delta y)$ $(m, n$ ganze Zahlen) abgetasteten Version $f_d(m\Delta x, n\Delta y)$ mit Hilfe der Interpolation

$$\hat{f}(x,y) = \sum_{m=-\infty}^{\infty} \sum_{n=-\infty}^{\infty} f_d(m\Delta x, n\Delta y) h(x - m\Delta x, y - n\Delta y) \qquad (2\text{-}86)$$

zurückgewinnen lassen. Es wird also gefordert, daß

$$e = \mathcal{E}\{[\hat{f}(x,y) - f(x,y)]^2\} \to \min \qquad (2\text{-}87)$$

Setzt man Gl.(2-86) in Gl.(2-87) ein, so erhält man

$$e = \phi_{ff}(0) - 2 \sum_{m=-\infty}^{\infty} \sum_{n=-\infty}^{\infty} \phi_{ff}(x - m\Delta x, y - n\Delta y) h(x - m\Delta x, y - n\Delta y) +$$

$$+ \sum_{m=-\infty}^{\infty} \sum_{n=-\infty}^{\infty} \sum_{k=-\infty}^{\infty} \sum_{l=-\infty}^{\infty} \phi_{ff}[(m-k)\Delta x, (n-l)\Delta y] \cdot$$

$$\cdot h(x - m\Delta x, y - n\Delta y) h(x - k\Delta x, y - l\Delta y) \qquad (2\text{-}88)$$

Ersetzt man in Gl.(2-88) $h(x,y)$ durch $h(x,y) + \varepsilon h'(x,y)$, wobei ε eine kleine reelle Zahl und $\varepsilon h'(x,y)$ eine beliebige Variation von $h(x,y)$ sei, bildet die partiellen Ableitungen $\partial e/\partial \varepsilon$, substituiert anschließend ε durch 0 und setzt den so erhaltenen Ausdruck gleich Null, so erhält man die folgende Bestimmungsgleichung für $h(x,y)$:

$$\sum_{k=-\infty}^{\infty} \sum_{l=-\infty}^{\infty} \left\{ \phi_{ff}(x - k\Delta x, y - n\Delta y) - \sum_{m=-\infty}^{\infty} \sum_{n=-\infty}^{\infty} \phi_{ff}[(m-k)\Delta x, (n-l)\Delta y] \cdot \right.$$

$$\left. \cdot h(x - m\Delta x, y - n\Delta y) \right\} h'(x - k\Delta x, y - l\Delta y) = 0 \qquad (2\text{-}89)$$

Da diese Gleichung für beliebige Funktionen $h'(x,y)$ erfüllt sein soll, muß der Ausdruck in den geschweiften Klammern gleich Null sein. Für $k = l = 0$ gilt insbesondere:

$$\phi_{ff}(x,y) = \sum_{m=-\infty}^{\infty} \sum_{n=-\infty}^{\infty} \phi_{ff}(m\Delta x, n\Delta y) h(x - m\Delta x, y - n\Delta y) \qquad (2\text{-}90)$$

Hieraus folgt, daß mit Hilfe der optimalen Interpolationsfunktion $h(x,y)$ für den Zufallsprozeß $\vec{f}(x,y)$ die deterministische Autokorrelationsfunktion $\phi_{ff}(x,y)$ aus ihren Abtastwerten bestimmbar ist. Die beidseitige Fouriertransformation der Gl.(2-90) führt auf

$$\Phi_{ff}(u,v) = \frac{4\pi^2}{\Delta x \Delta y} H(u,v) \sum_{k=-\infty}^{\infty} \sum_{l=-\infty}^{\infty} \Phi_{ff}(u - k\Delta u, v - l\Delta v) \qquad (2\text{-}91)$$

Diese Gleichung ist erfüllt, wenn $\Delta u = 2\pi/\Delta x, \Delta v = 2\pi/\Delta y$ so gewählt werden, daß sich die spektralen Leistungsdichten $\Phi_{ff}(u - k\Delta u, v - l\Delta v)$ für verschiedene Tupel (k, l) in der Ortsfrequenzebene nicht überlappen. Es läßt sich zeigen /1.9/, daß für $\Phi_{ff}(u, v)$, die entsprechend Gl.(2-68) bandbegrenzt sind, der Rekonstruktionsfehler nach Gl.(2-87) verschwindet, d.h., daß im optimalen Fall eine fehlerfreie Rückgewinnung von $f(x, y)$ aus $f_d(m\Delta x, u\Delta y)$ möglich ist. Wie bereits erwähnt, sind reale Bilddaten immer mit im Vergleich zum Nutzsignal breitbandigem Rauschen gestört. Setzt man statistische Unabhängigkeit des bildgenerierenden stochastischen Prozesses $\vec{f}(x, y)$ und des Störprozesses $\vec{r}(x, y)$ sowie additive Überlagerung der beiden Prozesse voraus, so addieren sich die zugehörigen Leistungsspektren. Die spektrale Leistungsdichte $\Phi_{f''f''}(u, v)$ des abzutastenden Zufallsprozesses $\vec{f}''(x, y)$ ist damit

$$\Phi_{f''f''}(u, v) = \Phi_{ff}(u, v) + \Phi_{rr}(u, v) \tag{2-92}$$

Um die Bedingung in Gln.(2-68) bzw. (2-69) zu erfüllen, müßten demgemäß die Abtastraten an den im allgemeinen breitbandigeren Rauschprozeß $\vec{r}(x, y)$ angepaßt werden, um eine spektrale Überlappung der Funktionen $\Phi_{f''f''}(k\Delta u, l\Delta v)$ in der Ortsfrequenzebene durch die Abtastung zu vermeiden. Diese hohen, entsprechend der Bandbreite der Störung erforderlichen Abtastraten lassen sich mit Hilfe einer Ortsfrequenzvorfilterung des Bildsignals, bei dem die Bandbreite von $\vec{f}''(x, y)$ auf die von $\vec{f}(x, y)$ beschränkt wird reduzieren. Hierzu kann man sich zumindest teilweise der Apertur $a(x, y)$ bzw. der Modulationsübertragungsfunktion $A(u, v)$ des Bildgewinnungssystems bedienen (siehe hierzu beispielsweise /2.18, 2.19/). Für die spektrale Leistungsdichte $\tilde{\Phi}_{ff}(u, v)$ gilt dann analog zu Gl.(2-78)

$$\tilde{\Phi}_{ff}(u, v) = |A(u, v)|^2 [\Phi_{ff}(u, v) + \Phi_{rr}(u, v)] \tag{2-93}$$

d.h., $A(u, v)$ sollte unter den gegebenen physikalischen Randbedingungen bei der Bildgewinnung und Bildabtastung möglichst so gewählt werden, daß $\tilde{\Phi}_{ff}(u, v)$ im Bereich $\{(u, v) : |u| > b_u \cup |v| > b_v\}$ möglichst klein wird.

2.2.4 Anmerkungen zur Bilddarstellung

Wie in Abschnitt 2.2.1 erwähnt, lassen sich diskrete Bildsignale, die unter Einhaltung der mit Gln.(2-68) bzw. (2-69) gegebenen Bedingungen gewonnen wurden, mittels Interpolation in ihre ursprüngliche kontinuierliche Form (in realen Abtastsystemen mit den in Abschnitt 2.2.2 diskutierten Einschränkungen) zurückwandeln. Hierzu muß aus den periodisch sich wiederholenden Spektren der diskreten Signale jeweils die Spektralordnung um den Frequenznullpunkt herausgefiltert werden; für die Fouriertransformierte $H_{TP}(u, v)$ der interpolierenden Ortsfunktion $h_{TP}(x, y)$ muß demnach für eine fehlerfreie Rückgewinnung

$$H_{TP}(u, v) = \begin{cases} 1 & \text{für } |u| \leq b_u \cap |v| \leq b_v \\ 0 & \text{für } |u| > \Delta u - b_u \cup |v| > \Delta v - b_v \\ \text{beliebig} & \text{sonst} \end{cases} \tag{2-94}$$

sein. Da auf endliche Ortsfrequenzbereiche beschränkte Spektren immer unendlich ausgedehnte korrespondierende Ortsfunktionen besitzen (und umgekehrt),
sind die für die fehlerfreie Umwandlung diskreter in kontinuierliche Signale erforderlichen, zu Gl.(2-94) korrespondierenden Interpolationsfunktionen theoretisch
immer unendlich ausgedehnt. Diese, sowie das konstante Übertragungsverhalten
von $H_{TP}(u,v)$ im Bereich $\{|u| < b_u \cap |v| < b_v\}$ lassen sich jedoch in technischen
Systemen nur näherungsweise realisieren, weshalb bei der realen Bilddarstellung prinzipiell immer Fehler entstehen. Die verbreitete Darstellung von diskreten Bildsignalen, wonach jedem Abtastwert ein kleines Quadrat konstanter
Helligkeit bei der Aufzeichnung zugeordnet wird, ist aus diesem Grunde insbesondere bei schmalbandigen Bildsignalen, die mit wenigen Abtastwerten dargestellt werden, ungeeignet. Dies möge die in Bild 2.6 gezeigte Simulation, sowie das hierzu erläuternde Prinzipbild 2.7 veranschaulichen. Das in Bild 2.6a
gezeigte Portrait (mit dem in Bild 2.6b dargestellten Ortsfrequenzspektrum)
wurde, um Überlappungsfehler im Ortsfrequenzbereich zu vermeiden, mit Hilfe
eines idealen Tiefpasses bandbegrenzt (vergl. Bild 2.7a und Bild 2.7b) und anschließend abgetastet. Die oben erwähnte einfache Bilddarstellung mit Hilfe
kleiner aneinandergrenzender quadratischer Flächenstücke konstanter Helligkeit kann als Faltung des diskreten Signals mit einer innerhalb des Intervalls
$\{|x| < \Delta x/2 \cap |y| < \Delta x/2\}$ konstanten Impulsantwort (Spalttiefpaß - vergl.
Beispiel in Abschnitt 2.1.3) aufgefaßt werden (siehe Bild 2.6c). Diese Faltung entspricht im Ortsfrequenzbereich einer Multiplikation des periodisch sich wiederholenden Signalspektrums mit einer zweidimensionalen si-Funktion (siehe Bild
2.7c,d,e). Im Vergleich zur idealen Bilddarstellung mit Hilfe eines idealen Tiefpasses - die in Bild 2.7d,e ebenfalls schematisch dargestellt ist - ergibt sich, wie
Bild 2.7e zeigt, ein spektraler Darstellungsfehler, der sich in Bild 2.6c durch hochfrequente Artefakte, nämlich der störenden Grauwertkanten, bemerkbar macht
und auch im korrespondierenden Spektrum (Bild 2.6d) deutlich zu sehen ist.
Die Bilder 2.6e,f und Bilder 2.6g,h verdeutlichen den Unterschied zwischen realer und idealer Darstellung anhand einer sehr stark bandbegrenzten Version
von Bild 2.6a.

Als Maß für die signalabhängigen Darstellungsfehler kann beispielsweise der
relative quadratische Fehler zur idealen Darstellung verwendet werden. Dieses Maß ist jedoch mit Vorsicht zu nehmen, da quadratische Fehler nur bedingt
die subjektiv empfundene Bildqualität widerspiegeln; vielmehr müßten Maße basierend auf psychophysischen Messungen der visuellen Wahrnehmung verwendet
werden. Die quantitative Modellierung des visuellen Systems im überschwelligen
Bereich steckt allerdings noch in den Kinderschuhen. Die Form der Interpolationsfunktion sollte diesbezüglich unter den im allgemeinen gegebenen physikalischen Randbedingungen der Bildaufzeichnungsgeräte bzw. Bildmonitore an die
Signaleigenschaften der darzustellenden Bilder angepaßt werden. Ein Vergleich
verschiedener Interpolationsfunktionen wurde in /2.20/ veröffentlicht; zur Analyse von Abtastfehlern und Quantisierungseffekten bei der Bildwiedergabe siehe

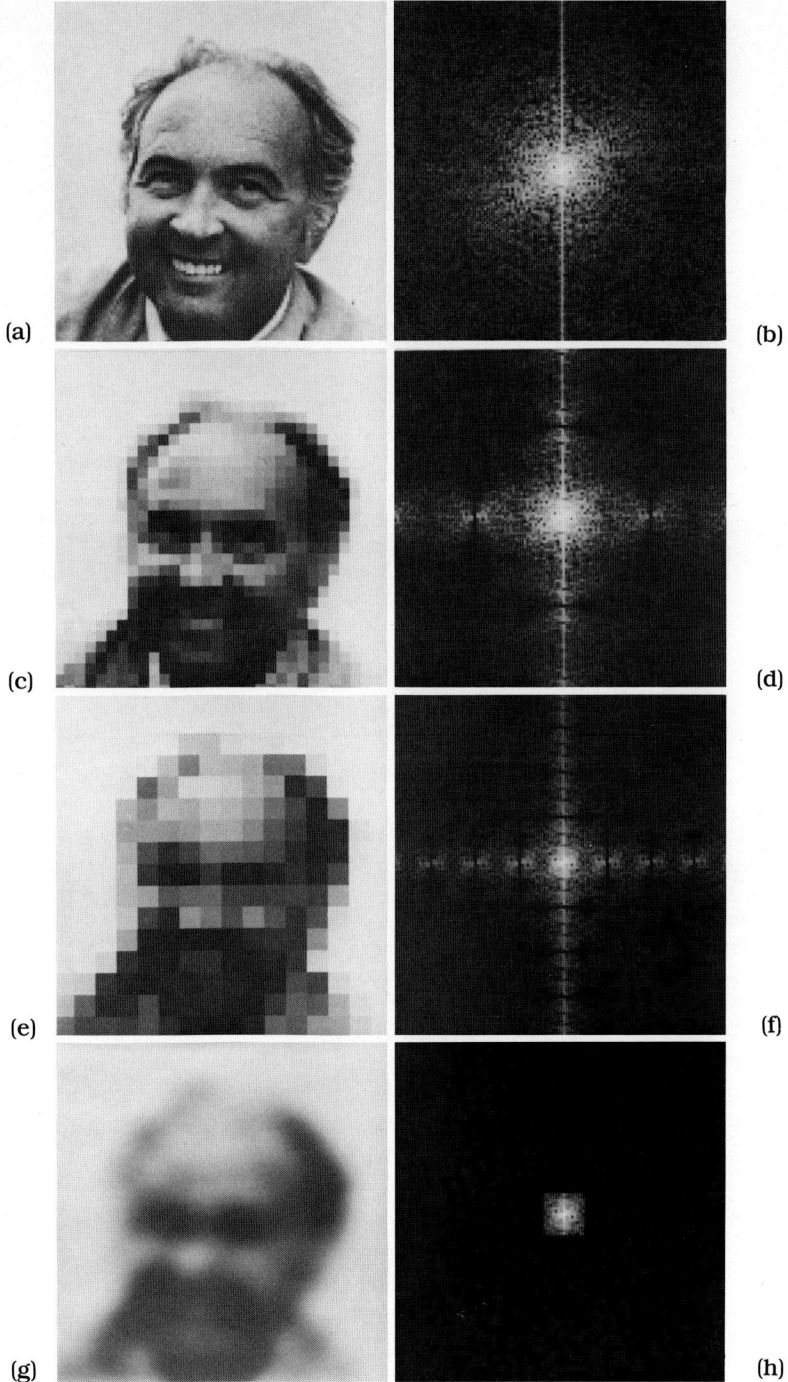

(a) (b) (c) (d) (e) (f) (g) (h)

Bild 2.6. Darstellung von Bildwiedergabefehlern.

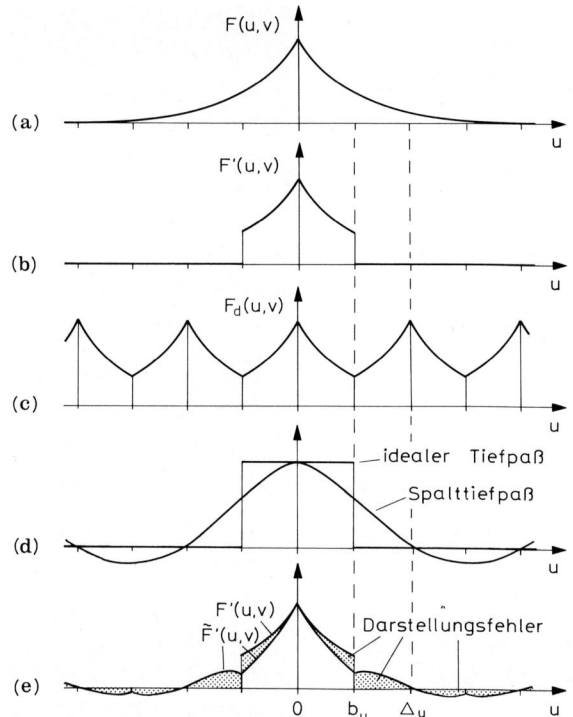

Bild 2.7. Zur Analyse von Darstellungsfehlern bei der Bildwiedergabe.

auch /2.21/. Für die aufwandsgünstige Realisierung weit ausgedehnter Interpolationsfunktionen zur Bilddarstellung wurde in /2.22/ ein Beispiel angegeben.

2.3 Zweidimensionale diskrete Transformationen und Systeme

In den folgenden beiden Abschnitten wird die diskrete Fouriertransformation eingeführt und ihre wichtigsten Eigenschaften diskutiert. Bei der Darstellung von diskreten Ortsfunktionen und Spektren wird (im Gegensatz zur bisherigen Bildverarbeitungsliteratur) jeweils eine Fensterfunktion mitgeführt um den periodischen Charakter dieser Größen hervorzuheben. In Abschnitt 2.3.3 wird auf die anschauliche Interpretation von Bildspektren eingegangen. Erst durch die Verwendung schneller Transformationsalgorithmen wird die Verarbeitung von Bildern im Spektralbereich praktikabel, weshalb in Abschnitt 2.3.4 ein schneller Fouriertransformationsalgorithmus vorgestellt wird. In Abschnitt 2.3.5 werden Transformationen in verallgemeinerter algebraischer Schreibweise eingeführt und - obwohl im weiteren Verlauf des Buches nicht weiter benötigt - Beispiele anhand der Walsh-, Hadamard- und Kosinustransformation formuliert. Abschnitt 2.3.6 behandelt die Karhunen-Loeve- oder Hauptachsentransformation. In Abschnitt 2.3.7 folgen schließlich einige Anmerkungen zur Realisierung linearer Systeme.

2.3.1 Die diskrete Fouriertransformation

Ähnlich wie sich kontinuierliche zweidimensionale Funktionen vollständig durch ihre kontinuierlichen Ortsfrequenzspektren beschreiben lassen, ist eine eindeutige Darstellung zweidimensionaler diskreter Signale im diskreten Ortsfrequenzbereich möglich. Es sei $f(m,n)$ eine zweidimensionale diskrete Funktion mit den ganzzahligen Zählvariablen m,n, die im endlichen Intervall $\{0 \leq m < M-1 \cap 0 \leq n < N-1\}$ definiert und außerhalb identisch Null ist. $f(m,n)$ läßt sich dann durch periodische Fortsetzung in m- und n-Richtung in eine Funktion $\tilde{f}(m,n)$ umwandeln, für die gilt

$$\tilde{f}(m + \xi M, n + \eta N) = f(m,n) \qquad (2\text{-}95)$$

wobei ξ und η beliebige ganze Zahlen sind. Aufgrund dieser Periodizität kann nun $\tilde{f}(m,n)$ als zweidimensionale diskrete Fourierreihe dargestellt werden:

$$\tilde{f}(m,n) = \frac{1}{MN} \sum_{k=0}^{M-1} \sum_{l=0}^{N-1} \tilde{F}(k,l) \exp[j2\pi(km/M + ln/N)] \qquad (2\text{-}96)$$

Die Summation ist hierbei nur im Intervall $\{0 \leq k \leq M-1 \cap 0 \leq l \leq N-1\}$ auszuführen, da die Exponentialfunktion in Gl.(2-96) ebenfalls eine periodische Funktion in den Variablen k,m und l,n ist. Es kann leicht gezeigt werden, daß mit

$$\tilde{F}(k,l) = \sum_{m=0}^{M-1} \sum_{n=0}^{N-1} \tilde{f}(m,n) \exp[-j2\pi(km/M + ln/N)] \qquad (2\text{-}97)$$

Gl.(2-96) erfüllt ist. Aus Gl.(2-97) ist unmittelbar ersichtlich, daß $\tilde{F}(k,l)$ die gleiche Periodizität wie $\tilde{f}(m,n)$ aufweist, d.h. für $\{0 \leq k \leq M-1 \cap 0 \leq l \leq N-1\}$ ist

$$\tilde{F}(k + \xi M, l + \eta N) = \tilde{F}(k,l) \qquad (2\text{-}98)$$

wobei $\{0 \leq k \leq M-1 \cap 0 \leq l \leq N-1\}$ und ξ, η wiederum beliebige ganze Zahlen sind. Die diskrete Fouriertransformierte $F(k,l)$ der Funktion $f(m,n)$ wird nun mit Hilfe der Fensterfunktion

$$R_{MN}(\xi, \eta) = \begin{cases} 1 & \text{für } 0 \leq \xi \leq M-1 \cap 0 \leq \eta \leq N-1 \\ 0 & \text{sonst} \end{cases} \qquad (2\text{-}99)$$

definiert als

$$F(k,l) = \tilde{F}(k,l) R_{MN}(k,l) \qquad (2\text{-}100)$$

Entsprechend ist bei der diskreten Fourierrücktransformation

$$f(m,n) = \tilde{f}(m,n) R_{MN}(m,n) \qquad (2\text{-}101)$$

Bei der numerischen Berechnung der diskreten Fouriertransformation bzw. ihrer Rücktransformation ist es selbstverständlich ausreichend, sich auf die Berechnung jeweils einer Periode bzw. auf die Berechnung innerhalb des Fensters

$R_{MN}(m,n)$ bzw. $R_{MN}(k,l)$ zu beschränken. Vereinfacht schreibt man für die diskrete Fouriertransformation im allgemeinen

$$F(k,l) = \begin{cases} \displaystyle\sum_{m=0}^{M-1}\sum_{n=0}^{N-1} f(m,n)\exp[-j2\pi(km/M + ln/N)] \\ \qquad \text{für } 0 \leq k \leq M-1 \cap 0 \leq l \leq N-1 \\ 0 \qquad \text{sonst} \end{cases} \tag{2-102}$$

bzw. für die diskrete Fourierrücktransformation

$$f(m,n) = \begin{cases} \displaystyle\frac{1}{MN}\sum_{k=0}^{M-1}\sum_{l=0}^{N-1} F(k,l)\exp[j2\pi(km/M + ln/N)] \\ \qquad \text{für } 0 \leq m \leq M-1 \cap 0 \leq n \leq N-1 \\ 0 \qquad \text{sonst} \end{cases} \tag{2-103}$$

oder in Kurzschreibweise

$$f(m,n) \overset{M,N}{\circ\!\!-\!\!\bullet} F(k,l) \tag{2-104}$$

Die beiden diskreten Funktionen $f(m,n)$ und $F(k,l)$ sind also als jeweils eine Periode einer diskreten unendlich periodisch fortgesetzten Ortsfunktion $\tilde{f}(m,n)$ bzw. eines diskreten unendlich periodisch fortgesetzten Ortsfrequenzspektrums $\tilde{F}(k,l)$ zu interpretieren. Mit Hilfe dieser Überlegungen können später bei der spektralen Darstellung von diskreten Bildsignalen oder bei der Realisierung von Filteroperationen im diskreten Ortsfrequenzbereich einige Besonderheiten bei der diskreten Verarbeitung erklärt werden.

2.3.2 Eigenschaften der diskreten Fouriertransformation

Die meisten Eigenschaften und Sätze der diskreten Fouriertransformation sind denen der kontinuierlichen Fourieriertransformation sehr ähnlich. Sie werden hier in der gleichen Reihenfolge wie in Abschnitt 2.1.2 beschrieben. Viele Eigenschaften, wie z.B. die Symmetrieeigenschaften, der Verschiebungssatz oder die diskrete Faltung gelten zunächst für die periodisch fortgesetzten Ortfunktionen $\tilde{f}(m,n)$ und ihre Ortsfrequenzspektren $\tilde{F}(k,l)$. Unter Anwendung der in Gl.(2-99) definierten Fensterfunktion ergeben sich dann die Zusammenhänge für die in Abschnitt 2.3.1 definierten diskreten Ortsfunktionen $f(m,n)$ und ihre diskreten Fouriertransformierten $F(k,l)$. Eigenschaften wie z.B. der Ähnlichkeitssatz und der Rotationssatz erfordern für ihre Realisierung spezielle Interpolationsalgorithmen; sie sind als Approximationen des kontinuierlichen Falls zu verstehen.

Vertauschungssatz

Substituiert man in Gl.(2-96) die Variablen m,n mit den Variablen $-m,-n$, so erhält man

$$\tilde{f}(-m,-n) = \frac{1}{MN}\sum_{k=0}^{M-1}\sum_{l=0}^{N-1} \tilde{F}(k,l)\exp[-j2\pi(km/M + ln/N)] \tag{2-105}$$

Werden in Gl.(2-105) formal die Variablen m, n mit den Variablen k, l vertauscht, so erhält man

$$\tilde{f}(-k, -l) = \frac{1}{MN} \sum_{m=0}^{M-1} \sum_{n=0}^{N-1} \tilde{F}(m, n) \exp[-j2\pi(km/M + ln/N)] \qquad (2\text{-}106)$$

Vergleicht man Gl.(2-106) mit Gl.(2-97), so erhält man folgende Beziehung

$$f(m, n) \overset{M,N}{\circ\!\!-\!\!\bullet} F(k, l)$$

$$F(m, n) \overset{M,N}{\circ\!\!-\!\!\bullet} MNf'(k, l) = MN\tilde{f}(-k, -l)R_{MN}(k, l) \qquad (2\text{-}107)$$

wobei $f'(k, l)$ im Intervall $\{0 \le k \le M - 1 \cap 0 \le l \le N - 1\}$ identisch mit der gespiegelten und periodisch fortgesetzten Funktion $f(m, n)$ ist. D.h., bei Kenntnis der diskreten Fouriertransformierten $F(k, l)$ von $f(m, n)$ ist mit Gl.(2-107) implizit auch die Fouriertransformierte der Funktion $F(m, n)$ gegeben.

Separierbarkeit der diskreten Fouriertransformation

Die diskrete Fouriertransformation ist wie ihr kontinuierliches Pendant eine in den Variablen m, n separierbare Funktion. Dies ist nach geringfügiger Umformung von Gl.(2-102) unmittelbar ersichtlich

$$F(k, l) = \sum_{m=0}^{M-1} \left\{ \sum_{n=0}^{N-1} f(m, n) \exp(-j2\pi ln/N) \right\} \exp(-j2\pi km/M) \qquad (2\text{-}108)$$

$$= \sum_{n=0}^{N-1} \left\{ \sum_{m=0}^{M-1} f(m, n) \exp(-j2\pi km/M) \right\} \exp(-j2\pi ln/N) \qquad (2\text{-}109)$$

wobei die innere und äußere Summation jeweils eindimensionale diskrete Fouriertransformationen sind. Entsprechendes trifft auf die Rücktransformation zu. In Kurzschreibweise gilt:

$$f(m, n) \overset{M}{\underset{m}{\circ\!\!-\!\!\bullet}} F_m(k, n) \overset{N}{\underset{n}{\circ\!\!-\!\!\bullet}} F(k, l) \qquad (2\text{-}110)$$

$$f(m, n) \overset{N}{\underset{n}{\circ\!\!-\!\!\bullet}} F_n(m, l) \overset{M}{\underset{m}{\circ\!\!-\!\!\bullet}} F(k, l) \qquad (2\text{-}111)$$

Diskrete Fouriertransformation separierbarer Signale

Durch Einsetzen einer als separierbar angenommenen Funktion $f(m, n) = f_m(m)f_n(n)$ in Gl.(2-102) läßt sich leicht zeigen, daß separierbare Signale separierbare Spektren besitzen und umgekehrt:

$$F(k,l) = \sum_{m=0}^{M-1} \sum_{n=0}^{N-1} f_m(m) f_n(n) \exp[-j2\pi(mk/M + nl/N)]$$

$$= \left\{ \sum_{m=0}^{M-1} f_m(m) \exp(-j2\pi mk/M) \right\} \left\{ \sum_{n=0}^{N-1} f_n(n) \exp(-j2\pi nl/N) \right\}$$

$$= F_k(k) F_l(l)$$

$$(2\text{-}112)$$

In Kurzschreibweise gilt:

$$f(m,n) = f_m(m) f_n(n) \; \circ\!\!-\!\!\bullet \; F(k,l) = F_k(k) F_l(l) \qquad (2\text{-}113)$$
$$\text{mit } f_m(m) \; \circ\!\!-\!\!\bullet \; F_k(k) \text{ und } f_n(n) \; \circ\!\!-\!\!\bullet \; F_l(l)$$

Symmetrieeigenschaften der diskreten Fouriertransformation
Äquivalent zum kontinuierlichen Fall gilt für diskrete Signale

$$f'^*(m,n) = \tilde{f}^*(-m,-n) R_{MN}(m,n) \; \circ\!\!-\!\!\bullet \; F^*(k,l) \qquad (2\text{-}114)$$

$$f'(m,n) = \tilde{f}(-m,-n) R_{MN}(m,n)$$
$$\circ\!\!-\!\!\bullet \; F'(k,l) = \tilde{F}'(-k,-l) R_{MN}(k,l) \qquad (2\text{-}115)$$

wobei $f'(m,n)$ im Intervall $\{0 \leq m \leq M-1 \cap 0 \leq n \leq N-1\}$ identisch mit der gespiegelten und periodisch fortgesetzten Funktion $f(m,n)$ ist und $F'(k,l)$ im Intervall $\{0 \leq k \leq M-1 \cap 0 \leq l \leq N-1\}$ identisch mit der gespiegelten und periodisch fortgesetzten Funktion $F(k,l)$ ist. Speziell gilt für reelle Funktionen $f(m,n)$

$$F^*(k,l) = \tilde{F}(-k,-l) R_{MN}(k,l) \qquad (2\text{-}116)$$

Überlagerungssatz

Der Überlagerungssatz ist im Diskreten mit dem kontinuierlichen Fall identisch. Es gilt:

$$\sum_{(i)} c_i f_i(m,n) \; \circ\!\!-\!\!\bullet \; \sum_{(i)} c_i F_i(k,l) \qquad (2\text{-}117)$$
$$\text{mit } f_i(m,n) \; \circ\!\!-\!\!\bullet \; F_i(k,l), \; c_i \in \mathbb{R}, \; i = 1,2,3\ldots$$

Ähnlichkeitssatz

Eine kontinuierliche Koordinatentransformation verschiebt die an den Koordinaten $m\Delta x, n\Delta y$ gegebenen Abtastwerte einer diskret definierten Funktion $f(m,n) = f(m\Delta x, n\Delta y)$ in der Regel zu Koordinatenwerten, die sich nicht mehr als ganze Vielfache der Abtastintervalle $\Delta x, \Delta y$ darstellen lassen. Aus diesem

Grunde müssen die neuen Abtastwerte im allgemeinen mit Hilfe von Interpolationen aus den sie umgebenden Abtastwerten der koordinatentransformierten, diskreten aber zunächst im Ortskontinuierlichen definierten Funktion f_t gewonnen werden. Weiterhin ist zu beachten, daß beispielsweise bei einer vertikalen Stauchung der Funktion $f(m,n)$ mit $x' = am\Delta x$ mit $a > 1$ gemäß der Definition der diskreten Funktion $f(m,n)$ im Intervall $\{0 \leq m \leq M - 1 \cap 0 \leq n \leq N - 1\}$ am unteren Rand des Definitionsintervalls ein Streifen mit etwa $NM(1 - 1/a)$ Abtastwerten, die gemäß Gl.(2-103) gleich Null sind, entsteht. Weiterhin muß gewährleistet sein, daß das Abtasttheorem nach der Koordinatentransformation noch erfüllt ist, da auf ein und dieselbe Funktion nach der Koordinatentransformation mit $a > 1$ weniger Abtastwerte fallen. Für $a < 1$ wären diese Überlegungen zwar irrelevant, es würde jedoch ein Teil des Signals über das Definitionsintervall der diskreten Funktion hinausgeschoben werden, ginge also verloren.

Die Auswirkungen der Dehnung bzw. Stauchung der Ortsfunktionen auf die Ortsfrequenzspektren müssen im diskreten Fall entsprechend oben gesagtem einer sorgfältigen systemtheoretischen Analyse, teils im ortskontinuierlichen Bereich, unterworfen werden, die allgemein die folgende Struktur hat:

$$f(m,n) \circ\!\!-\!\!\bullet F(k,l)$$

Periodische Fortsetzung, Übergang zum Kontinuierlichen

$$\tilde{f}(m\Delta x, n\Delta y) \circ\!\!-\!\!\bullet \sum_{k=-\infty}^{\infty} \sum_{l=-\infty}^{\infty} \tilde{F}(u - k\Delta u, v - l\Delta v)$$

Koordinatenskalierung

$$\tilde{f}_t(am\Delta x, bn\Delta y) \circ\!\!-\!\!\bullet \frac{1}{|ab|} \sum_{k=-\infty}^{\infty} \sum_{l=-\infty}^{\infty} \tilde{F}_t\left(\frac{u - k\Delta u}{a}, \frac{v - l\Delta v}{b}\right) \qquad (2\text{-}118)$$

Interpolation

$$\tilde{f}'_t(m\Delta x, n\Delta y) \circ\!\!-\!\!\bullet \sum_{k=-\infty}^{\infty} \sum_{l=-\infty}^{\infty} \tilde{F}'_t(u - k\Delta u, v - l\Delta v)$$

Beschränkung auf endliches Intervall, Übergang zum Diskreten

$$f'_t(m,n) \circ\!\!-\!\!\bullet F'_t(k,l)$$

Rotationssatz

Die Rotation eines diskreten Signals um Vielfache von 90° bewirkt eine Rotation des diskreten Spektrums um den selben Winkel im gleichen Drehsinn. Für beliebige Winkel müssen ähnlich wie beim Ähnlichkeitssatz die diskreten Signale bzw. ihre Spektren periodisch fortgesetzt werden, die Koordinatentransformationen der Drehung nach Gl.(2-24) im kontinuierlichen Bereich ausgeführt werden und die so erhaltenen diskreten aber orts- und frequenzkoordinatenkontinuierlichen Funktionen interpoliert, abgetastet und auf ein endliches Intervall beschränkt werden (zur Realisierung von Rotationsoperationen im Diskreten siehe /2.23/).

Verschiebungssatz

Analog zum kontinuierlichen Fall bewirkt die Verschiebung eines diskreten, periodisch fortgesetzten Signals eine Phasendrehung des diskreten Spektrums. Durch Einsetzen in Gl.(2-97) bekommt man für die diskrete Fouriertransformierte von $f(m - \xi, n - \eta)$

$$
\begin{aligned}
\tilde{F}(k,l) &= \sum_{m=0}^{M-1} \sum_{n=0}^{N-1} \tilde{f}(m - \xi, n - \eta) \exp\{-j2\pi[k(m - \xi)/M + l(n - \eta)/N]\} \\
&= \exp[-j2\pi(k\xi/M + l\eta/N)] \cdot \\
&\quad \cdot \left\{ \sum_{m=0}^{M-1} \sum_{n=0}^{N-1} \tilde{f}(m - \xi, n - \eta) \exp[-j2\pi(km/M + ln/N)] \right\} \quad (2\text{-}119)
\end{aligned}
$$

bzw. in Kurzschreibweise

$$
\begin{aligned}
f(m,n) &= \tilde{f}(m - \xi, n - \eta) R_{MN}(m,n) \\
&\circ\!\!-\!\!\bullet \; F(k,l) \exp[-j2\pi(k\xi/M + l\eta/N)]
\end{aligned} \quad (2\text{-}120)
$$

Auch die Umkehrung trifft zu:

$$
f(m,n) \exp[j2\pi(\xi m/M + \eta n/N)] \circ\!\!-\!\!\bullet \tilde{F}(k - \xi, l - \eta) R_{MN}(k,l) \quad (2\text{-}121)
$$

Gl.(2-121) läßt sich auch als Modulation der Funktion $f(m,n)$ mit einer abgetasteten zweidimensionalen komplexen Harmonischen auffassen. Ähnlich wie in nachrichtentechnischen Systemen wird hierdurch das Spektrum $F(k,l)$ von $f(m,n)$ um die "Träger"frequenz ξ, η verschoben

Örtliche Differenzenbildung

Die partiellen Ableitungen in Gln.(2-27) und (2-28) werden im diskreten Fall durch Differenzen angenähert. Mit Gl.(2-120) folgt

$$
[\tilde{f}(m,n) - \tilde{f}(m - 1,n)] R_{MN}(m,n) \circ\!\!-\!\!\bullet F(k,l)[1 - \exp(-j2\pi k/M)] \quad (2\text{-}122)
$$

$$
[\tilde{f}(m,n) - \tilde{f}(m,n - 1)] R_{MN}(m,n) \circ\!\!-\!\!\bullet F(k,l)[1 - \exp(-j2\pi l/N)] \quad (2\text{-}123)
$$

Hieraus folgt für die diskrete Approximation des Laplace-Operators

$$
\begin{aligned}
2\tilde{f}(m,n) - 2\tilde{f}(m - 1,n) + \tilde{f}(m - 2,n) - 2\tilde{f}(m,n - 1) + \tilde{f}(m,n - 2) \\
\circ\!\!-\!\!\bullet \; F(k,l)[1 - \exp(-j2\pi k/M)]^2 [1 - \exp(-j2\pi l/N)]^2 \quad (2\text{-}124)
\end{aligned}
$$

Summation nach einer Variablen

Die Dimension einer mehrdimensionalen diskreten Funktion kann durch Aufsummation der Funktionswerte über eine Variable um Eins reduziert werden. Dies entspricht einer Projektion der Funktion in die Richtung dieser Variablen. Beispielsweise folgt für

$$f_n(m) = \sum_{n=0}^{N-1} f(m,n) \qquad (2\text{-}125)$$

durch Einsetzen in Gl.(2-102)

$$F(k,l) = \left\{ \sum_{m=0}^{M-1} f_n(m) \exp(-j2\pi km/M) \right\} \sum_{n=0}^{N-1} \exp(-j2\pi ln/N) \qquad (2\text{-}126)$$

Da die rechte Summe in Gl.(2-126) N für $l = 0$ ist und für $l \neq 0$ verschwindet, folgt in Kurzschreibweise

$$f_n(m) = \sum_{n=0}^{N-1} f(m,n) \underset{m}{\circ\!\!-\!\!\bullet} NF(k,0) \qquad (2\text{-}127)$$

D.h., eine Aufsummation nach der Variablen n bewirkt eine linienhafte Belegung des diskreten Spektrums bei $l = 0$, was auch als Tiefpaßfilterung mit einem Spalttiefpaß der Breite N in einer Richtung interpretiert werden kann. Für die Aufsummation des diskreten Spektrums $F(k,l)$ nach der Variablen l folgt auf ähnliche Weise

$$F_l(k) = \sum_{l=0}^{N-1} F(k,l) \underset{k}{\circ\!\!-\!\!\bullet} F(m,0) \qquad (2\text{-}128)$$

Für die Projektionen von $f(m,n)$ in m-Richtung bzw. von $F(k,l)$ in k-Richtung gilt Ähnliches. Für beliebige Projektionsrichtungen kann man die Ortsfunktionen und ihre Spektren zunächst mit Hilfe von Interpolationen drehen und anschließend Gl.(2-127) bzw. Gl.(2-128) auf die diskreten Näherungen des gedrehten Signals bzw. des gedrehten Spektrums anwenden. Der Zusammenhang zwischen der Projektion in jeweils einem Bereich und der linienhaften Belegung im korrespondierenden Bereich, den man auch als Projektionsschnittheorem bezeichnet, gilt daher im diskreten Bereich nur näherungsweise. Für die systemtheoretische Analyse treffen wiederum die beim Ähnlichkeitssatz und beim Rotationssatz gemachten Überlegungen zu.

Faltungssatz

Eine der wichtigsten Anwendungen der zweidimensionalen diskreten Fouriertransformation ist die lineare homogene, d.h. ortsinvariante Filterung von zweidimensionalen Signalen. Es seien $f(m,n)$ im Intervall $\{0 \leq m \leq M_f - 1 \cap 0 \leq n \leq N_f - 1\}$ und $h(m,n)$ im Intervall $\{0 \leq m \leq M_h - 1 \cap 0 \leq n \leq N_h - 1\}$ definierte Funktionen, die durch Ergänzung mit Nullelementen in den Bereichen $\{M_f \leq m \leq M-1 \cap N_f \leq l \leq N-1\}$ bzw. $\{M_h \leq m \leq M-1 \cap N_h \leq n \leq N-1\}$ mit $M_f + M_h - 1 \leq M$ und $N_f + N_h - 1 \leq N$ in die Funktionen $\tilde{f}(m,n)$ bzw. $\tilde{h}(m,n)$ überführt werden (siehe Bild 2.8). $\tilde{F}(k,l)$ und $\tilde{H}(k,l)$ seien die

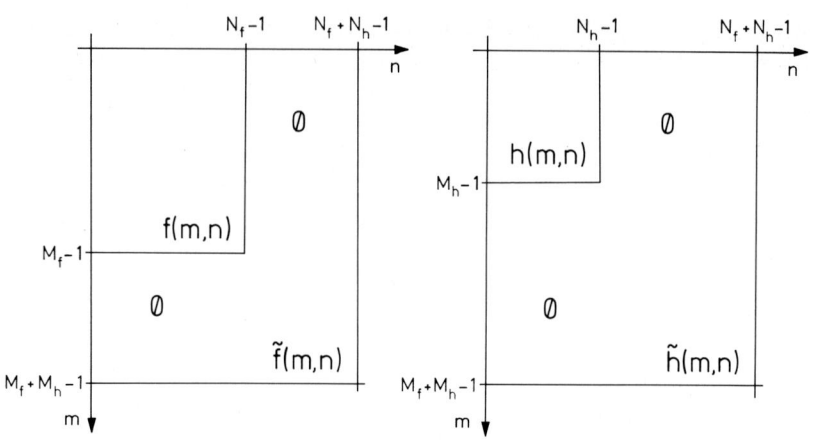

Bild 2.8. Zur Faltung periodisch fortgesetzter Funktionen.

zu $\tilde{f}(m,n)$ und $\tilde{h}(m,n)$ gehörigen diskreten Fouriertransformierten im Intervall $\{0 \le k \le M - 1 \cap 0 \le l \le N - 1\}$. Durch Einsetzen des Faltungsproduktes

$$\tilde{g}(m,n) = \tilde{f}(m,n) \; * * \; \tilde{h}(m,n)$$
$$= \sum_{\xi=0}^{M-1} \sum_{\eta=0}^{N-1} \tilde{f}(\xi,\eta)\tilde{h}(m-\xi,n-\eta) \qquad (2\text{-}129)$$

in Gl.(2-97) kann gezeigt werden, daß

$$\tilde{g}(m,n)R_{MN}(m,n) = [\tilde{f}(m,n) \; * * \; \tilde{h}(m,n)]R_{M,N}(m,n)$$
$$\circ\!\!-\!\!\bullet \; \tilde{G}(k,l) = \tilde{F}(k,l)\tilde{H}(k,l) \qquad (2\text{-}130)$$

ist. Faßt man $h(m,n)$ als Impulsantwort und $f(m,n)$ als Eingangssignal eines zweidimensionalen linearen ortsinvarianten diskreten Systems auf, so beschreibt Gl.(2-130) auf einfache Weise das Ein/Ausgangsverhalten dieses Systems mit der zu $\tilde{h}(m,n)$ korrespondierenden diskreten Übertragungsfunktion $\tilde{H}(k,l)$ (zur Realisierung linearer ortsinvarianter Systeme siehe Abschnitt 2.3.7).
Für die Faltung von diskreten Spektren ergibt sich auf ähnliche Weise im Intervall $\{0 \le m \le M - 1 \cap 0 \le n \le N - 1\}$ der Zusammenhang

$$\tilde{g}(m,n) = \tilde{f}(m,n)\tilde{h}(m,n)$$
$$\circ\!\!-\!\!\bullet \; \frac{1}{MN}\tilde{G}(k,l)R_{MN}(k,l) = \frac{1}{MN}[\tilde{F}(k,l) \; * * \; \tilde{H}(k,l)]R_{MN}(k,l) \quad (2\text{-}131)$$

wobei $F(k,l)$ im Intervall $\{0 \le k \le M_F - 1 \cap 0 \le l \le N_F - 1\}$ und $H(k,l)$ im Intervall $\{0 \le k \le M_H - 1 \cap 0 \le l \le N_H - 1\}$ definiert seien und im zu $\{0 \le k \le M - 1 \cap 0 \le l \le N - 1\}$ mit $M_F + M_H - 1 \le M - 1$ und

$N_F + N_H - 1 \leq N - 1$ restlichen Bereich mit Nullelementen ergänzt wurden.
Gl.(2-131) besagt, daß das Produkt zweier diskreten Ortsfunktionen mit der
Faltung ihrer korrespondierenden diskreten periodisch fortgesetzten Spektren
korrespondiert.

Korrelationssatz

Es seien $f(m,n)$ im Intervall $\{0 \leq m \leq M_f - 1 \cap 0 \leq n \leq N_f - 1\}$ und $g(m,n)$
im Intervall $\{0 \leq m \leq M_g - 1 \cap 0 \leq n \leq N_g - 1\}$ definierte Funktionen. Ihre
diskrete Kreuzkorrelationsfunktion $\phi_{fg}(m,n)$ im Intervall $\{0 \leq m \leq M-1 \cap 0 \leq$
$n \leq N - 1\}$ mit $M_f + M_g - 1 \leq M$ und $N_f + N_g - 1 \leq M$ ist definiert als

$$\phi_{fg}(m,n) = [\tilde{f}(m,n) \circ \circ \tilde{g}(m,n)]R_{MN}(m,n)$$

$$= \left\{ \sum_{\xi=0}^{M-1} \sum_{\eta=0}^{N-1} \tilde{f}(\xi,\eta)\tilde{g}(\xi - m, \eta - n) \right\} R_{MN}(m,n) \quad (2\text{-}132)$$

Mit $\tilde{g}'(m,n) = \tilde{g}(-m,-n)$ läßt sich Gl.(2-132) auch als diskrete Faltungsoperation auffassen. Hieraus folgt mit Gl.(2-114) für die örtliche Kreuzkorrelation
$\phi_{fg}(m,n)$ und ihr korrespondierendes Spektrum

$$\phi_{fg}(m,n) = [\tilde{f}(m,n) * * \tilde{g}(-m,-n)]R_{MN}(m,n)$$

$$\circ\!\!\!-\!\!\!\bullet \; F(k,l)G^*(k,l) = \Phi_{fg}(k,l) \quad (2\text{-}133)$$

Mit $g(m,n) = f(m,n)$ folgt für die diskrete Autokorrelationsfunktion $\phi_{ff}(m,n)$
von $f(m,n)$ und ihr korrespondierendes Leistungsspektrum $\Phi_{ff}(k,l)$

$$\phi_{ff}(m,n) = \{\tilde{f}(m,n) \circ \circ \tilde{f}(m,n)\}R_{MN}(m,n)$$

$$= \{\tilde{f}(m,n) * * \tilde{f}(-m,-n)\}R_{MN}(m,n) \quad (2\text{-}134)$$

$$\circ\!\!\!-\!\!\!\bullet \; F(k,l)F^*(k,l) = |F(k,l)|^2 = \Phi_{ff}(k,l)$$

Satz von Parseval

Für die Energien des diskreten Signals $f(m,n)$ und ihr zugehöriges diskretes
Spektrum $F(k,l)$ besteht der Zusammenhang

$$\sum_{m=0}^{M-1} \sum_{n=0}^{N-1} |f(m,n)|^2 = \frac{1}{MN} \sum_{k=0}^{M-1} \sum_{l=0}^{N-1} |F(k,l)|^2 \quad (2\text{-}135)$$

2.3.3 Anmerkungen zur diskreten Fouriertransformation von Bildsignalen

Bei der Charakterisierung von Bildsignalen, bei der Analyse von Bildgewinnungssystemen und bei der Konzipierung von Algorithmen zur Bildsignalverarbeitung erweist sich die diskrete Fouriertransformation oft als äußerst nützliches
Hilfsmittel. Die Darstellung von Bildern im Ortsfrequenzbereich ermöglicht in

vielen Fällen eine anschauliche Durchdringung selbst komplizierter Sachverhalte. Aus diesem Grunde wird in diesem Abschnitt etwas näher auf die Natur der spektralen Darstellung reeller Bildsignale in der diskreten Ortsfrequenzebene eingegangen.

Mit Hilfe einer geeigneten Zerlegung des diskreten Fourierspektrums in Wertepaare $F(k,l), F(M-k, N-l)$ im Intervall $\{0 \leq k \leq M-1 \cap 0 \leq l \leq N-1\}$ kann gezeigt werden, daß jedes zweidimensionale diskrete Signal $f(m,n)$ als Summe von abgetasteten cos-förmigen Wellenfunktionen aufgefaßt werden kann. Nimmt man beispielsweise an, daß M, N ungerade Zahlen sind, so ergibt sich mit Gl.(2-103) folgendes

$$
\begin{aligned}
f(m,n) =\frac{1}{MN}\Big\{ &F(0,0)+ \\
&+ \sum_{k=1}^{(M-1)/2} \big[F(k,0)\exp(j2\pi(km/M)+ \\
&\quad + F(M-k,0)\exp(j2\pi(M-k)m/M)\big]+ \\
&+ \sum_{k=0}^{(M-1)/2}\sum_{l=1}^{(N-1)/2} \big[F(k,l)\exp(j2\pi(km/M+ln/N))+ \\
&\quad + F(M-k,N-l)\exp(j2\pi((M-k)m/M+(N-l)n/N))\big]\Big\}
\end{aligned}
$$
(2-136)

Mit Hilfe der aus der Eulerschen Formel abgeleiteten Beziehung

$$\cos ax = \frac{1}{2}[\exp(jax)+\exp(-jax)]$$
(2-137)

und mit $\varphi(k,l) = \arctan[\Im m\{F(k,l)\}/\Re e\{F(k,l)\}]$ folgt aus Gl.(2-136) für die Darstellung der diskreten Ortsfunktion $f(m,n)$ mit Hilfe des diskreten Ortsfrequenzspektrums $F(k,l)$

$$
\begin{aligned}
f(m,n) =\frac{1}{2MN}\Big\{ &2F(0,0)+ \\
&+ \sum_{k=0}^{(M-1)/2} |F(k,0)|\cos[2\pi mk/M+\varphi(k,0)]+ \\
&+ \sum_{k=0}^{(M-1)/2}\sum_{l=1}^{(N-1)/2} |F(k,l)|\cos[2\pi(mk/M+nl/N)+\varphi(k,l)]\Big\}
\end{aligned}
$$
(2-138)

Der erste Term in Gl.(2-138) repräsentiert, wie aufgrund von Gl.(2-102) leicht einzusehen ist, den Gleichanteil oder Mittelwert des Signals $f(m,n)$. Der erste Summenausdruck in Gl.(2-138) stellt eine Überlagerung von diskreten zweidimensionalen cos-förmigen Wellenfunktionen dar, die sich nur in m-Richtung ändern, gegenüber dem Punkt $(m = 0, n = 0)$ um den Winkel $\varphi(k,0)$ verschoben sind und die Periode k/M sowie die Amplitude $|F(k,0)|/(2MN)$ haben. Ähnliches gilt für den zweiten Summenausdruck, der eine Überlagerung diskreter zweidimensionaler cos-förmiger Wellenfunktionen in n-Richtung bzw. in den übrigen Richtungen repräsentiert. Ausgehend von der formalen Definition der zweidimensionalen diskreten Fouriertransformation in Gl.(2-102) und ihrer Rücktransformation in Gl.(2-103) wurde mit obigen Überlegungen nochmals ihr zugrundeliegendes Prinzip verdeutlicht: Ein diskretes zweidimensionales Signal $f(m,n)$ läßt sich allgemein als Überlagerung von abgetasteten trigonometrischen Funktionen in der Ortsebene darstellen, wobei die Perioden, Amplituden und Phasenlagen dieser Funktionen direkt durch die Elemente $F(k,l)$ der diskreten Fouriertransformation gegeben sind. Entsprechendes läßt sich auch für gerade M, N zeigen.

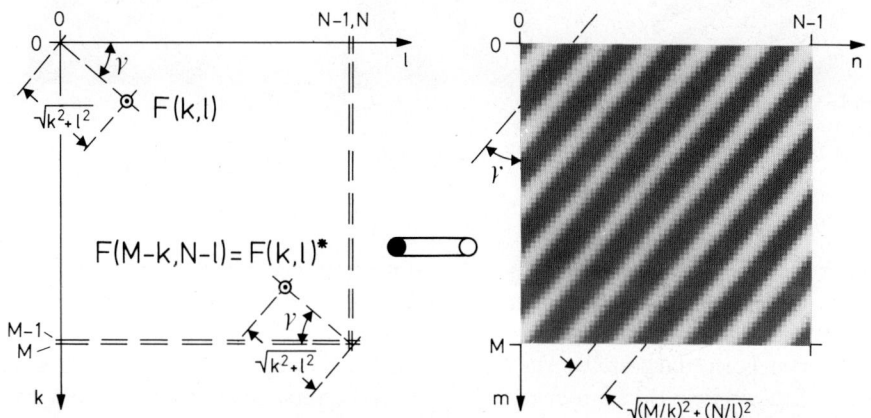

Bild 2.9. Konjugiert komplexes Diracimpulspaar im Ortsfrequenzbereich und korrespondierende Wellenfunktion im Ortsbereich.

In Bild 2.9 ist dieser Zusammenhang graphisch dargestellt. Das konjugiert komplexe Wertepaar $(F(k,l), F(M-k, N-l))$ korrespondiert in der Ortsebene mit einer aus dem Ursprung um den Phasenwinkel $\varphi(k,l)$ verschobenen cos-förmigen Wellenfunktion mit einer zur Verbindungslinie $\overline{(0,0)(k,l)}$ in der Ortsfrequezebene orthogonalen Richtung. Ihre Periode ist reziprok zum Abstand des Punktes (k,l) vom Ursprung $(0,0)$ bzw. des Punktes $(M-k, N-l)$ vom Punkt (M,N); die Amplitude entspricht gemäß Gl.(2-138) $|F(k,l)|/(2MN)$.
Da dem Punkt $(0,0)$ als Mittelwert im allgemeinen eine besondere Bedeutung zukommt, stellt man die diskrete Fouriertransformierte $F(k,l)$ (manchmal auch die Ortsfunktion $f(m,n)$) zentriert um $k = l = 0$ $(m = n = 0)$ in den Intervallen $\{-(M-1)/2 \le k, (m) \le (M-1)/2 \cap -(N-1)/2 \le l, (n) \le (N-1)/2\}$ für ungerade M, N und $\{-(M/2-1) \le k, (m) \le M/2 \cap -(N/2-1) \le l, (n) \le N/2\}$ für gerade M, N dar. Dies ist aufgrund der Periodizität beider Bereiche unmit-

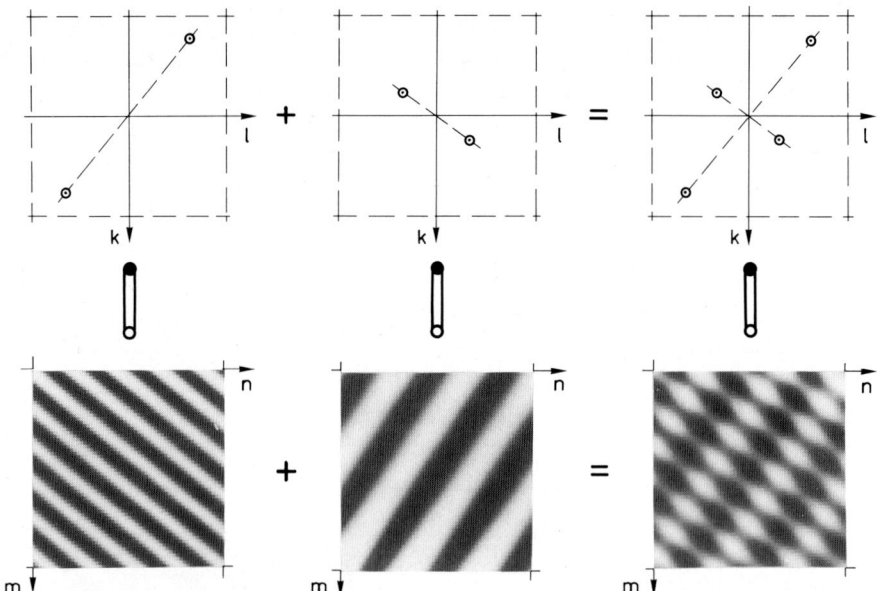

Bild 2.10. Überlagerung von Diracimpulspaaren im Spektralbereich und ihre korrespondierenden Ortsfunktionen.

telbar möglich - man verschiebt sozusagen nur den Fensterausschnitt $R_{MN}(k,l)$ (bzw. $R_{MN}(m,n)$) über den periodisch fortgesetzt zu denkenden Funktionen. Im linken Teil von Bild 2.10 ist die Korrespondenz von Bild 2.9 nochmals in zentrierter Form dargestellt. Da man, wie oben erwähnt, das Ortsfrequenzspektrum eines reellen Bildsignals als Überlagerung verschiedener konjugiert komplexer Wertepaare $(F(k,l),F(-k,-l))$ und dem Gleichanteil $F(0,0)$ auffassen kann, gilt dies auch für die korrespondierenden Ortsfunktionen. Dies ist in Bild 2.10 veranschaulicht. Feinere Strukturen im Bildsignal werden hierbei durch abgetastete cos-förmige Wellenfunktionen kleiner Perioden repräsentiert; die zugehörigen Ortsfrequenzkomponenten liegen vom Ursprung des zentrierten Ortsfrequenzspektrums weiter entfernt und umgekehrt. Insbesondere auf dieser Eigenschaft basiert die Anschaulichkeit der Repräsentation von zweidimensionalen Signalen und Systemen im Ortsfrequenzbereich.

Als Beispiel ist das diskrete Fourierspektrum des abgetasteten, in Bild 2.11a gezeigten Portraitfotos in Bild 2.11b in direkter Form und in Bild 2.11c in zentrierter Form dargestellt. Bei der Aufzeichnung von Bild 2.11b bzw. 2.11c wurden den Amplitudenwerten von $F(k,l)$ jeweils linear Helligkeitswerte zugeordnet. Wie zu sehen ist, konzentrieren sich die "gut sichtbaren" Amplitudenwerte des Ortsfrequenzspektrums auf relativ kleine Bereiche in der Ortsfrequenzebene. Aufgrund der relativ hohen Dynamik der Spektralwerte ist eine logarithmische Darstellung im allgemeinen günstiger. In Bild 2.11d und im weiteren Verlauf dieses Buches sind aus diesem Grunde, falls nicht anderweitig vermerkt, jeweils

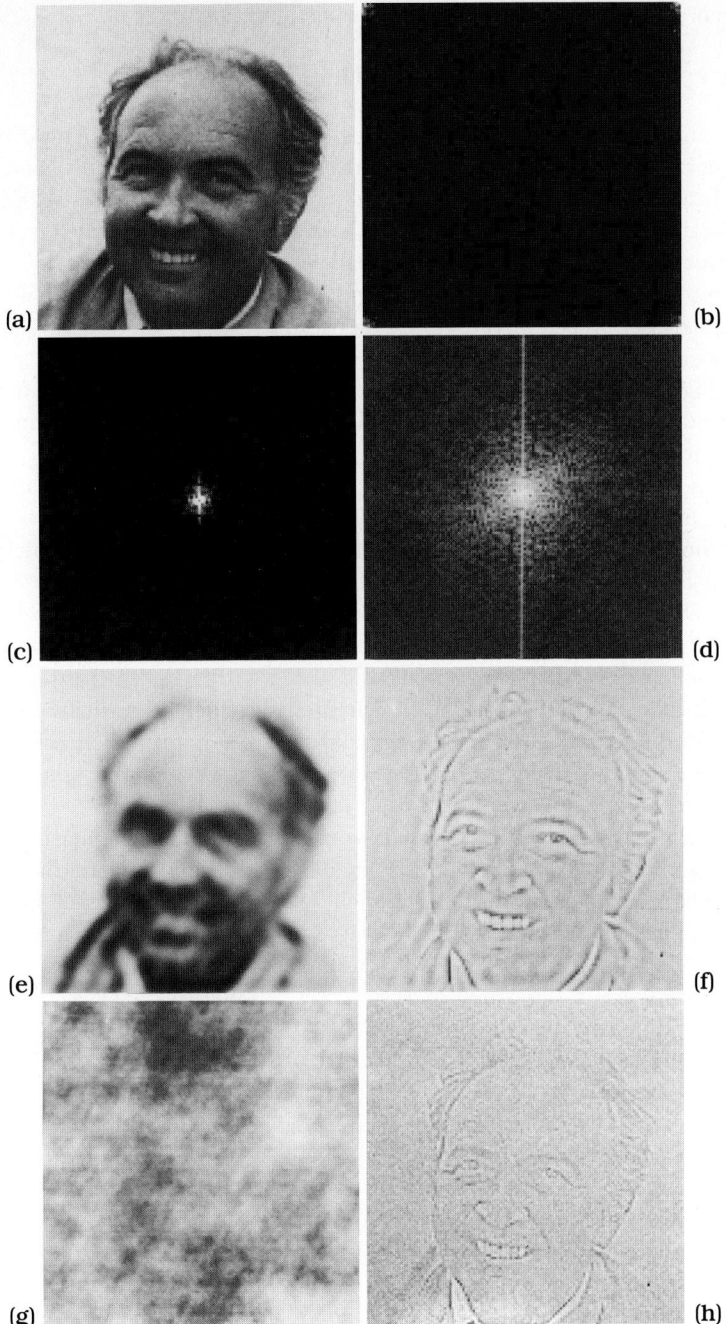

Bild 2.11.   (a) - (d) Zur Darstellung von Ortsfrequenzspektren. Wirkung von (e) Tiefpaß- und (f) Hochpaßfilteroperationen. (g), (h) Zur Bedeutung der spektralen Phasen- und Amplitudeninformation in Bildsignalen.

die oberen drei Dekaden der logarithmierten Funktion

$$F'(k,l) = \log(1 + |F(k,l)|) \qquad (2\text{-}139)$$

in zentrierter Form dargestellt. Hierdurch werden die kleineren Amplitudenwerte der Spektren bei höheren Ortsfrequenzen wesentlich besser sichtbar, was die visuelle Interpretation von Ortsfrequenzspektren oft vereinfacht. Auffällig tritt in der Darstellung von Bild 2.11d beispielsweise eine helle vertikale Ortsspektrallinie hervor; diese kann durch die implizit vorhandene periodische Fortsetzung des diskreten Bildes erklärt werden. Denkt man sich nämlich das Bildsignal in Bild 2.11a als periodisch fortgesetzte Funktion, so sieht man, daß durch die dann aneinandergrenzenden oberen und unteren Bildränder jeweils kontrastreiche vertikale Helligkeitssprünge entstehen, die horizontale cos-förmige Wellenfunktionen aller Perioden enthalten, was einer vertikalen linienhaften Belegung im Ortsfrequenzbereich entspricht.

Die Repräsentation von intensitätsmäßig langsam fluktuierenden Bildanteilen bei niederen Ortsfrequenzen bzw. die Repräsentation von feinstrukturierten Bilddetails bei hohen Ortsfrequenzen läßt sich leicht durch eine Unterdrückung der jeweiligen Spektralbereiche veranschaulichen. In Bild 2.11e wurde hierzu die Bandbreite des in Bild 2.11d dargestellten Spektrums auf 1/4 der maximal darstellbaren Ortsfrequenz in k- und l-Richtung reduziert und anschließend in den Ortsbereich zurücktransformiert; in Bild 2.11f wurde der hierzu komplementäre Anteil (plus der ursprüngliche Gleichanteil) im Spektrum rücktransformiert. Während in Bild 2.11e nur sehr grobe Strukturen des ursprünglichen Bildes 2.11a erhalten sind, sind in Bild 2.11f ausschließlich feine Strukturen erkennbar - die flächenhafte Helligkeitsverteilung wurde unterdrückt.

Die Darstellung der Phaseninformation von komplexen Ortsfrequenzspektren ist im Prinzip ebenfalls möglich, ist jedoch unter anderem aufgrund ihrer periodischen Mehrdeutigkeit wenig anschaulich. Es muß jedoch darauf hingewiesen werden, daß bei der spektralen Darstellung von Bildsignalen die Phaseninformation gegenüber der Amplitude des Ortsfrequenzspektrums im allgemeinen eine weitaus wichtigere Rolle spielt /2.24, 2.25/. Letzteres läßt sich leicht mit Hilfe eines einfachen Experiments belegen. Ausgehend vom komplexen Ortsfrequenzspektrum des Portraits in Bild 2.11d wurde der Phasenwinkel unter der Randbedingung $F(k,l) = F^*(M-k, N-l)$ zufällig gesetzt und das Ergebnis der anschließenden Rücktransformation in Bild 2.11g dargestellt. Bei dem in Bild 2.11h dargestellten Bild wurde demgegenüber der Phasenwinkel im komplexwertigen Spektrum des Bildes 2.11a erhalten, jedoch die Amplitude für alle k, l-Werte konstant gesetzt. Während in Bild 2.11g nur zufällige Grauwertfluktuationen zu sehen sind, sind in Bild 2.11h immerhin noch die Konturen selbst feinerer Strukturen erhalten.

Abschließend noch einige Bemerkungen zur rechentechnischen Realisierung der zweidimensionalen diskreten Fouriertransformation. Wie aus den Gln.(2-102) bzw. (2-103) ersichtlich ist, führt die Berechnung der Fouriertransformation bzw. ihrer Rücktransformation auf die Lösung eines MN-dimensionalen Gleichungssystems mit etwa M^2N^2 komplexen Additionen und Multiplikationen. Möchte man $f(m,n)$ und $F(k,l)$ aus Gründen eines schnellen Datenzugriffs im Arbeitsspeicher eines Rechners halten und nimmt man an, daß $f(m,n)$ reell ist und als Bytematrix und $F(k,l)$ als komplexe Zahlenmatrix mit je 8 Bytes pro Element dargestellt werden, so würde man etwa $9MN$ Bytes Speicherkapazität benötigen. Mit dem für viele Bildverarbeitungsprobleme typischen Wert von $M = N = 512$ würde dies einen Arbeitsspeicher von etwa $2,3$ MBytes erfordern. Unter der weiteren Annahme, daß eine komplexe Addition und Multiplikation in 1 sec ausgeführt werden kann, würde die Gesamtrechenzeit etwa 19 Stunden betragen. Aus diesen Gründen ist eine direkte Berechnung der Transformation nach Gln.(2-102) bzw. (2-103) nicht praktikabel.

Da die zweidimensionale diskrete Fouriertransformation, wie in Abschnitt 2.3.2 gezeigt wurde, eine separierbare Transformation ist, kann sie aufwandsmäßig günstiger als Sequenz von Transformationen nach jeweils einer Variablen berechnet werden. Gl.(2-111) entspricht beispielsweise einer eindimensionalen diskreten Fouriertransformation der Zeilen des diskreten Signals $f(m,n)$ und einer anschließenden spaltenweisen eindimensionalen Fouriertransformation des Zwischenergebnisses $F_n(m,l)$. Nimmt man an, daß $f(m,n)$ als Bytefeld mit M Zeilen der Länge N und $F_n(m,l)$ ähnlich strukturiert als komplexes Zahlenfeld mit 8 Bytes je Element auf einem sekundären Speichermedium zwischengespeichert sind, so wären im schnellen Arbeitsspeicher für die Berechnung der eindimensionalen Fouriertransformation pro Zeile jeweils $(1+8)N$ Bytes für Daten notwendig. $F(k,l)$ wird dann nach der spaltenweisen Anwendung der eindimensionalen diskreten Fouriertransformation auf das Zwischenergebnis $F_n(m,l)$ spaltenweise mit k als Blockindex abgespeichert, was einer impliziten Matrixtransponierung (siehe hierzu /2.26, 2.27/) gleichkommt. Um nicht für jeden Index k das gesamte Zwischenergebnis $F_n(m,l)$ vom sekundären Speichermedium in den Arbeitsspeicher lesen zu müssen, empfiehlt es sich, jeweils den gesamten verfügbaren Arbeitsspeicher für die gleichzeitige Abspeicherung und Berechnung mehrerer Spalten von $F(k,l)$ zu nutzen. Da für reelle Signale $f(m,n)$

$$F_n(m,l) = F_n^*(m, N-1) \qquad (2\text{-}140)$$

ist, ist das Zwischenergebnis $F(m,l)$ vollständig durch die Funktionswerte im Intervall $\{0 \le m \le M - 1 \cap 0 \le l \le N/2\}$ für gerade N und $\{0 \le m \le M - 1 \cap 0 \le l \le (N+1)/2\}$ für ungerade N bestimmt. Das Gleiche trifft gemäß Gl.(2-116) auch auf $F(k,l)$ im Intervall $\{0 \le k \le M - 1 \cap 0 \le l \le N/2\}$ für gerade und $\{0 \le k \le M - 1 \cap 0 \le l \le (N+1)/2\}$ für ungerade N zu. Aus diesem Grunde kann man sich bei der Berechnung und Zwischenspeicherung von $F_n(m,l)$, sowie bei der Berechnung und Speicherung von $F(k,l)$ auf diese Intervalle beschränken. Aufgrund der vorhergehenden Überlegungen kann die Zahl der notwendigen komplexen Additionen und Multiplikationen gegenüber $(MN)^2$ Operationen auf etwa $MN(M+N)/2$ reduziert werden. Damit würde man im obigen Beispiel für ein Signal mit 512^2 Bildpunkten anstatt 19 Stunden nur noch etwa $2,25$ Minuten Rechenzeit benötigen (die systemabhängigen Da-

tenübertragungszeiten zwischen dem Arbeits- und dem sekundären Speichermedium sind hierbei nicht eingerechnet). Die Reihenfolge der Zeilen- und Spalten-
transformationen läßt sich natürlich auch umkehren. Die obigen Überlegungen
sind in analoger Weise auch bei der Berechnung der diskreten Fourierrücktransformation von Nutzen. Die Zahl der notwendigen Rechenoperationen kann mit
Hilfe des im nächsten Abschnitt erläuterten schnellen Fouriertransformationsalgorithmus weiterhin erheblich reduziert werden.

2.3.4 Der schnelle Fouriertransformationsalgorithmus

In Abschnitt 2.3.3 wurde auf den gigantischen Aufwand bei der direkten Berechnung der zweidimensionalen diskreten Fouriertransformation hingewiesen. Es
wurde gezeigt, daß sich dieser unter Ausnutzung der Separierbarkeit der zweidimensionalen Fouriertransformation und aufgrund von Symmetrieeigenschaften
verringern läßt. Ausgehend von den hierbei auszuführenden Transformationen
nach einer Variablen wird im folgenden ein schneller Fouriertransformationsalgorithmus, der sogenannte Radix-2-Algorithmus (engl. 'decimation in time'),
beschrieben, mit dem sich der Rechenaufwand weiterhin erheblich reduzieren
läßt. Weitere Realisierungsmöglichkeiten der schnellen Fouriertransformation
möge der interessierte Leser der Literatur entnehmen /2.28, 2.29/.

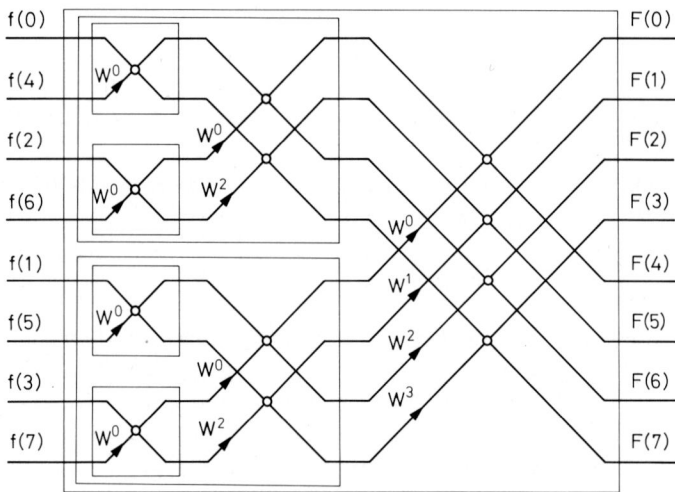

Bild 2.12.   Zur stufenweisen Zerlegung der Fouriertransformation in elementare
Fouriertransformationen mit je zwei Abtastwerten.

Gegeben sei die eindimensionale komplexwertige diskrete Funktion $f(m)$ im Intervall $\{0 \leq m \leq M - 1\}$ mit $M = 2^Q$ als Zweierpotenz. Die eindimensionale

diskrete Fouriertransformation von $f(m)$ ist dann

$$F(k) = \sum_{m=0}^{M-1} f(m) \exp[(-j2\pi/M)mk] \tag{2-141}$$

mit $0 \leq k \leq M - 1$. Für die Berechnung von $F(k)$ für große Werte von M sind etwa M^2 komplexe Additionen und Multiplikationen notwendig. Das grundlegende Prinzip der schnellen Fouriertransformation ist, daß man die ursprüngliche Zahlensequenz $f(m)$ mit M Elementen zunächst in zwei Teilsequenzen der Länge $M/2$ zerlegt und für jede Teilsequenz getrennt die diskrete Fouriertransformation mit je $M^2/4$ komplexen Additionen und Multiplikationen berechnet. Anschließend müssen die so erhaltenen Zwischenergebnisse wieder zur Sequenz $F(k)$ mit M Elementen verknüpft werden. Hiermit lassen sich dann etwa die Hälfte der komplexen Rechenoperationen einsparen. Erfolgt die Unterteilung auch für die $M/2$ langen Sequenzen in $M/4$ lange Sequenzen, so läßt sich wiederum etwa die Hälfte der komplexen arithmetischen Operationen einsparen, usw.. Der jeweilige Faktor 2 an Aufwandsreduktion ist hierbei nur als grobe Näherung zu verstehen, da die Zwischenergebnisse der Teilsequenzen jeweils noch zur gewünschten Fouriertransformierten mit M Elementen verknüpft werden müssen.

Indizes der Eingangssequenz f(m)		Indizes der Ausgangssequenz F(k)	
Index m	Binäre Darstellung von m	Index k	Binäre Darstellung von k
0	0 0 0	0	0 0 0
4	1 0 0	1	0 0 1
2	0 1 0	2	0 1 0
6	1 1 0	3	0 1 1
1	0 0 1	4	1 0 0
5	1 0 1	5	1 0 1
3	0 1 1	6	1 1 0
7	1 1 1	7	1 1 1

Tabelle 2.1.   Zusammenhang zwischen den Indizes der Eingangs- und Ausgangsdatensequenz bei der schnellen Fouriertransformation.

Gl.(2-141) läßt sich mit $W_M = \exp(-j2\pi/M)$ auch schreiben als

$$F(k) = \sum_{\substack{m=0 \\ m\ gerade}}^{M-1} f(m)W_M^{mk} + \sum_{\substack{m=0 \\ m\ ungerade}}^{M-1} f(m)W_M^{mk} \tag{2-142}$$

$$= \sum_{m=0}^{M/2-1} f(2m)W_M^{2mk} + \sum_{m=0}^{M/2-1} f(2m+1)W_M^{(2m+1)k} \tag{2-143}$$

Mit

$$W_M^2 = [\exp(j2\pi/M)]^2 = \exp[j2\pi/(M/2)] = W_{M/2} \qquad (2\text{-}144)$$

kann Gl.(2-143) überführt werden in

$$F(k) = \sum_{m=0}^{M/2-1} f(2m)W_{M/2}^{mk} + W_M^k \sum_{m=0}^{M/2-1} f(2m+1)W_{M/2}^{mk} \qquad (2\text{-}145)$$

$$= F_1(k) + W_M^k F_2(k) \qquad (2\text{-}146)$$

wobei $F_1(k)$ die diskrete Fouriertransformation der $M/2$-langen Sequenz $f(2m)$ und $F_2(k)$ die der $M/2$-langen Sequenz $f(2m+1)$ mit $m = 0, 1, \ldots, M/2 - 1$ ist. Aufgrund der Periodizität der diskreten Fouriertransformation und mit $W_M^{k+M/2} = -W_M^k$ ergibt sich aus Gl.(2-146) weiterhin

$$F(k) = \begin{cases} F_1(k) + W_M^k F_2(k) & \text{für } 0 \leq k \leq M/2 - 1 \\ F_1(k - M/2) + W_M^k F_2(k - M/2) & \text{für } M/2 \leq k \leq M - 1 \end{cases} \qquad (2\text{-}147)$$

Wie bereits erwähnt, können nach dem gleichen Prinzip auch die diskreten Fouriertransformationen der jeweils $M/2$-langen Sequenzen in diskrete Fouriertransformationen mit $M/4$ langen Sequenzen zerlegt werden, usw.. Nach $\mathrm{ld}M - 1$ bzw. $Q - 1$ Unterteilungen gelangt man schließlich zu diskreten Fouriertransformationen von jeweils nur zwei Elementen. Da für $f'(m)$ mit $m = 0, 1$ und $F'(k)$ mit $k = 0, 1$

$$\begin{aligned} F'(0) &= f'(0) + f'(1)W_M^0 \\ F'(1) &= f'(0) + f'(1)W_M^{M/2} \end{aligned} \qquad (2\text{-}148)$$

ist und $W_M^0 = 1$ und $W_M^{M/2} = -1$ ist, sind für die diskrete Fouriertransformation von zwei Elementen keine komplexen Multiplikationen erforderlich.

In Bild 2.12 ist für $M = 8$ die schrittweise Zerlegung der diskreten Fouriertransformation graphisch dargestellt. Die diskrete Fouriertransformation mit 8 Elementen wird in zwei diskrete Fouriertransformationen mit je 4 Elementen unterteilt wobei deren Ergebnisse dann durch das anschließende "Netzwerk" nach Gl.(2-147) zum Endergebnis miteinander verknüpft werden. Die diskreten Fouriertransformationen mit je 4 Elementen werden wiederum in zwei diskrete Fouriertransformationen mit je 2 Elementen realisiert. In Bild 2.12 bedeuten die Kreise komplexe Additionen bzw. Subtraktionen; die Pfeile stellen komplexe Multiplikationen mit dem jeweils beistehenden Wert dar. Wie aus Bild 2.12 hervorgeht sind für die schnelle Fouriertransformation einer M-langen Sequenz ungefähr $M/2\,\mathrm{ld}M$ komplexe Multiplikationen notwendig, was eine erhebliche Einsparung an Rechenaufwand gegenüber der direkten Berechnung der diskreten Fouriertransformation ermöglicht. Das Wort "ungefähr" trifft insbesondere für kleine M zu und beruht auf der Tatsache, daß Multiplikationen mit W_M^0, $W_M^{M/2}$, $W_M^{M/4}$ und $W_M^{3M/4}$ reine komplexe Additionen und Subtraktionen sind. Wie aus Bild 2.12 weiterhin ersichtlich ist, besteht die schnelle Fouriertransformation aus

```
C    S C H N E L L E    F O U R I E R T R A N S F O R M A T I O N
C    ARE: REALTEIL   DES  EIN/AUSGANGSVEKTORS  (DIMENSION 2**M)
C    AIM: IMAGINAERTEIL DES EIN/AUSGANGSVEKTORS (DIMENSION 2**M)
C    IND=1: HINTRANSFORMATION;   IND=2: RUECKTRANSFORMATION
C
         SUBROUTINE FFT(ARE,AIM,M,IND)
         REAL*4 ARE(1),AIM(1)
         N=2**M
         NV2=N/2
         NM1=N-1
         J=1
         DO 7 I=1,NM1
         IF(I.GE.J)GOTO 5
         TRE=ARE(J)
         TIM=AIM(J)
         ARE(J)=ARE(I)
         AIM(J)=AIM(I)
         ARE(I)=TRE
         AIM(I)=TIM
5        K=NV2
6        IF(K.GE.J)GOTO 7
         J=J-K
         K=K/2
         GOTO 6
7        J=J+K
         PI=3.14159265
         DO 20 L=1,M
         LE=2**L
         LE1=LE/2
         URE=1.0
         UIM=0.
         WRE=COS(PI/FLOAT(LE1))
         WIM=SIN(PI/FLOAT(LE1))
         IF(IND.EQ.1)WIM=WIM*(-1.)
         DO 20 J=1,LE1
         DO 10 I=J,N,LE
         IP=I+LE1
         TRE=ARE(IP)*URE-AIM(IP)*UIM
         TIM=ARE(IP)*UIM+AIM(IP)*URE
         ARE(IP)=ARE(I)-TRE
         AIM(IP)=AIM(I)-TIM
         ARE(I)=ARE(I)+TRE
10       AIM(I)=AIM(I)+TIM
         UH=URE
         URE=URE*WRE-UIM*WIM
20       UIM=UH*WIM+UIM*WRE
         IF(IND.EQ.1)RETURN
         DO 30 J=1,N
         ARE(J)=ARE(J)/FLOAT(N)
         AIM(J)=AIM(J)/FLOAT(N)
30       CONTINUE
         RETURN
         END
```

Bild 2.13.   Fortranprogramm zur Berechnung der schnellen Fouriertransformation (nach /2.30/).

$\mathrm{ld}M$ Stufen; der Speicherbereich der ursprünglichen Datensequenz kann jeweils mit den Zwischenergebnissen der zuletzt berechneten Stufe überschrieben werden. In jeder Stufe werden $M/2$ komplexe Multiplikationen, Additionen und Subtraktionen benötigt. Schließlich beachte man die Reihenfolge der Elemente von $f(m)$ die erforderlich ist, um die Elemente von $F(k)$ in der "natürlichen" Reihenfolge zu erhalten. Schreibt man sich die Indizes der Eingangs- und Ausgangselemente und deren zugehörige Binärzahlendarstellungen jeweils auf, wie dies in Tabelle 2.1 geschehen ist, so sieht man, daß die Indizes der Ausgangsele-

mente durch einfache Bitumkehrungen aus den binär dargestellten Indizes der
Eingangselemente hervorgehen und umgekehrt.

M	M^4	M^3	$3/2\,M^2\,\mathrm{ld}\,M$
16	65.536	4.096	1.534
32	1.048.576	32.768	7.680
64	16.777.216	262.144	36.864
128	268.435.456	2.097.152	172.032
256	4.294.967.296	16.777.216	786.432
512	68.719.476.746	134.217.728	3.538.944
1.024	1.099.511.627.776	1.073.741.824	15.728.640

Tabelle 2.2.   Zum Berechnungsaufwand der diskreten zweidimensionalen Fouriertransformation.

Die oben erwähnten Eigenschaften der schnellen Fouriertransformation kann
man sich bei ihrer Programmierung zu Nutze machen. Im Fortranunterprogramm (nach /2.30/) in Bild 2.13 wird die Erzeugung der W_M^k-Werte mit Hilfe
der rekursiven Beziehung

$$W_M^k = W_M^{k-Q} W_M^Q \qquad (2\text{-}149)$$

mit $Q = \mathrm{ld}\,M$ erzeugt. Da bei der zeilen- und spaltenweisen Anwendung der
eindimensionalen schnellen Fouriertransformation auf zweidimensionale Signale
mehrfach die komplexwertige Exponentialfunktionen W_M^k benötigt werden, ist
es ratsam, diese als vorausberechneten Vektor im Arbeitsspeicher abzulegen. In
Tabelle 2.2 ist größenordnungsmäßig die Anzahl der notwendigen komplexen Additionen und Multiplikationen für die direkte Berechnung der diskreten Fouriertransformation (M^4), für ihre Berechnung unter Ausnutzung der Separierbarkeit
und Symmetrie (M^3) und für ihre Berechnung sowohl unter Ausnutzung der
Separierbarkeit und Symmetrie als auch unter Anwendung des schnellen Fouriertransformationsalgorithmus ($3/2M^2\mathrm{ld}M$) für ein zweidimensionales Zahlenfeld
der Dimension M, N mit $M = N$ angegeben (für die schnelle Fouriertransformation wurden hierbei $M\mathrm{ld}M$ komplexe Operationen angenommen). Wie
man sieht, erreicht der Gewinn insbesondere für große M in letzterem Fall gegenüber der direkten Berechnung der diskreten Fouriertransformation mehrere
Größenordnungen. Schließlich sei noch bemerkt, daß die in diesem Abschnitt
angestellten Überlegungen aufgrund der Ähnlichkeit der diskreten Fouriertransformation und ihrer Rücktransformation auf die Rücktransformation in analoger
Weise zutreffen.

2.3.5 Verallgemeinerte Formulierung von Bildtransformationen

Obwohl in den folgenden Kapiteln primär die Fouriertransformation eine wichtige Rolle spielt, wird in diesem Abschnitt der Vollständigkeit halber kurz auf die

Walsh-, die Hadamard- und auf die Kosinustransformation eingegangen, die insbesondere im Bereich der Bilddatenkompression häufig Anwendung finden (siehe z.B. Übersicht in /2.31/). Hierzu wird zunächst eine verallgemeinerte Formulierung für Bildtransformationen eingeführt, die die gemeinsame Struktur dieser Transformationen und ihre Verwandschaft zur Fouriertransformation erkennen läßt.

Eine wichtige Klasse von zweidimensionalen Transformationen kann in der Form

$$T(k,l) = \sum_{m=0}^{M-1} \sum_{n=0}^{N-1} f(m,n)g(m,n,k,l) \qquad (2\text{-}150)$$

geschrieben werden, wobei $T(k,l)$ die Transformierte der Funktion $f(m,n)$ und $g(m,n,k,l)$ der sogenannte Vorwärtstransformationskern ist; die Variablen m,n,k,l seien in den Intervallen $\{0 \leq m,k \leq M-1 \cap 0 \leq n,l \leq N-1\}$ definiert. Gl.(2-150) kann auch als Reihenentwicklung von $f(m,n)$ mit $g(m,n,k,l)$ als Basisfunktionen aufgefaßt werden. Ähnlich läßt sich eine zu Gl.(2-150) inverse Transformation oder Rücktransformation mit dem Rücktransformationskern $h(m,n,k,l)$ angeben

$$f(m,n) = \sum_{m=0}^{M-1} \sum_{n=0}^{N-1} T(k,l)h(m,n,k,l) \qquad (2\text{-}151)$$

Ist der Vorwärtstransformationskern separierbar, dann gilt

$$g(m,n,k,l) = g_1(m,k)g_2(n,l) \qquad (2\text{-}152)$$

Ist zusätzlich

$$g(m,n,k,l) = g_1(m,k)g_1(n,l) \qquad (2\text{-}153)$$

so spricht man von einem separierbaren und symmetrischen Vorwärtstransformationskern. Ähnliches gilt bei der Rücktransformation.

Eine Transformation mit einem separierbaren Transformationskern kann in zwei Schritten berechnet werden, von denen jeder einer eindimensionalen Transformation nach einer Variablen entspricht (vergl. Separierbarkeit der diskreten Fouriertransformation in Abschnitt 2.3.2). Zunächst wird beispielsweise die eindimensionale Transformation zeilenweise auf $f(m,n)$ angewendet

$$T'(m,l) = \sum_{n=0}^{N-1} f(m,n)g_2(n,l) \qquad (2\text{-}154)$$

und anschließend wird das Zwischenergebnis $T'(m,l)$ einer spaltenweisen Transformation unterworfen

$$T(k,l) = \sum_{m=0}^{M-1} T'(m,l)g_1(m,k) \qquad (2\text{-}155)$$

Die Reihenfolge der Transformationen in Zeilen- und Spaltenrichtung kann auch umgekehrt werden. Analoge Überlegungen treffen auch auf die Rücktransformation in Gl.(2-151) zu. Gln.(2-154) und (2-155) lassen sich vereinfacht in Form einer Matrixgleichung schreiben

$$[T'(m,l)] = [f(m,n)][g_2(n,l)] \qquad (2\text{-}156)$$

$$[T(k,l)] = [g_1(m,k)][T'(m,l)] \qquad (2\text{-}157)$$

wobei $[T'(m,l)]$, $[f(m,n)]$ und $[T(k,l)]$ Matrizen der Dimension MN sind, $[g_1(m,k)]$ und $[g_2(n,l)]$ Matrizen der Dimension MM bzw. NN sind. Für Transformationen mit separierbaren Transformationskernen läßt sich also allgemein schreiben

$$[T] = [g_1][f][g_2] \qquad (2\text{-}158)$$

Entsprechend läßt sich die Rücktransformation in Gl.(2-151) als

$$[f] = [h_1][T][h_2] \qquad (2\text{-}159)$$

schreiben. Hieraus erkennt man, daß die gemeinsame Gültigkeit von Gln.(2-150) und (2-151) bzw. Gln.(2-158) und (2-159) nur dann gegeben ist, wenn $[g_1]$, $[g_2]$ nichtsinguläre Matrizen sind. Für diesen Fall ergibt sich aus Gl.(2-158) durch linksseitige Multiplikation mit $[h_1] = [g_1]^{-1}$ und rechtsseitige Multiplikation mit $[h_2] - [g_2]^{-1}$

$$[f] = [g_1]^{-1}[T][g_2]^{-1} \qquad (2\text{-}160)$$

D.h., ein Signal $f(m,n)$ kann für nichtsinguläre $[g_1]$, $[g_2]$ vollständig aus seiner Transformierten $T(k,l)$ zurückgewonnen werden. Für singuläre Transformationskerne existieren die inversen Matrizen $[g_1]^{-1}$, $[g_2]^{-1}$ nicht; in diesem Fall müssen sogenannte pseudoinverse Matrizen $[\hat{g}_1]^{-1}$, $[\hat{g}_2]^{-1}$ gebildet werden (siehe z.B. /2.32/). Die Rücktransformation liefert dann eine Approximation $\hat{f}(m,n)$ von $f(m,n)$

$$[\hat{f}] = [\hat{g}_1]^{-1}[g_1][f][g_2][\hat{g}_2]^{-1} \qquad (2\text{-}161)$$

Für separierbare und symmetrische Transformationskerne (impliziert $M = N$) sind in Gln.(2-158), (2-159), (2-160) und (2-161) $[g_1] = [g_2]$, $[g_1]^{-1} = [g_2]^{-1}$ und $[\hat{g}_1]^{-1} = [\hat{g}_2]^{-1}$.

BEISPIEL 1: Fouriertransformation

Es läßt sich leicht zeigen, daß die zweidimensionale diskrete Fouriertransformation in Gl.(2-102) ein Spezialfall der in Gl.(2-150) verallgemeinerten Transformation mit dem Vorwärtstransformationskern

$$\begin{aligned} g(m,n,k,l) &= \exp[-j2\pi(mk/M + nl/N)] \\ &= \exp(-j2\pi mk/M)\exp(-j2\pi nl/N) \end{aligned} \qquad (2\text{-}162)$$

ist. Entsprechend Gl.(2-158) läßt sich damit die diskrete Fouriertransformation auch in der Form

$$[F(k,l)] = [\exp(-j2\pi mk/M)][f(m,n)][\exp(-j2\pi nl/N)] \qquad (2\text{-}163)$$

schreiben. Entsprechendes gilt für die Rücktransformation

$$h(m,n,k,l) = \frac{1}{MN}\exp[j2\pi(mk/M + nl/N)]$$
$$= \frac{1}{M}\exp(j2\pi mk/M)\frac{1}{N}\exp(j2\pi nl/N) \qquad (2\text{-}164)$$

Mit Gl.(2-164) läßt sich die diskrete Fourierrücktransformation in der Form von Gl.(2-159) schreiben

$$[f(m,n)] = \frac{1}{MN}[\exp(j2\pi km/M)][F(k,l)][\exp(j2\pi ln/N)] \qquad (2\text{-}165)$$

BEISPIEL 2: Walshtransformation

Die zweidimensionale Walshtransformation ist mit $M = 2^p$ und $N = 2^q$ definiert als

$$W(k,l) = \sum_{m=0}^{M-1}\sum_{n=0}^{N-1} f(m,n) \prod_{i=0}^{p-1}(-1)^{b_i(m)b_{p-1-i}(k)} \prod_{i=0}^{q-1}(-1)^{b_i(n)b_{q-1-i}(l)} \qquad (2\text{-}166)$$

wobei r,s ganze Zahlen sind und $b_r(s)$ das r-te Bit der binären Zahlendarstellung von s ist. Da der Vorwärtstransformationskern, der nur die Werte $+1$ und -1 annimmt, wiederum separierbar ist, läßt sich Gl.(2-166) wieder in der verallgemeinerten Form von Gl.(2-158) darstellen

$$[W(k,l)] = \left[\prod_{i=0}^{p-1}(-1)^{b_i(m)b_{p-1-i}(k)}\right][f(m,n)]\left[\prod_{i=0}^{q-1}(-1)^{b_i(n)b_{q-1-i}(l)}\right] \qquad (2\text{-}167)$$

Entsprechend läßt sich die Walshrücktransformation

$$f(m,n) = \sum_{k=0}^{M-1}\sum_{l=0}^{N-1} W(k,l)\frac{1}{M}\prod_{i=0}^{p-1}(-1)^{b_i(k)b_{p-1-i}(l)}\frac{1}{N}\prod_{i=0}^{q-1}(-1)^{b_i(l)b_{q-1-i}(n)}$$
$$(2\text{-}168)$$

in der verallgemeinerten Form der Rücktransformation nach Gl.(2-159) angeben

$$[f(m,n)] = \left[\prod_{i=0}^{p-1}(-1)^{b_i(k)b_{p-1-i}(l)}\right][W(k,l)]\left[\prod_{i=0}^{q-1}(-1)^{b_i(l)b_{q-1-i}(n)}\right] \qquad (2\text{-}169)$$

BEISPIEL 3: Hadamardtransformation

Die Hadamardtransformation ist der Walshtransformation sehr ähnlich. Die Namen beider Transformationen werden in der Literatur oft synonym verwendet; beide Transformationen werden auch häufig mit dem Begriff Walsh-Hadamard-Transformation bezeichnet.

Die zweidimensionale Hadamardtransformation ist definiert als

$$H(k,l) = \sum_{m=0}^{M-1} \sum_{n=0}^{N-1} f(m,n)(-1)^{\sum_{i=0}^{p-1} b_i(m)b_i(k)}(-1)^{\sum_{i=0}^{q-1} b_i(n)b_i(l)} \qquad (2\text{-}170)$$

wobei $p,q,b_r(s)$ wie bei der Walshtransformation im vorigen Beispiel definiert sind. Aufgrund der Separierbarkeit läßt sich Gl.(2-170) auch in der verallgemeinerten Form von Gl.(2-158) schreiben

$$[H(k,l)] = \left[(-1)^{\sum_{i=0}^{p-1} b_i(m)b_i(k)}\right] [f(m,n)] \left[(-1)^{\sum_{i=0}^{q-1} b_i(n)b_i(l)}\right] \qquad (2\text{-}171)$$

Entsprechend läßt sich die Hadamardrücktransformation

$$f(m,n) = \frac{1}{MN} \sum_{k=0}^{M-1} \sum_{l=0}^{N-1} H(k,l)(-1)^{\sum_{i=0}^{p-1} b_i(k)b_i(m)}(-1)^{\sum_{i=0}^{q-1} b_i(l)b_i(n)} \qquad (2\text{-}172)$$

auch schreiben als

$$[f(m,n)] = \left[(-1)^{\sum_{i=0}^{p-1} b_i(k)b_i(l)}\right] [H(k,l)] \left[(-1)^{\sum_{i=0}^{q-1} b_i(l)b_i(n)}\right] \qquad (2\text{-}173)$$

BEISPIEL 4: Kosinustransformation

Die zweidimensionale diskrete Kosinustransformation, die als Entwicklung mit diskreten reellwertigen trigonometrischen Basisfunktionen mit Phase 0 als Abwandlung der diskreten Fouriertransformation aufgefaßt werden kann, ist wie folgt definiert:

$$C(k,l) = \sum_{m=0}^{M-1} \sum_{n=0}^{N-1} f(m,n)[\cos(2m+1)k\pi][\cos(2n+1)l\pi] \qquad (2\text{-}174)$$

Die Basisfunktionen $g(m,n,k,l)$ sind also abgetastete Kosinusfunktionen. Aufgrund des separierbaren Transformationskerns läßt sich Gl.(2-174) in Form von Gl.(2-158) schreiben

$$[C(k,l)] = [\cos(2m+1)k\pi][f(m,n)][\cos(2n+1)l\pi] \qquad (2\text{-}175)$$

Die diskrete Kosinusrücktransformation

$$f(m,n) = \frac{1}{MN}C(0,0) + \frac{1}{4(MN)^3} \sum_{k=1}^{M-1} \sum_{l=1}^{N-1} C(k,l)[\cos(2m+1)k\pi][\cos(2n+1)l\pi]$$

$$(2\text{-}176)$$

läßt sich in Form von Gl.(2-159) schreiben

$$[f(m,n)] = \left[\frac{1}{MN}C(0,0)\right] + \frac{1}{4(MN)^3}[\cos(2m+1)k\pi][C(k,l)][\cos(2n+1)l\pi]$$

$$(2\text{-}177)$$

Alle Elemente der Matrix unmittelbar rechts vom Gleichheitszeichen haben konstanten Wert; weiterhin ist zu beachten, daß aufgrund des $(M-1)(N-1)$-dimensionalen Gleichungssystems (2-176) die Dimension der Matrizen in Gl.(2-177) von links nach rechts MN, MN, $M(M-1)$, $(M-1)(N-1)$ und $(N-1)N$ sind. Es kann gezeigt werden, daß die diskrete Kosinustransformation und ihre Rücktransformation aufwandsgünstig mit Hilfe des in Abschnitt 2.3.4 eingeführten eindimensionalen schnellen Fouriertransformationsalgorithmus mit $2M$ bzw. $2N$ Elementen berechenbar ist /2.31/.

2.3.6 Die Karhunen-Loeve-Transformation

Im Gegensatz zu den in Abschnitt 2.3.5 diskutierten Transformationen basiert die diskrete Karhunen-Loeve-Transformation (auch oft als Hauptachsen- oder als Eigenvektortransformation bezeichnet) auf den statistischen Eigenschaften eines stochastischen Signalprozesses. Die Zufallssignale können hierbei z.B. Merkmale eines Bildes oder einer Bildklasse sein; aber auch das Bildsignal $f(m,n)$ selbst kann als MN-dimensionales Zufallssignal und damit als spezielle Realisierung eines bildgenerierenden Zufallsprozesses aufgefaßt werden.

Ausgehend von letzterem läßt sich die Karhunen-Loeve-Transformation wie folgt formulieren: Gegeben sei eine Bildklasse, die durch Q Bilder $\{f_1(m,n),$ $f_2(m,n),\ldots, f_Q(m,n)\}$ charakterisiert sei. Jedes Bild $f_i(m,n)$ läßt sich als Vektor $\vec{f_i}(j)$ darstellen, wobei $j = mN+n+1$ ist; die ganzzahligen Variablen j,m,n sind in den Intervallen $\{0 \leq m \leq M-1\}$, $\{0 \leq n \leq N-1\}$, $\{1 \leq j \leq MN\}$ definiert. Ein MN-dimensionaler Vektor $\vec{f_i}(j)$ repräsentiert als zufällige Realisierung eines Zufallsprozesses genau ein Bildsignal. Mit einer Stichprobe von Q Zufallsbildern läßt sich dann die Kovarianzmatrix

$$[C_f] = \mathcal{E}\{(\vec{f_i} - \vec{\mu}_f)(\vec{f_i} - \vec{\mu}_f)^T\} \tag{2-178}$$

des Zufallsprozesses abschätzen. Der Signalmittelwert $\vec{\mu}_f$ in Gl.(2-178) berechnet sich gemäß

$$\vec{\mu}_f \simeq \frac{1}{Q}\sum_{i=1}^{Q}\vec{f_i}(j) \tag{2-179}$$

Damit ergibt sich für die $(MN)(MN)$-dimensionale Kovarianzmatrix

$$[C_f] = \frac{1}{Q}\sum_{i=1}^{Q}(\vec{f_i} - \vec{\mu}_f)(\vec{f_i} - \vec{\mu}_f)^T = \frac{1}{Q}\left[\sum_{i=1}^{Q}\vec{f_i}\vec{f_i}^T\right] - \vec{\mu}_f\vec{\mu}_f^T \tag{2-180}$$

Berechnet man die MN Eigenwerte λ_i (siehe z.B. /2.33/) der Kovarianzmatrix und ordnet sie in der Reihenfolge $\lambda_1 \geq \lambda_2 \geq \lambda_3 \geq ... \geq \lambda_{MN}$ an, so läßt sich mit den zugehörigen Eigenvektoren $\vec{e}_i$ die folgende Matrix bilden

$$[A] = \begin{pmatrix} e_{11} & e_{12} & \cdots & e_{1,MN} \\ e_{21} & e_{22} & \cdots & e_{2,MN} \\ \vdots & \vdots & \ddots & \vdots \\ e_{MN,1} & e_{MN,2} & \cdots & e_{MN,MN} \end{pmatrix} \tag{2-181}$$

Ein Element e_{ij} ist hierbei das j-te Element des i-ten Eigenvektors. Die Karhunen-Loeve-Transformation ist dann definiert als

$$\vec{g} = [A](\vec{f} - \vec{\mu}_f) \tag{2-182}$$

Gl.(2-182) läßt sich als lineare Abbildung des mittelwertfreien Bildvektors $\vec{f}(j) - \vec{\mu}_f$ in den neuen Bildvektor $\vec{g}(j)$ interpretieren. Aus Gl.(2-182) ist unmittelbar ersichtlich, daß der Erwartungswert von $\vec{g}$ gleich Null ist. Hiermit läßt sich für die Kovarianzmatrix $[C]$ zeigen, daß

$$[C_g] = [A][C_f][A]^T \tag{2-183}$$

ist. Es kann weiterhin gezeigt werden, daß $[C_g]$ eine Diagonalmatrix mit den Elementen $c_{ij} = \lambda_i$ für $i = j$ und $c_{ij} = 0$ für $i \neq j$ ist. Hieraus folgt die wichtige Eigenschaft der Karhunen-Loeve-Transformation, daß die Elemente von $\vec{g}$ unkorreliert sind, wobei die Varianz des i-ten Elements von $\vec{g}$ gleich dem Eigenwert λ_i ist. Da $[C_f]$ eine reelle symmetrische Matrix ist, läßt sich immer ein Satz orthonormaler Eigenvektoren finden. Hieraus folgt weiterhin, daß $[A]^{-1} = [A]^T$ und damit $\vec{f}$ aus $\vec{g}$ zurückgewonnen werden kann:

$$\vec{f} = [A]^T \vec{g} + \vec{\mu}_f \tag{2-184}$$

Eine weitere wichtige Eigenschaft der Karhunen-Loeve-Transformation ist, daß bei einer Dimensionsreduktion von $\vec{g}$ auf $\vec{g}_P$, wobei $\vec{g}_P$ mit den ersten P Elementen von $\vec{g}$ identisch ist, $\vec{f}$ durch $\vec{g}_P$ im Sinne des minimalen mittleren Fehlerquadrates optimal angenähert werden kann. Dies entspricht einer Beschränkung auf diejenigen P Eigenvektoren bei der Bildung von $[A_P]$, die den größten P Eigenwerten $\lambda_1, \lambda_2, \lambda_3, ..., \lambda_P$ entsprechen. Diese Eigenschaft spielt bei der Redundanzreduktion von Signalen eine große Rolle. Die beiden folgenden Anwendungsbeispiele mögen die Natur der Karhunen-Loeve-Transformation verdeutlichen.

BEISPIEL 1: Bilddrehung

Die Eigenschaft der Karhunen-Loeve-Transformation, Signale in einen Raum mit orthogonalen Eigenvektoren als Basisvektoren abzubilden, wobei diese jeweils in die Richtungen der größten Signalvarianzen zeigen, läßt sich vorteilhaft für eine standardisierte Darstellung von Objekten in Bildern ausnutzen. Nimmt man beispielsweise Bilder an, die ähnliche Objekte in verschiedenen Positionen und Orientierungen beinhalten, die man (z.B. durch Differenzbildberechnung) miteinander vergleichen möchte, so müssen die Objekte zunächst mittels Verschiebungen und Drehungen in eine ähnliche bzw. standardisierte Lage gebracht werden. Faßt man die Ortskoordinaten $m\Delta x, n\Delta y$ der zu einem Objekt gehörenden Bildpunkte als Zufallsvariable auf, so lassen sich nach Gl.(2-179) der zweidimensionale Koordinatenmittelwertsvektor $\vec{\mu} = (\bar{x}, \bar{y})^T$ und nach Gl.(2-180) die 2×2-dimensionale Koordinatenkovarianzmatrix $[C_{(x,y)}]$, beide mit jeweils reellen Elementen, berechnen. Der Bildung des Differenzvektors in Gl.(2-182) entspricht eine einfache Verschiebung des Koordinatensystems x, y in das System x', y' und zwar so, daß der Flächenschwerpunkt des Objektes im Koordinatenursprung $x' = y' = 0$ liegt (siehe Bild 2.14a,b).

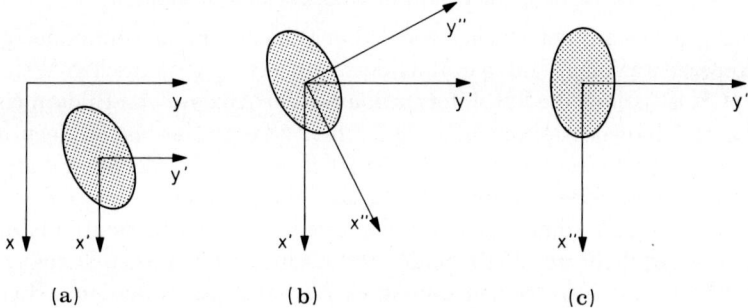

(a)   (b)   (c)

Bild 2.14.   Positionsnormierung von Objekten mit Hilfe der Karhunen-Loeve-Transformation.

Da die Zeilen $(e_{11}, e_{12})^T$, $(e_{21}, e_{22})^T$ der aus der Kovarianzmatrix gebildeten Abbildungsmatrix $[A]$ in Gl.(2-181) die Eigenvektoren und damit die orthogonalen Basisvektoren im neuen Signalraum sind, bildet $[A]$ den Signalraum mit den Koordinaten x', y' in den um den Winkel α gedrehten Signalraum mit den Koordinaten x'', y'' ab (siehe Bild 2.14b,c). Die Abbildungsmatrix $[A]$, die in diesem Beispiel also eine einfache Drehung im Zweidimensionalen um den Winkel α bewirkt, ist hiermit gegeben als

$$[A] = \begin{pmatrix} e_{11} & e_{12} \\ e_{21} & e_{22} \end{pmatrix} = \begin{pmatrix} \cos\alpha & \sin\alpha \\ -\sin\alpha & \cos\alpha \end{pmatrix} \qquad (2\text{-}185)$$

Die Karhunen-Loeve-Transformation für die Koordinatenwerte $m\Delta x, n\Delta y$ lautet damit

$$\begin{pmatrix} x'' \\ y'' \end{pmatrix} = \begin{pmatrix} \cos\alpha & \sin\alpha \\ -\sin\alpha & \cos\alpha \end{pmatrix} \begin{pmatrix} m\Delta x - \bar{x} \\ n\Delta y - \bar{y} \end{pmatrix} \qquad (2\text{-}186)$$

Da die neuen Koordinatenwerte x'', y'' der Objektpunkte durch diese Transformation im allgemeinen nicht als ganze Vielfache der Abtastintervalle $\Delta x, \Delta y$ darstellbar sind, muß das neue diskrete, aber in der koordinatenkontinuierlichen

$x''y''$-Ebene definierte Signal mittels Interpolation in die entsprechende ortsdis-krete $m''n''$-Ebene überführt werden. Gl.(2-186) zentriert und dreht also belie-bige Objekte so, daß die x''-Achse in Richtung der größten und die y''-Achse in die Richtung der zweitgrößten Varianz der Koordinaten der Objektpunkte zeigt. Es ist zu beachten, daß auch die Eigenvektorpaare $\{(-e_{11}, -e_{12})^T, (e_{21}, e_{22})^T\}$, $\{(-e_{11}, -e_{12})^T, (-e_{21}, -e_{22})^T\}$ und $\{(e_{11}, e_{12})^T, (-e_{11}, -e_{12})^T\}$ gültige Basis-vektoren in Gl.(2-182) darstellen, weshalb die Karhunen-Loeve-Transformation in Bezug auf die entsprechenden Spiegelungen an den Koordinatenachsen x'', y'' nicht eindeutig ist. Neben der Verschiebung und Drehung von Objekten ist mit Hilfe der Eigenwerte λ_1, λ_2, die der mittleren quadratischen Ausdehnung des Objektes in $x''-$ bzw. $y''-$Richtung entsprechen auch eine Größennormierung möglich.

BEISPIEL 2: Dimensionsreduzierung multispektraler Bilddaten

Im bisherigen Verlauf des Buches wurde bei Bildern immer von monochromati-schen Repräsentationen (Intensitätsbildern) unserer physikalischen Welt ausge-gangen. Oft ist jedoch die Farbinformation bei der Analyse von Bildern ein wich-tiges Entscheidungskriterium; man denke hier z.B. an die blauen Seen und die verschiedenen Farbtöne von landwirtschaftlich genutzten Gebieten , aber auch an nicht sichtbare Spektralbereiche in Luftbildaufnahmen. Um solche Farbin-formation nutzen zu können, müssen die entsprechenden Szenen multispektral, d.h. simultan in mehreren Farbkanälen unterschiedlicher Lichtwellenlängen auf-genommen und im allgemeinen multispektral verarbeitet werden. Hierbei ist jedem Bildpunkt mit den Koordinaten m, n ein Vektor $\vec{f}(m, n)$ zugeordnet, der die Lichtenergien der einzelnen Spektralbereiche in diesem Punkt repräsentiert. Da die Bilder von Farbkanälen benachbarter Lichtwellenlängen, d.h. benach-barte Elemente in $\vec{f}$, im allgemeinen stark miteinander korrelieren, kann man die Karhunen-Loeve-Transformation dazu nutzen, um $\vec{f}$ mittels Gl.(2-182) durch einen Vektor $\vec{g}$ mit unkorrelierten Elementen darzustellen. In diesem Beispiel sind also die Lichtenergien der einzelnen Farbkanäle die zu transformieren-den Zufallsvariablen, für die sich nach Gln.(2-179) und (2-180) der Farbmittel-wertsvektor bzw. die Farbkovarianzmatrix und damit eine Abbildungsmatrix $[A]$ nach Gl.(2-182) berechnen läßt. Reduziert man das nach Gl.(2-182) berechnete $\vec{g}$ in der Dimension auf die ersten P Elemente in $\vec{g}$, so stellt der resultierende Vektor $\vec{g}_P$ eine "kompakte" Repräsentation des ursprünglichen Farbvektors $\vec{f}$ dar, die genutzt werden kann um bei einer weiteren Bildanalyse oder bei der Archivierung Aufwand zu sparen. Hierbei ist aufgrund der Eigenschaften der Karhunen-Loeve-Transformation gewährleistet, daß bei gegebenem P das nach Gl.(2-184) wiedergewinnbare $\vec{f}'$ einen minimalen mittleren quadratischen Fehler zum ursprünglichen multispektralen Signal $\vec{f}$ aufweist.

Bild 2.15 zeigt hierfür ein Beispiel. Links sind vier Farbauszüge aus einer mul-tispektralen Luftaufnahme als Graubilder dargestellt. Die vier Abbildungen un-terscheiden sich, wie zu sehen ist, nur geringfügig voneinander, sind also stark miteinander korreliert. In Bild 2.15 rechts sind die ersten drei Komponenten der Karhunen-Loeve-Transformation dargestellt. Wie erwartet nehmen die Signal-

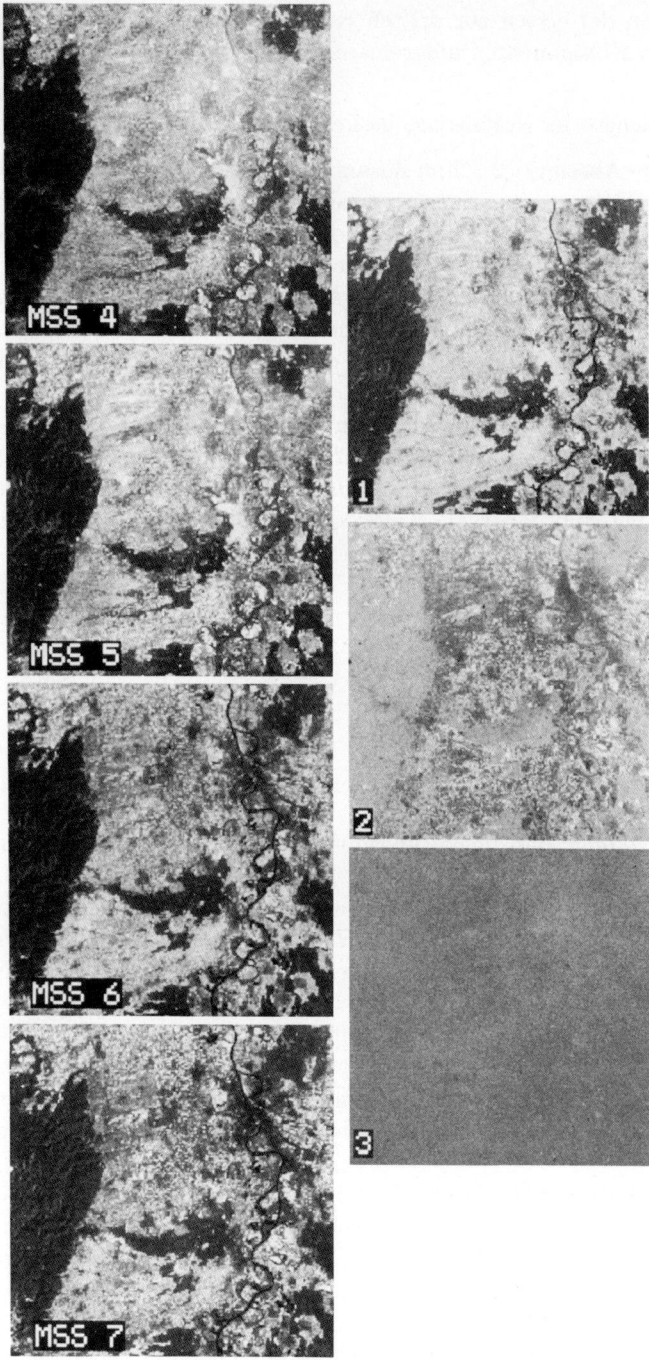

Bild 2.15. Karhunen-Loeve-Transformation einer multispektralen Luftbildaufnahme (Kanäle 4 bis 7 links) und ihre ersten drei Hauptkomponenten (rechts) (von E. Triendl).

varianzen von der ersten zur dritten Komponente hin stark ab; weiterhin sind die einzelnen Komponenten untereinander unkorreliert.

2.3.7 Anmerkungen zur Realisierung linearer Systeme

Wie bereits in Abschnitt 2.3.2 im Zusammenhang mit dem Faltungssatz erwähnt, läßt sich die Wirkung eines linearen ortsinvarianten Systems als Faltungsprodukt des Eingangssignals $f(m,n)$ mit der das System charakterisierenden Impulsantwort $h(m,n)$ beschreiben. Würde man eine derartige Operation direkt mittels Faltung realisieren, so wären hierfür $(MN)^2$ Multiplikationen und Additionen notwendig. Da jedoch das ursprüngliche Eingangssignal $f(m,n)$ der Dimension $M_f N_f$ sowie die Impulsantwort $h(m,n)$ der Dimension $M_h N_h$ jeweils mit Nullelementen auf die Dimension M, N mit $M = M_f + M_h - 1$, $N = N_f + N_h - 1$ ergänzt wurden (vergl. Bild 2.8), entspricht ein Großteil der Operationen in Gl.(2-129) einer Multiplikation bzw. Addition mit Null, der bei der Berechnung nicht explizit ausgeführt zu werden braucht. Für die Realisierung eines linearen Systems mittels Faltung sind daher $M_f N_f M_h N_h$ Multiplikationen und Additionen notwendig.

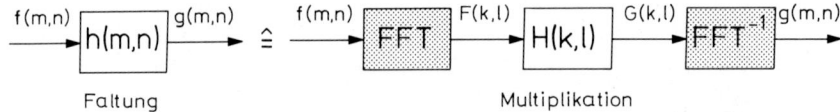

      Faltung   Multiplikation

Bild 2.16. Zur Äquivalenz von Filteroperationen im Orts- und Ortsfrequenzbereich.

Aus Gl.(2-130) folgt, daß die Faltungsoperation in Gl.(2-129) äquivalent mit einer Multiplikation der korrespondierenden Fouriertransformierten $F(k,l)$ des Eingangssignals $f(m,n)$ und der Fouriertransformierten $H(k,l)$ der Systemimpulsantwort $h(m,n)$ ist (siehe Bild 2.16); $H(k,l)$ bezeichnet man auch als Übertragungsfunktion des Systems. Bei der Realisierung eines linearen ortsinvarianten Systems im Ortsfrequenzbereich muß daher das im allgemeinen reelle M, N-dimensionale Eingangssignal - zweckmäßigerweise mit Hilfe der schnellen Fouriertransformation - in die komplexe Ortsfrequenzhalbebene (vergl. Abschnitt 2.3.3) transformiert werden, dort mit der komplexen Übertragungsfunktion multipliziert und das Resultat anschließend wieder in den Ortsbereich zurücktransformiert werden.

Aus den Überlegungen in Abschnitt 2.3.3 und Abschnitt 2.3.4 geht hervor, daß man bei der Filterung im Ortsfrequenzbereich für die Hin- und Rücktransformation für $M = N$ größenordnungsmäßig etwa $3M^2 \mathrm{ld} M$ komplexe Multiplikationen/ Additionen benötigt; hinzu kommen $M^2/2$ komplexe Multiplikationen für das Produkt des Halbspektrums des Eingangssignals mit der Übertragungsfunktion. Da die Zahl der notwendigen arithmetischen Operationen im Gegensatz zur Faltung im Ortsbereich unabhängig von M_h, N_h, also unabhängig von der Ausdehnung der Systemimpulsantwort $h(m,n)$ ist, läßt sich in Abhängigkeit von

M_f, N_f, M_h, N_h, unter Berücksichtigung des zu Verfügung stehenden Arbeitsspeichers und der für die Berechnung der schnellen Fouriertransformation verwendeten Wortlänge ermitteln, ob die Realisierung eines linearen ortsinvarianten Systems aufwandsgünstiger bzw. schneller im Orts- oder im Ortsfrequenzbereich ausgeführt werden kann.

Da der Aufwand bei der Realisierung linearer Systeme im Ortsbereich proportional zu $M_h N_h$ ist, eignet sich die Filterung mittels Faltung insbesondere bei wenig ausgedehnten Impulsantworten. Andererseits lassen sich bei einer Verarbeitung im Ortsfrequenzbereich nur ortsinvariante Syteme realisieren, also Systeme, die die Eingangssignale unabhängig von den jeweiligen Koordinaten und Signalwerten mit einer fest vorgegebenen orts- und signalunabhängigen Impulsantwort bzw. orts- und signalunabhängigen Übertragungsfunktion zum Ausgangssignal verrechnen.

Für die aufwandsgünstige Realisierung linearer ortsinvarianter, ortsvarianter, sowie signalabhängiger Filterverfahren lassen sich sogenannte rekursive digitale Filter vorteilhaft einsetzen, die u.a. vom Autor an anderer Stelle ausführlich diskutiert wurden /2.34/. Das Ein/Ausgangsverhalten wird hierbei mit der Differenzengleichung

$$\sum_{k=0}^{K_a} \sum_{l=0}^{L_a} a_{kl} f(m-k, n-l) = \sum_{k=0}^{K_b} \sum_{l=0}^{L_b} b_{kl} g(m-k, n-l) \qquad (2\text{-}187)$$

beschrieben, wobei die Größen a_{kl}, b_{kl} die Filterkoeffizienten sind, die das Übertragungsverhalten des Systems festlegen; K_a, L_a, K_b und L_b sind positive ganze Zahlen deren Maximalwert auch als Filterordnung bezeichnet wird. Sind a_{kl}, b_{kl} Funktionen der Ortskoordinaten (vergl. Abschnitt 4.5.2) also $a_{kl} = a_{kl}(m,n)$, $b_{kl} = b_{kl}(m,n)$, so spricht man von koordinatenabhängigen Filtern. Die Filterkoeffizienten a_{kl}, b_{kl} können auch vom Eingangssignal selbst abhängen, also $a_{kl} = a_{kl}(f(m,n))$, $b_{kl} = b_{kl}(f(m,n))$; die dadurch realisierten Systeme werden als signalabhängige Filter bezeichnet. Es lassen sich mit $a_{kl} = a_{kl}(m,n,f(m,n))$, $b_{kl} = b_{kl}(m,n,f(m,n))$ in Gl.(2-187) auch simultan koordinaten- und signalabhängige Filter beschreiben.

Durch Umformung von Gl.(2-187) erhält man für die Berechnung des Ausgangssignals $g(m,n)$ aus dem Eingangssignal $f(m,n)$ und den Filterkoeffizienten a_{kl}, b_{kl} die Rekursionsgleichung

$$g(m,n) = \sum_{k=0}^{K_a} \sum_{l=0}^{L_a} a'_{kl} f(m-k, n-l) - \sum_{\substack{k=0 \\ k+l \neq 0}}^{K_b} \sum_{l=0}^{L_b} b'_{kl} g(m-k, n-l) \quad (2\text{-}188)$$

mit $a'_{kl} = a_{kl}/b_{00}$ und $b'_{kl} = b_{kl}/b_{00}$

wobei die linke Summe einer Faltung des Eingangssignals mit dem $(K_a+1)(L_a+1)$-dimensionalen Koeffizientenfeld a'_{kl} entspricht; die rechte Summe stellt den rekursiven Teil dar, mit dessen Hilfe bei Verwendung bereits weniger Koeffizienten

b'_{kl} unendlich weit ausgedehnte Impulsantworten mit Gl.(2-188) erzeugt werden können (die genaue Wirkungsweise möge sich der interessierte Leser anhand einer einfachen eindimensionalen Differenzengleichung, z.B. $g(m) = f(m) - cg(m - 1)$ klar machen oder in einem der vielen Bücher über digitale Filter studieren /2.35-2.37/). In Bild 2.17 ist ein rekursives digitales Filter vom Grad 2 gemäß Gl.(2-188) graphisch dargestellt. Ähnlich wie beim herkömmlichen Faltungsfilter ist ein virtueller Datenrand um die Eingangsdaten erforderlich; zusätzlich benötigt das rekursive Filter einen Datenrand im Ausgangssignal.

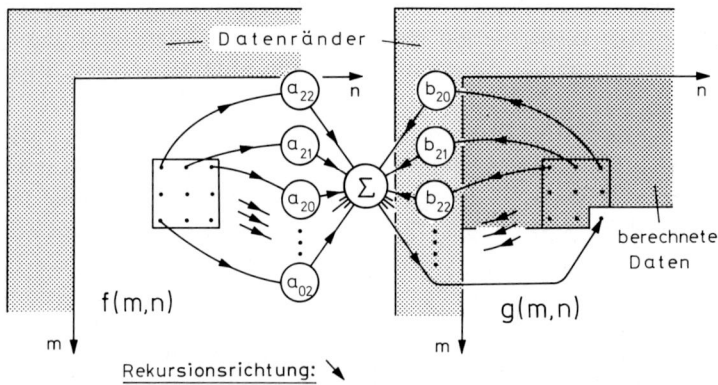

Bild 2.17.   Graphische Darstellung eines zweidimensionalen rekursiven Filters 2. Ordnung.

Die Filterkoeffizienten a_{kl}, b_{kl} müssen vor Ausführung der Rekursion in Gl.(2-188) ausgehend von einer geeigneten Näherungslösung /2.34/ $h_N(m, n)$ so optimiert werden, daß die Abweichung zwischen der durch Gl.(2-188) realisierten Impulsantwort $h(m, n)$ (mit $f(m, n) = \delta(m, n)$ als Eingangssignal) bzw. der korrespondierenden Übertragungsfunktion $H(k, l) \circ\!\!-\!\!\bullet\ h(m, n)$ und einer vorgegebenen Impulsantwort $h_S(m, n)$ bzw. Übertragungsfunktion $H_S(k, l)$ im Sinne eines vorgegebenen Fehlerkriteriums (z.B. mittlerer quadratischer Fehler, Tschebycheff-Kriterium, usw.) minimal wird. Die Berechnung der Filterkoeffizienten führt also allgemein auf eine Optimierung, die man auch als Filterentwurf bezeichnet /2.34, 2.38-2.42/. Ein Entwurfsbeispiel aus /2.34/ zeigt Bild 2.18. Anhand Bild 2.18 (unten) ist zu sehen, daß die Genauigkeit, mit der eine vorgegebene Impulsantwort (und damit auch ihre Übertragungsfunktion) realisiert werden kann, mit zunehmender Filterordnung zunimmt. Desweiteren ist zu erkennen, daß durch Rekursion über das Ein/Ausgangsdatenfeld gemäß Gl.(2-188) jeweils nur sogenannte ortskausale Einquadrantenimpulsantworten erzeugt werden können; punktsymmetrische akausale Impulsantworten erhält man durch mehrfache Rekursion in verschiedenen Richtungen ausgehend von den vier Ecken der Bilder und anschließender Verknüpfung der so erhaltenen Teilergebnisse (siehe z.B. /2.34/; zu Realisierungs- und Aufwandsbetrachtungen linearer Filter siehe auch /2.43, 2.44/).

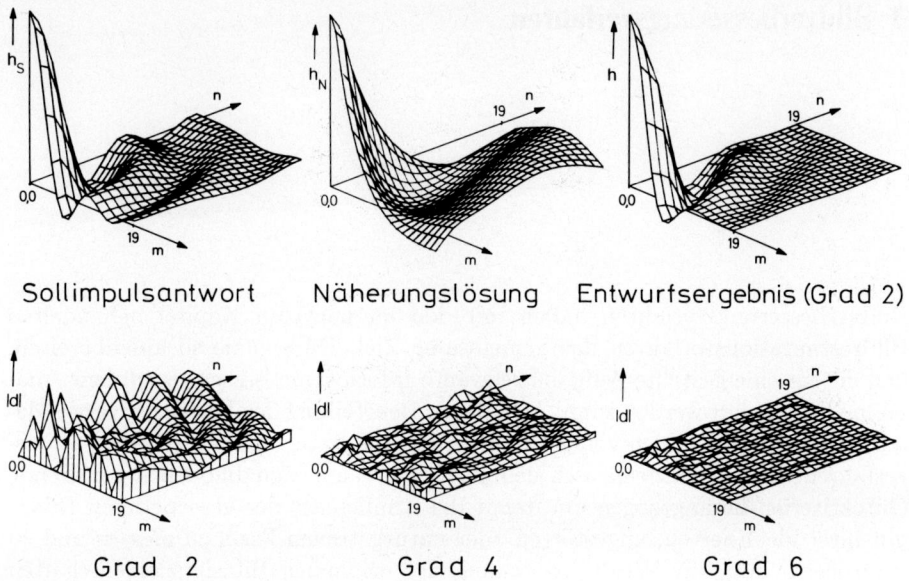

Bild 2.18.   Entwurfsbeispiel eines idealen Tiefpasses für ein rekursives Filter 2. Ordnung (oben). (unten) Approximationsfehler in Abhängigkeit von der Filterordnung (aus /2.34/).

3 Bildverbesserungsverfahren

Bildverbesserungsverfahren haben mit den im nächsten Kapitel behandelten Bildrestaurationsverfahren das gemeinsame Ziel, Bildsignale so aufzubereiten, daß die für eine gestellte Aufgabe relevante Information besser visuell bzw. maschinell extrahiert werden kann. Die für die Beurteilung der Verfahren verwendeten Kriterien sind jedoch völlig unterschiedlicher Natur. Bei den Restaurationsverfahren werden mathematisch definierte, meist auf Signalmodellen basierende Gütekriterien herangezogen um damit die Ähnlichkeit der verarbeiteten Bilder mit ihrer idealisierten, ungestörten oder naturgetreuen Form zu messen und zu vergrößern; d.h. die Wiederherstellung der originalen Bildsignaleigenschaften ist das eigentliche Verarbeitungsziel. Im Gegensatz hierzu bedient man sich bei der Beurteilung von Bildverbesserungsverfahren subjektiver, problemabhängiger Kriterien. Beispielsweise kann ein Bild einer Hochpaßfilterung unterworfen und damit gegenüber dem ursprünglichen Signal völlig verändert werden, um so feinstrukturierte Details im verarbeiteten Bild zu verdeutlichen und auf diese Weise die visuelle Interpretation zu erleichtern. Die Erhaltung der Originalität der in diesem Sinne verbesserten Bilder spielt hierbei eine untergeordnete Rolle.

Gerade auf dem Gebiet der Bildverbesserung wurde in den letzten 20 Jahren eine unübersehbar große Zahl von Verfahren publiziert, die jedoch oft nach ähnlichen Prinzipien arbeiten bzw. oft ähnliche Wirkung haben. Grundsätzlich können im Orts- und im Ortsfrequenzbereich arbeitende Verfahren, signalunabhängige und signalabhängige, lineare und nichtlineare Methoden unterschieden werden. Im folgenden soll durch die exemplarische Darstellung einiger dieser Methoden ein Einblick für die häufig zugrundeliegenden Verarbeitungsphilosophien und deren Wirkungsweise bei unterschiedlichen Aufgabenstellungen vermittelt werden.

3.1 Punktoperatoren

3.1.1 Kompensation von nichtlinearen Kennlinien

Bildsignale werden häufig mit Systemen gewonnen bzw. dargestellt, die eine nichtlineare Intensitätscharakteristik aufweisen. Typische Beispiele hierfür sind die Lichtintensitäts-Schwärzungs-Kennlinien von fotographischen Emulsionen oder die Spannungs-Lichtintensitäts-Charakteristika von Kathodenstrahlröhren. Zwischen den ursprünglichen Bildpunkten f mit den Koordinaten m, n und den gewonnenen bzw. dargestellten Werten f' besteht die Beziehung

$$f' = C(f) \tag{3-1}$$

Um derartige im allgemeinen nichtlinearen Zusammenhänge zu kompensieren, können zur Funktion $C(.)$ inverse Punkt-zu-Punkt-Abbildungen oder auch Skalierungsfunktionen realisiert werden, die dem Intensitätswert f' eines individuellen Bildpunktes gemäß einer Intensitätstransformation $T(.)$ einen neuen Intensitätswert f'' im Ausgangsbild zuordnen:

$$f'' = T(f') \tag{3-2}$$

Soll f'' mit den ursprünglichen Intensitätswerten von f identisch sein, so muß für alle Werte von f mit Gln.(3-1) und (3-2)

$$f \overset{!}{=} T\big(C(f)\big) \tag{3-3}$$

sein, d.h., die Funktion $T(.)$ läßt sich aus der nichtlinearen Kennlinie $C(.)$, die hier als monotone Funktion vorausgesetzt werden muß, als Umkehrfunktion ermitteln. Beispielsweise kann die exponentielle Schwächung der Röntgenstrahlung beim Durchleuchten eines Körpers durch eine Logarithmierung der aufgezeichneten Strahlungsintensitätswerte weitgehend linearisiert werden. Das Beispiel in Bild 1.2a,b zeigt, daß derart linearisierte Röntgenabsorptionsbilder wesentlich besser visuell interpretierbar sind. Für die Anwendung der in Kapitel 4 beschriebenen linearen Filtermethoden ist eine Linearisierung der zu filternden Bildsignale ein erster unabdingbarer Verarbeitungsschritt. Die Nichtlinearität von $C(.)$ kann in vielen Fällen in einem der eigentlichen Verarbeitung vorausgehenden Testschritt aus dem Abbild f' eines linearen Graukeils als Testmuster bestimmt werden.

3.1.2 Interaktives Arbeiten mit Punktoperatoren

Sehr oft ist eine gezielt nichtlineare Intensitätsverzerrung von Bildern gewünscht. Um beispielsweise den Intensitätsbereich $\{f_u \leq f \leq f_o\}$ der zu einem Objekt gehörenden Bildpunkte interaktiv zu bestimmen, unterwirft man das Bildsignal f zweckmäßigerweise der Intensitätstransformation

$$f' = \begin{cases} f & \text{für } f_u \leq f \leq f_o \\ 0 & \text{sonst} \end{cases} \tag{3-4}$$

(siehe Bild 3.1a); die Parameter f_u und f_o werden zunächst gleich dem minimal bzw. maximal möglichen Intensitätswert Null bzw. f_{max} gesetzt (Eingangs- und Ausgangsbild sind also zunächst identisch). Während man das Ausgangsbild f' auf einem Bildschirm betrachtet, vergrößert man f_u bzw. verkleinert f_o schrittweise genau solange, bis alle zum Objekt gehörenden Bildpunkte im Signal f' mit ihren ursprünglichen Intensitätswerten gerade noch

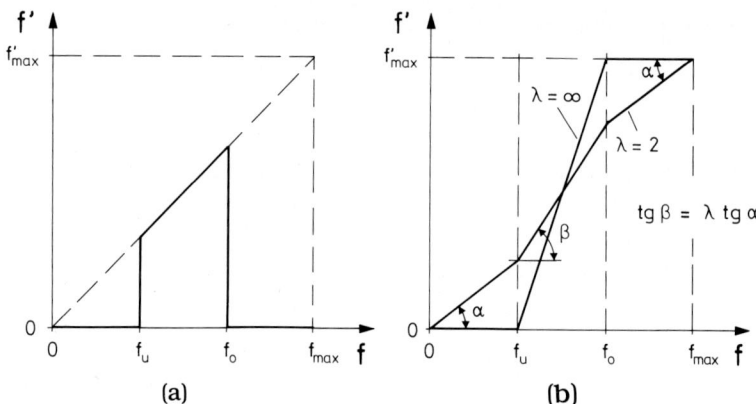

(a)   (b)

Bild 3.1. Einfache Intensitätstransformationskennlinien: (a) Ausblenden, (b) Kontrastverstärkung innerhalb vorgegebener Intensitätsbereiche.

enthalten sind. Die resultierenden f_u-, f_o-Werte entsprechen dann den gesuchten unteren und oberen Intensitätsbereichsgrenzen der Objektpunkte. Mit Hilfe der Grauwertskalierungsfunktion in Gl.(3-4) lassen sich somit Grauwertbereiche von Bildteilen interaktiv vermessen. Auf diese Art kann beispielsweise der Intensitätsbereich des in Bild 3.2a dargestellten Objektes "Eule" ermittelt werden ($f_u = 32, f_o = 63, f_{max} = 255$); die extrahierten Parameter können dann beispielsweise, wie im folgenden gezeigt, zu einer verbesserten Darstellung des Objektes verwendet werden.

Wie aus Bild 3.2a ersichtlich, ist das im Intensitätsbereich $\{f_u \leq f \leq f_o\}$ gezeigte Objekt sehr kontrastschwach dargestellt. Man kann daher die Kenntnis der oben ermittelten Parameter f_u und f_o dazu nutzen, um den vom Objekt belegten Intensitätsbereich zu spreizen. Hierzu gibt es im Prinzip sehr viele Möglichkeiten; zweckmäßigerweise wählt man sich eine parametrisierte Intensitätstransformationskennlinie und hält hierbei die Zahl der einzustellenden Parameter so gering wie möglich, um beim interaktiven Manipulieren der Bilddaten den Überblick über die Wirkung der einzelnen Parameter nicht zu verlieren. Eine solche Transformation ist beispielsweise

$$f' = \begin{cases} \xi f & \text{für } 0 \leq f \leq f_u \\ \lambda\xi(f - f_u) + f'_u & \text{für } f_u < f \leq f_o \\ \xi(f - f_o) + f'_o & \text{für } f_o < f \leq f_{max} \end{cases} \qquad (3\text{-}5)$$

$$\text{mit } \xi = \frac{f'_{max}}{f_{max} + (f_o - f_u)(\lambda - 1)}, \quad f'_u = \xi f_u, \quad f'_o = \xi[\lambda(f_o - f_u) + f_u]$$

bei der neben den gemessenen Objektintensitätsbereichsgrenzen f_u und f_o nur ein Parameter λ einzustellen ist. Dieser bestimmt das Verhältnis der Steigungen der stückweise linearen Skalierungsfunktion innerhalb und außerhalb des Intensitätsintervalls $\{f_u \leq f \leq f_o\}$. Für $\lambda = 2$ und $\lambda = \infty$ zeigt Bild 3.1b

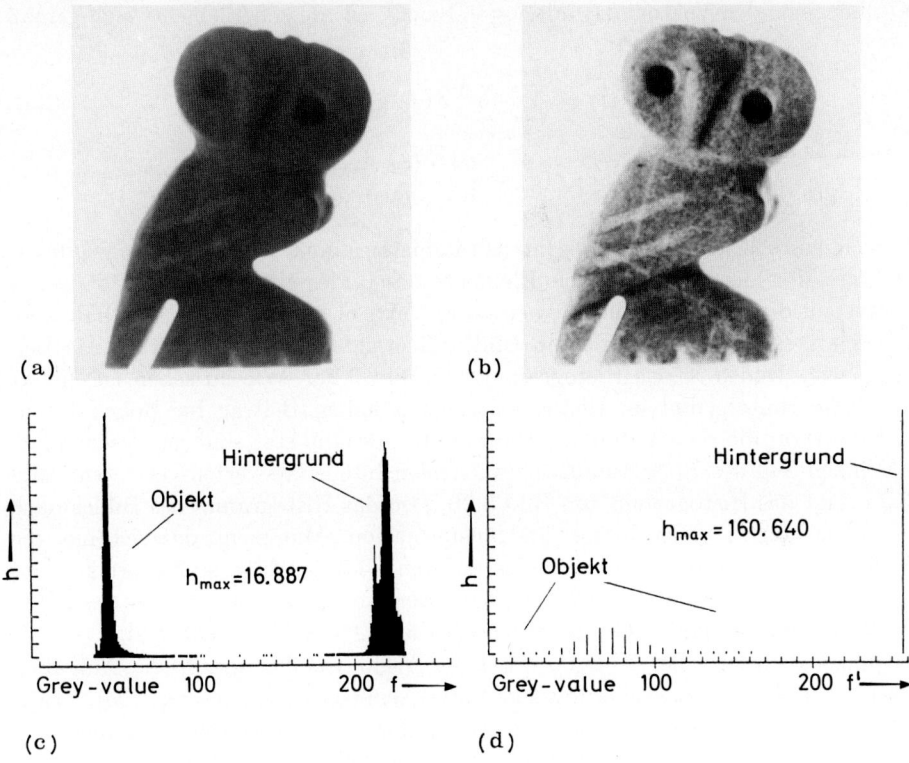

Bild 3.2.   Beispiel einer interaktiven Intensitätsskalierung.

die Intensitätstransformationskennlinien gemäß Gl.(3-5). Für $\lambda \to \infty$ wird der Intensitätsbereich $\{f_u \leq f \leq f_o\}$ in den gesamten zu Verfügung stehenden Ausgangsintensitätsbereich $\{0 \leq f' \leq f'_{max}\}$ umgesetzt; diese Kennlinie wurde für die Skalierung von Bild 3.2a verwendet; das Ergebnis dieser Operation ist in Bild 3.2b zu sehen und demonstriert, daß bereits mit einfachen Punktoperationen oft erheblich verbesserte Darstellungen von Bildern möglich sind.

Da sich in digitalisierten Bildern nur eine endliche Zahl Q diskreter Intensitätswerte darstellen läßt, sind die Ausgangsgrößen in Gln.(3-1), (3-2), (3-3), (3-4) und (3-5) als entsprechend quantisiert zu betrachten. Im allgemeinen ist es aus Aufwandsgründen günstig, sich zunächst die diskrete Transformationskennlinie $T(i)$ für $i = 0, 1, .., Q-1$ zu berechnen und diese als Q-dimensionalen Vektor abzuspeichern. Anschließend wird die Transformation als Indizierung dieses Vektors mit den Intensitätswerten der Eingangsbildpunkte als Indizes ausgeführt.

Die Wirkungsweise von Intensitätstransformationen läßt sich mit Hilfe sogenannter Intensitätshistogramme veranschaulichen. Nimmt man an, daß die Intensitätswerte der Bildpunkte f jeweils mit q Bit dargestellt werden, so lassen sich $Q = 2^q$ verschiedene Intensitätswerte $\{0 \leq f \leq Q-1\}$ unterscheiden. Den

Q-dimensionalen Vektor $h(i)$ mit $i = 0, 1, .., Q - 1$, dessen Elemente sich gemäß

$$h(i) = \sum_{m=0}^{M-1} \sum_{n=0}^{N-1} \delta\big(f(m,n)\big) - i \qquad (3\text{-}6)$$

$$\text{mit } \delta(\xi) = \begin{cases} 1 & \text{für } \xi = 0 \\ 0 & \text{sonst} \end{cases}$$

berechnen, bezeichnet man als Intensitätshistogramm. Das i-te Element dieses
Vektors gibt hierbei an, wieviele Elemente des Bildes mit dem Intensitätswert i
auftreten; dividiert man die Elemente des Vektors h durch MN, so erhält man
die relativen Häufigkeiten der im Bild auftretenden Intensitätswerte. Als Beispiel zeigt Bild 3.2c das Histogramm von Bild 3.2a. Wie zu sehen ist, liefert
der helle Hintergrund im Histogramm einen hohen Beitrag bei hohen Intensitätswerten; die relativ dunklen Bildpunkte des Objektes sind im wesentlichen
im linken Teil des Histogramms bei niedrigen Intensitätswerten vertreten. Bild
3.2d zeigt das Histogramm von Bild 3.2b, also das Histogramm des Bildes nach
der oben beschriebenen Intensitätstransformation. Man sieht, daß sich hier die
hellen Bildpunkte des Hintergrundes auf den höchsten Intensitätswert konzentrieren, während die das Objekt repräsentierenden Grauwerte über den gesamten
zu Verfügung stehenden Grauwertbereich (hier $Q = 256$) verteilt sind.
Grundsätzlich sind der Phantasie bei der Wahl von für spezifische Aufgaben
geeigneten Intensitätsskalierungskennlinien keine Grenzen gesetzt. Mit etwas
Übung kann man interaktiv unter zu Hilfenahme von Histogrammdarstellungen
oft befriedigende Resultate erzielen (siehe hierzu auch die Übersicht in /3.1,
3.2/).

3.1.3 Automatisiertes Einstellen von Intensitätstransformationskennlinien

Oft zieht man dem relativ zeitaufwendigen interaktiven Einstellen von Intensitätstransformationskennlinien eine automatische Skalierung vor. Hierfür ist
die Definition eines Zielkriteriums (wie beispielsweise vorgegebener minimaler und maximaler Ausgangsintensitätswert, vorgegebener Intensitätsmittelwert
und/oder Intensitätsvarianz, usw.) notwendig. Ein häufig verwendetes glo-
bales Kriterium ist die Forderung, daß die Intensitätswerte des transformierten Bildes möglichst gleichmäßig über den gesamten zu Verfügung stehenden
Grauwertbereich $\{0 \leq f \leq Q - 1\}$ verteilt sind (engl. 'histogram equalisa-
tion'). Im Idealfall hätte das Histogramm eines so transformierten Bildes konstante Werte $h(i) = MN/Q$. Bedingt durch die quantisierte Natur der digitalen Grauwertrepräsentation läßt sich dies im allgemeinen jedoch nicht erreichen. Beispielsweise müßte, um das Histogramm einzuebnen, ein Histogramm-
wert $h(i) \gg MN/Q$ bei der Intensität i in mehrere kleinere Werte bei verschiedenen Intensitäten aufgespalten werden, was mittels der in Gl.(3-2) definierten
Punktoperation prinzipiell nicht möglich ist; diese verschiebt vielmehr nur die
Intensitätslage der einzelnen Histogrammlinien. Realisieren läßt sich hingegen

eine Intensitätstransformation, die die Intensitätswerte eines gegebenen Bildsignals so verändert, daß das Histogramm des resultierenden Bildes in konstanten Intensitätsintervallen eine näherungsweise konstante Zahl von Bildpunkten beinhaltet. Intuitiv ist sofort einleuchtend, daß Intensitätsbereiche, in denen das Histogramm des ursprünglichen Bildes hohe mittlere Werte annimmt, mit Kennlinienabschnitten mit hoher Steigung transformiert werden müssen, um damit die mittleren Häufigkeiten in diesen Intensitätsbereichen im transformierten Bild zu reduzieren und umgekehrt. Man kann zeigen, daß die aus dem Histogramm $h(i)$ berechnete kumulative Verteilungsfunktion

$$H(i) = \frac{1}{MN} \sum_{\xi=0}^{i} h(\xi) \qquad (3\text{-}7)$$

genau diese Eigenschaft aufweist. Mit Hilfe einer geeigneten Normierung läßt sich damit aus dem Histogramm eines Bildes auf einfache Weise eine Skalierungskennlinie erzeugen, die die Intensitätswerte des Eingangsbildes punktweise so transformiert, daß das Ausgangsbild in konstanten Intensitätsintervallen näherungsweise konstant viele Bildpunkte aufweist. Die diskrete Transformationskennlinie berechnet sich aus dem Histogramm $h(i)$ des ursprünglichen Bildes gemäß

$$T(i) = (Q-1)H(i) = \frac{Q-1}{MN} \sum_{\xi=0}^{i} h(\xi) \qquad (3\text{-}8)$$

Die Transformation selbst erfolgt dann wiederum nach Gl.(3-2) als Indizierung des Vektors $T(i)$ mit den Intensitätswerten der zu transformierenden Bildpunkte als Index. In Bild 3.3b ist die Wirkungsweise dieser Transformation bei Anwendung auf Bild 3.3a zu sehen. Die primär bei niedrigen Intensitätswerten konzentrierten Helligkeitswerte der Bildpunkte (siehe Histogramm in Bild 3.3c werden zu höheren Intensitätswerten im Histogramm verschoben, wodurch sowohl die mittlere Helligkeit als auch der Kontrast des ursprünglichen Bildes erhöht wird. Bild 3.3d zeigt die Wirkung dieser Transformation im Histogramm des intensitätstransformierten Bildes; in Bild 3.3e,f sind die zu Bild 3.3c,d gehörigen kumulativen Verteilungsfunktionen dargestellt. Da die Verteilungsfunktion des intensitätstransformierten Bildes eine (quantisierte) lineare Funktion ist, ist unmittelbar einzusehen, daß eine nochmalige Anwendung der oben beschriebenen Methode auf Bild 3.3b keine Wirkung mehr hätte. Abschließend sei noch bemerkt, daß man die oben beschriebene Skalierungstechnik auch bereichsweise bzw. lokal anwenden kann, was insbesondere bei Bildern mit hoher Intensitätsdynamik von Vorteil sein kann. In der Literatur wurden auch Intensitätstransformationsmethoden beschrieben, mit deren Hilfe beliebig vorgebbare Histogrammverläufe approximativ automatisch erreicht werden können /3.3, 1.5/.

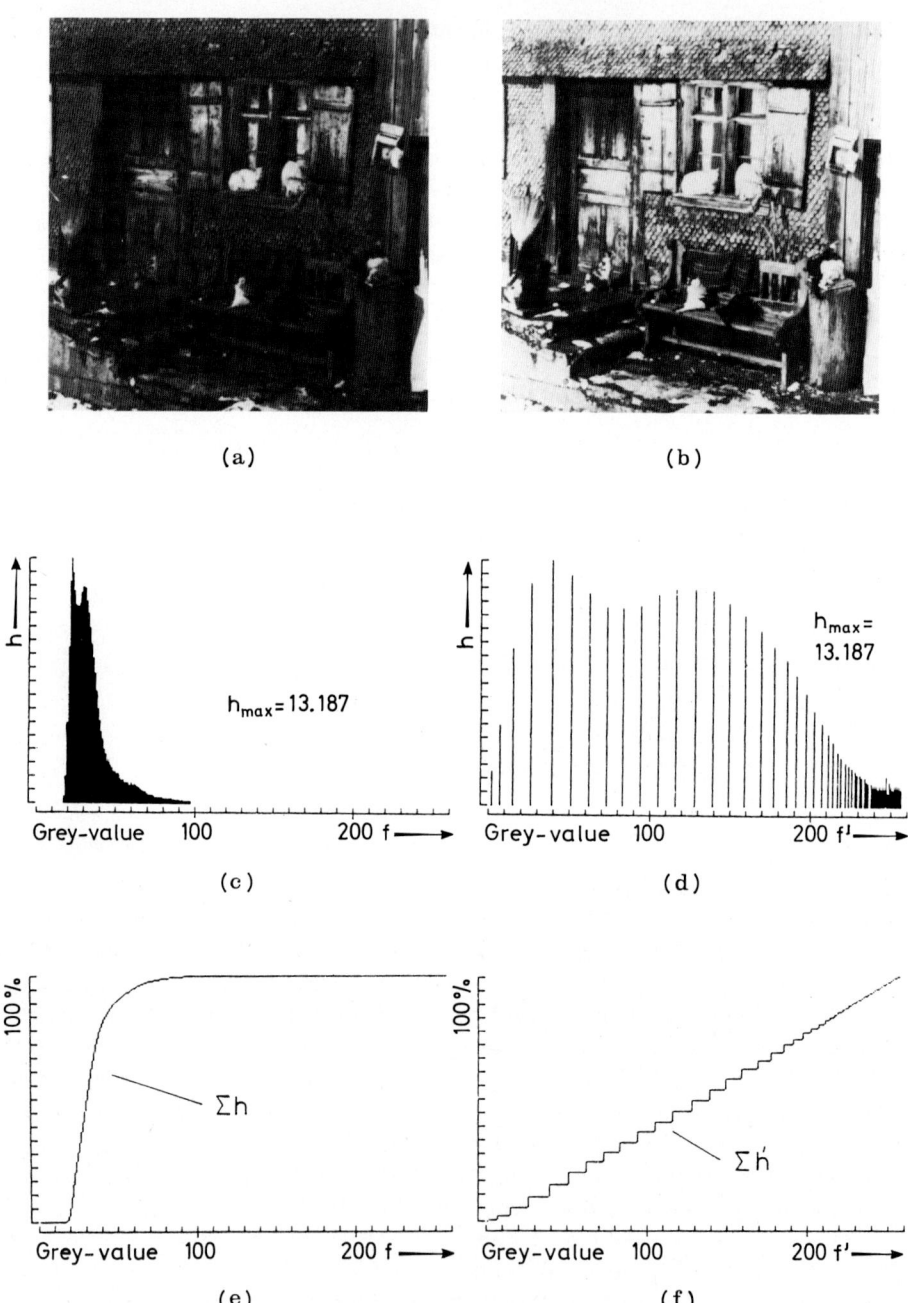

Bild 3.3.   Beispiel einer Histogrammeinebnung: (a) Originalbild, (b) verarbeitetes Bild, (c), (d) zu (a), (b) korrespondierende Histogramme, (e), (f) zu (a), (b) korrespondierende Intensitätsverteilungsfunktionen.

3.1.4 Kompensation örtlich variierender Beleuchtungseinflüsse und Sensorempfindlichkeiten

Die bisher behandelten Skalierungsmethoden haben die gemeinsame Eigenschaft, daß sie die Bildpunkte des zu verarbeitenden Bildes unabhängig von ihren Ortskoordinaten gemäß einer fest vorgegebenen Kennlinie abbilden. Im Prinzip kann die Form dieser Kennlinie in Abhängigkeit von den Koordinatenwerten der zu transformierenden Bildpunkte auch variabel sein. Einen einfachen Sonderfall für eine derartige Punktoperation stellt die sogenannte Shading-Korrektur (engl. 'shading' → Schattierung) dar, mit der örtlich inhomogene Beleuchtungseinflüsse sowie ortsvariante Sensorempfindlichkeiten bei der Bildgewinnung kompensiert werden können. Hierbei geht man von der Vorstellung aus, daß das Bildsignal $f(m,n)$ das Produkt eines Reflexions- bzw. Transmissionssignals $a(m,n)$ mit einer ortsabhängigen Beleuchtungsfunktion $b(m,n)$ und einer ortsabhängigen Sensorempfindlichkeit $e(m,n)$ ist:

$$f(m,n) = a(m,n)b(m,n)e(m,n) \qquad (3\text{-}9)$$

Da die interessierende Bildinformation im allgemeinen in der Signalkomponente $a(m,n)$ enthalten ist, möchte man den Einfluß von $b(m,n)e(m,n)$ auf das Bildsignal möglichst eliminieren. Dies kann bei gegebenen Bildaufnahmebedingungen beispielsweise dadurch erreicht werden, daß man dem Bildgewinnungssystem ein Testmuster mit konstanter Reflexion bzw. Transmission K_1 anbietet und das so erhaltene Signal

$$f_{REF}(m,n) = K_1 b(m,n)e(m,n) \qquad (3\text{-}10)$$

als Referenzbild zur Kompensation der Beleuchtungs- bzw. Sensorinhomogenitäten verwendet. Die entsprechend ortsvariante Punktoperation für ein beliebiges Bildsignal ergibt sich dann mit dem, das Bildgewinnungssystem charakterisierenden Referenzsignal zu

$$f'(m,n) = \frac{K_2 f(m,n)}{f_{REF}(m,n)} = \frac{K_2}{K_1} a(m,n) \qquad (3\text{-}11)$$

wobei K_2 ein konstanter Verstärkungsfaktor ist, der zweckmäßigerweise so gewählt wird, daß $f'(m,n)$ den gesamten zu Verfügung stehenden diskreten Wertebereich $\{0, f_{max}\}$ belegt. Ausgehend von der in Bild 3.4a gezeigten Lichtmikroskopaufnahme stellt Bild 3.4c als Beispiel das Ergebnis einer derartigen Inhomogenitätskompensation dar (Beispiel aus /3.4/); Bild 3.4b zeigt das hierbei verwendete Referenzbild (Aufnahme ohne Präparat).

Neben den multiplikativen Inhomogenitäten nach Gl.(3-9) können Bildsignale auch mit additiven, örtlich variierenden (Hintergrund-)Signalen $c(m,n)$ überlagert sein:

$$f(m,n) = K a(m,n) + c(m,n) \qquad (3\text{-}12)$$

Ein Beispiel hierfür ist die in Bild 3.4d dargestellte Fotographie einer Elektronenmikroskopaufnahme (Beispiel aus /3.5/). Zur Kompensation des orts-

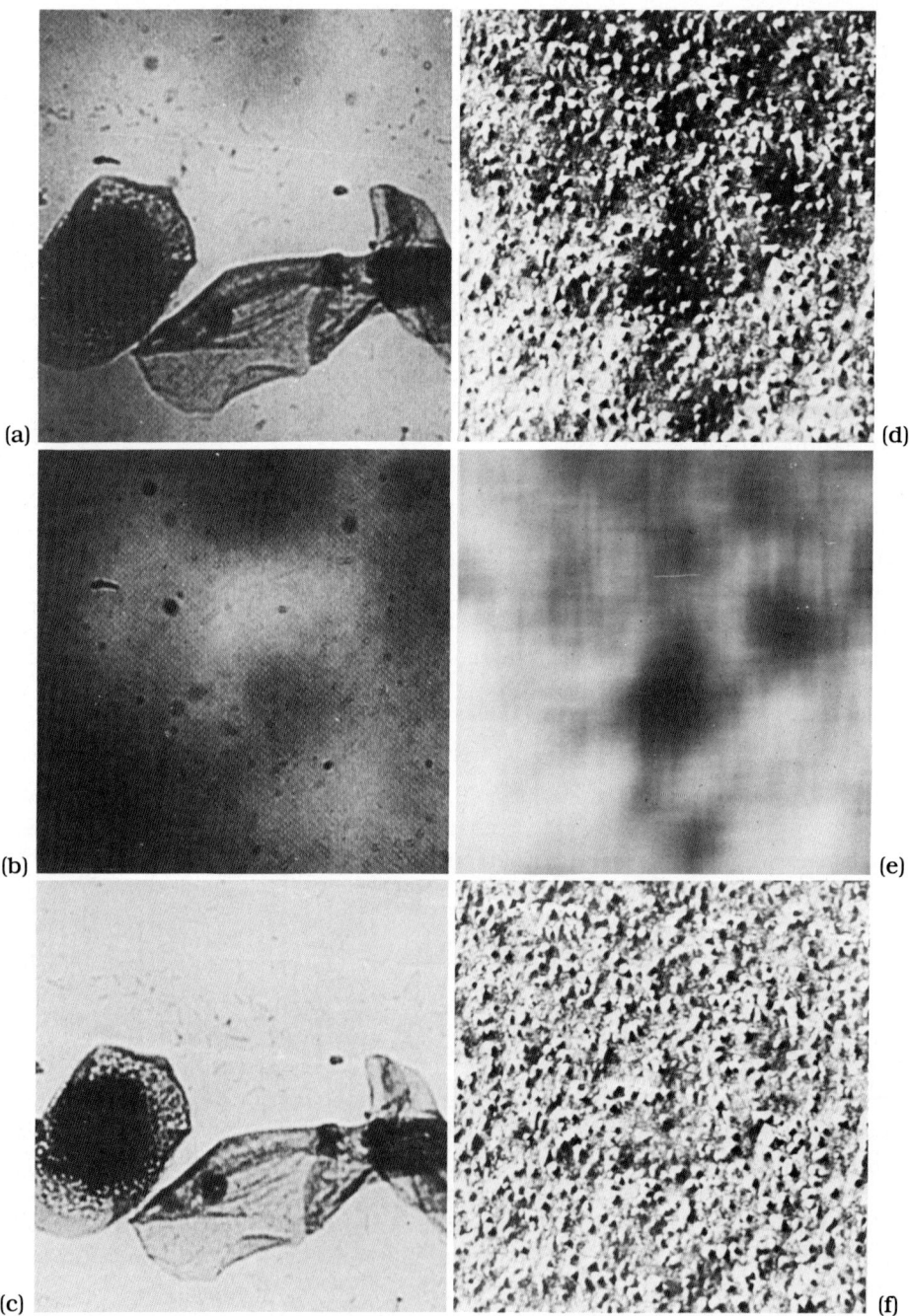

Bild 3.4.   Korrektur von Beleuchtungs- und Sensorinhomogenitäten. (a), (b) Originalbilder, (b), (e) Referenzsignale, (c), (f) korrigierte Bildsignale.

varianten Signals $c(m,n)$ wurde hier mit Hilfe einer lokalen schmalbandigen Tiefpaßfilteroperation (siehe hierzu Abschnitt 3.2.1) ein Referenzbild $c_{REF}(m,n)$ aus dem gestörten Signal $f(m,n)$ selbst abgeleitet (Bild 3.4e). Damit kann eine subtraktive Inhomogenitätskompensation gemäß

$$f'(m,n) = f(m,n) - c_{REF}(m,n) + \bar{c}_{REF} \approx Ka(m,n) \qquad (3\text{-}13)$$

durchgeführt werden, wobei $\bar{c}_{REF}$ der Intensitätsmittelwert des erzeugten Referenzbildes $c_{REF}(m,n)$ ist. Die Wirkung dieser Operation auf Bild 3.4d ist in Bild 3.4f zu sehen.

3.2 Lokale Operationen im Ortsbereich

Lokale Operatoren bilden die Intensitätswerte $f(i,j)$ innerhalb eines lokalen Bildbereiches W_{mn} gemäß eines zu definierenden Funktionalzusammenhanges $O[.]$ in die Ausgangsbildelemente $g(m,n) = O[f(i,j)]$ mit $(i,j) \in W_{mn}$ ab (siehe Bild 3.5). Die Form des Operatorfensters W_{mn} wird meist intuitiv festgelegt; gebräuchlich sind beispielsweise rechteckförmige Operatoreinzugsbereiche

$$W_{mn} = \{(i,j): \ m - \Delta m \leq i \leq m + \Delta m \cap n - \Delta n \leq j \leq n + \Delta n\} \qquad (3\text{-}14)$$

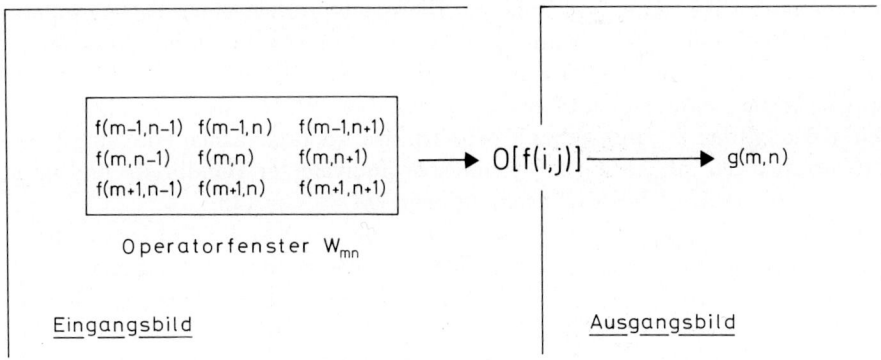

Operatorfenster W_{mn}

Eingangsbild   Ausgangsbild

Bild 3.5. Prinzip lokaler Operatoren.

kreuzförmige Operationsfenster

$$W_{mn} = \{(i,j): \ (m - \Delta m \leq i \leq m + \Delta m \cap j = n) \cup$$
$$\cup \ (i = m \cap n - \Delta n \leq j \leq n + \Delta n)\} \qquad (3\text{-}15)$$

oder näherungsweise kreisförmige Einzugsbereiche

$$W_{mn} = \left\{(i,j): \ \sqrt{(m-i)^2 + (n-j)^2} \leq r\right\} \qquad (3\text{-}16)$$

Auch die Größe des Operatorfensters (Parameter $\Delta m, \Delta n$ bzw. r in obigen Gln.) wird meist intuitiv gewählt. Oft werden lokale Operatoren iterativ angewendet

$$g^{(1)} = O[f], \; g^{(k)} = O\left[g^{(k-1)}\right] \qquad (3\text{-}17)$$
$$\text{mit } k = 2, 3, 4, \ldots$$

wodurch implizit eine schrittweise Vergrößerung der Einzugsbereiche erreicht wird; hierdurch läßt sich auf Kosten der Freiheitsgrade der zu realisierenden Operationen Rechenaufwand einsparen. Aufgrund ihrer Struktur eignen sich für eine schnelle Realisierung lokaler Operatoren insbesondere parallel arbeitende Prozessoren; bei Verwendung von sequentiellen Prozessoren wird das Operatorfenster Punkt für Punkt und Zeile für Zeile über das zu verarbeitende Bild "geschoben" und so für jedes Indextupel (m, n) ein neues Ausgangsbildelement $g(m, n)$ aus den sich überlappenden Einzugsbereichen berechnet.

3.2.1 Lineare Glättungsoperatoren

Sehr oft sind Bilddaten mit breitbandigen Störsignalen überlagert (Quanten-, Sensor-, Übertragungs-, Quantisierungsrauschen, usw.). Um den störenden Einfluß der damit verbundenen, im allgemeinen feinstruktuierten Intensitätsfluktuationen zu reduzieren, werden häufig lineare Glättungsoperatoren auf die verrauschten Bildsignale angewendet. Diese entsprechen einer Faltungsoperation des Bildsignals $f(m, n)$ mit einer lokalen Impulsantwort $h(m, n)$ oder einer Multiplikation des Ortsfrequenzspektrums $F(k, l)$ von $f(m, n)$ mit der zu $h(m, n)$ korrespondierenden Übertragungsfunktion $H(k, l)$ (siehe auch Bild 2.16). Bild 3.6 zeigt den Zusammenhang zwischen drei gebräuchlichen Glättungsfilterimpulsantworten mit nach /2.5/ definierter äquivalenter Bandbreite und ihren korrespondierenden Übertragungsfunktionen ($M = N = 128$).
Die dargestellte Spalttiefpaßimpulsantwort (Bild 3.6 linke Spalte) entspricht einer einfachen lokalen Mittelung von Bildelementen innerhalb des gemäß Gl.(3-14) mit $\Delta m = \Delta n = 2$ definierten Operatorfensters mit konstanten Gewichten $h(m, n) = konst. = 1/25$. In Abschnitt 2.1.3 wurde bereits gezeigt, daß das hierzu korrespondierende Ortsfrequenzspektrum eine zweidimensionale si-Funktion ist; sie ist in Bild 3.6 bildlich bzw. als Funktionsschnitt logarithmisch mit drei Dekaden dargestellt. Wie aus Bild 3.6 hervorgeht, wird demgemäß bei einer lokalen Mittelung eines Bildsignals über 5×5 Bildelemente das zugehörige Ortsfrequenzspektrum am Rand des dargestellten Bereiches um etwa den Faktor 1/10 gedämpft. Zusammen mit den in Abschnitt 2.3.3 angestellten Überlegungen hat dies zur Folge, daß hierdurch hochfrequentes Rauschen aber eben auch feinstruktuierte Bilddetails im Bild unterdrückt werden. Um die Wirkungsweise lokaler Glättungsoperatoren zu demonstrieren, wurde das in Bild 3.7a gezeigte Portraitfoto mit weißem gaußschen Rauschen (d.h. näherungsweise gaußförmige Amplitudenverteilung und näherungsweise konstantes Leistungsspektrum) additiv überlagert (Bild 3.7b). In Bild 3.7c ist die Wirkung der

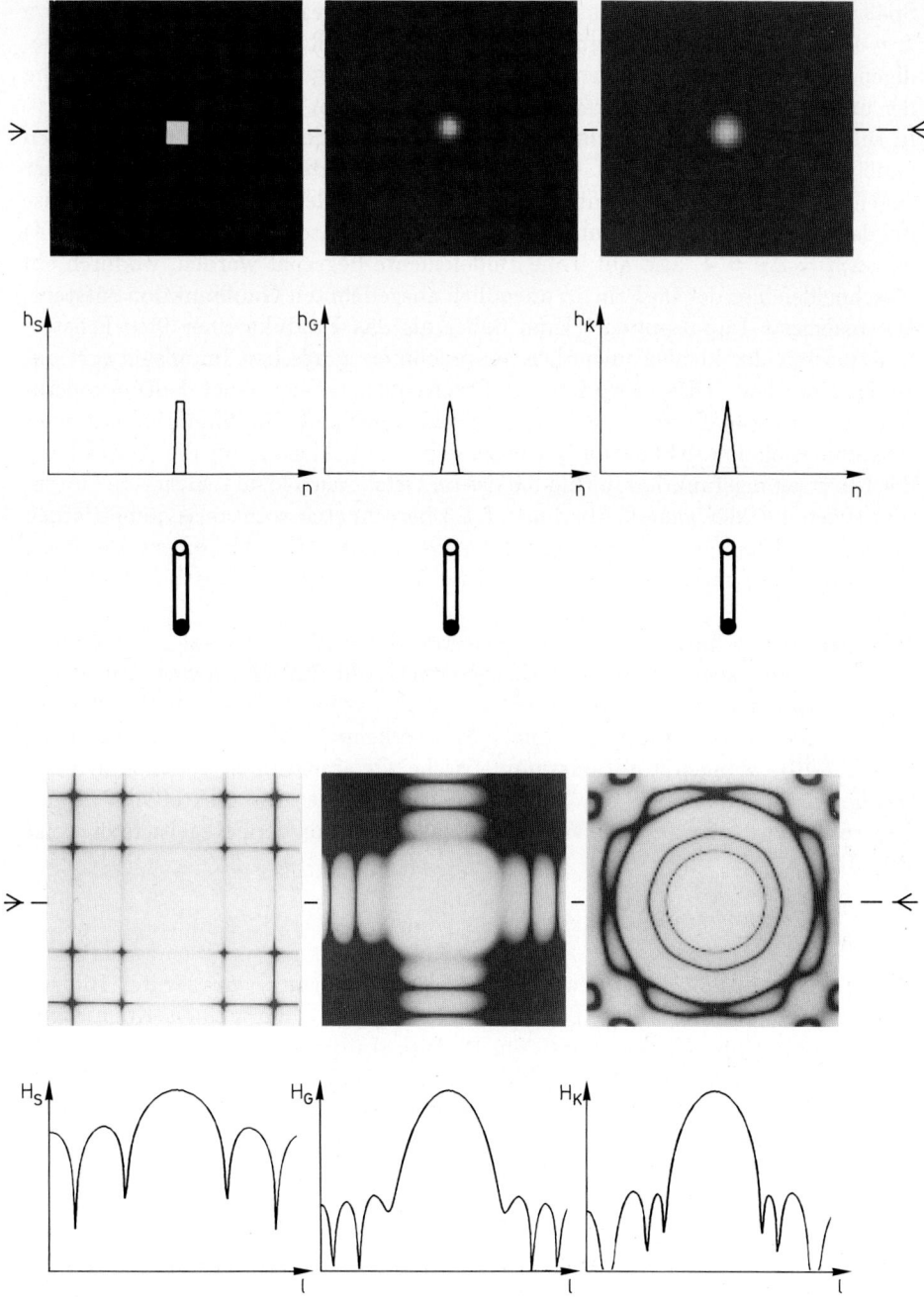

Bild 3.6. Fourierkorrespondenzen des idealen Tiefpasses (linke Spalte), des Gauß-tiefpasses (Mitte) und des Kegeltiefpasses (rechts).

Spalttiefpaßoperation auf das verrauschte Bild 3.7b gezeigt. Durch Vorgabe von Δm und Δn hat man die Möglichkeit, sich einen visuell mehr oder weniger befriedigenden Kompromiß zwischen Rauschunterdrückung einerseits und Erhaltung der ursprünglichen Bildschärfe andererseits zu wählen.

In Bild 3.6 (mittlere Spalte) ist die Fourierkorrespondenz einer lokal realisierten gaußförmigen Impulsantwort (1/e-Abfall nach $2,8$ Abtastintervallen) mit ihrer zugehörigen Übertragungsfunktion dargestellt. Aus Rechenaufwandsgründen ist bei der Ausführung der Faltungsoperation das Operatorfenster gemäß Gl.(3-14) mit $\Delta m = \Delta n = 4$, also auf 9×9 Bildelemente begrenzt worden, wodurch ein Abschneidefehler der im Prinzip unendlich ausgedehnten Gaußfunktion entsteht. Die realisierte Impulsantwort kann daher als das Produkt einer 9×9 Fensterfunktion mit der idealen unendlich ausgedehnten gaußschen Impulsantwort angesehen werden. Dies entspricht im Ortsfrequenzbereich einer Faltungsoperation der korrespondierenden Spektren (zweidimensionale Gaußfunktion mit einer zweidimensionalen si-Funktion), woraus sich eine Erklärung für die Abweichung der Übertragungsfunktion in Bild 3.6 des im Ortsbereich lokal realisierten Operators gegenüber der gemäß Abschnitt 2.1.3 berechneten rotationssymmetrischen idealen gaußförmigen Übertragungsfunktion ergibt. Die Wirkungsweise dieses Operators bei Anwendung auf das in Bild 3.7b dargestellte Testbild zeigt Bild 3.7d.

Bild 3.6 (rechte Spalte) zeigt als weiteres Beispiel einer lokalen Glättungsoperation eine kegelförmige rotationssymmetrische Impulsantwort mit einem Einzugsbereich gemäß Gl.(3-16) ($r = 4,3$ Abtastintervalle) und ihre korrespondierende Übertragungsfunktion. Man erkennt, daß der Zusammenhang in Gl.(2-10), wonach rotationssymmetrische Ortsfunktionen rotationssymmetrische Ortsfrequenzspektren haben und umgekehrt, im diskreten Fall nur näherungsweise zutrifft. Ein Verarbeitungsbeispiel mit dem Kegeltiefpaß zeigt Bild 3.7e.

3.2.2 Medianfilter

Wie in Abschnitt 3.2.2 erwähnt, stellt die Verbesserung verrauschter Bildsignale mittels ortsinvarianter Tiefpaßfilteroperationen "nur" einen Kompromiß zwischen der Unterdrückung des dem Bildsignal überlagerten Rauschens einerseits und der Erhaltung feiner Bildstrukturen andererseits dar. Ein Operator, der diesen Nachteil weitgehend vermeidet, ist das sogenannte Medianfilter /3.6-3.9/. Hierbei werden die p Elemente (p sei der Einfachheit halber als ungerade ganze Zahl angenommen) innerhalb eines lokalen Operatorfensters der Größe nach geordnet; das resultierende Ausgangsbildelement ist dann jeweils der $(p+1)/2$-größte Wert dieser Reihe. Dieses Verfahren beseitigt alle Strukturen vollständig, deren Ausdehnung innerhalb des Operatorfensters nicht mehr als $(p-1)/2$ Bildpunkte betragen (z.B. Linien, Punkte, Ecken, etc.). Hell/Dunkelkanten bleiben hingegen bei der Medianfilterung erhalten, werden also im Gegensatz zu den in Abschnitt 3.2.1 behandelten Glättungsoperatoren nicht verunschärft.

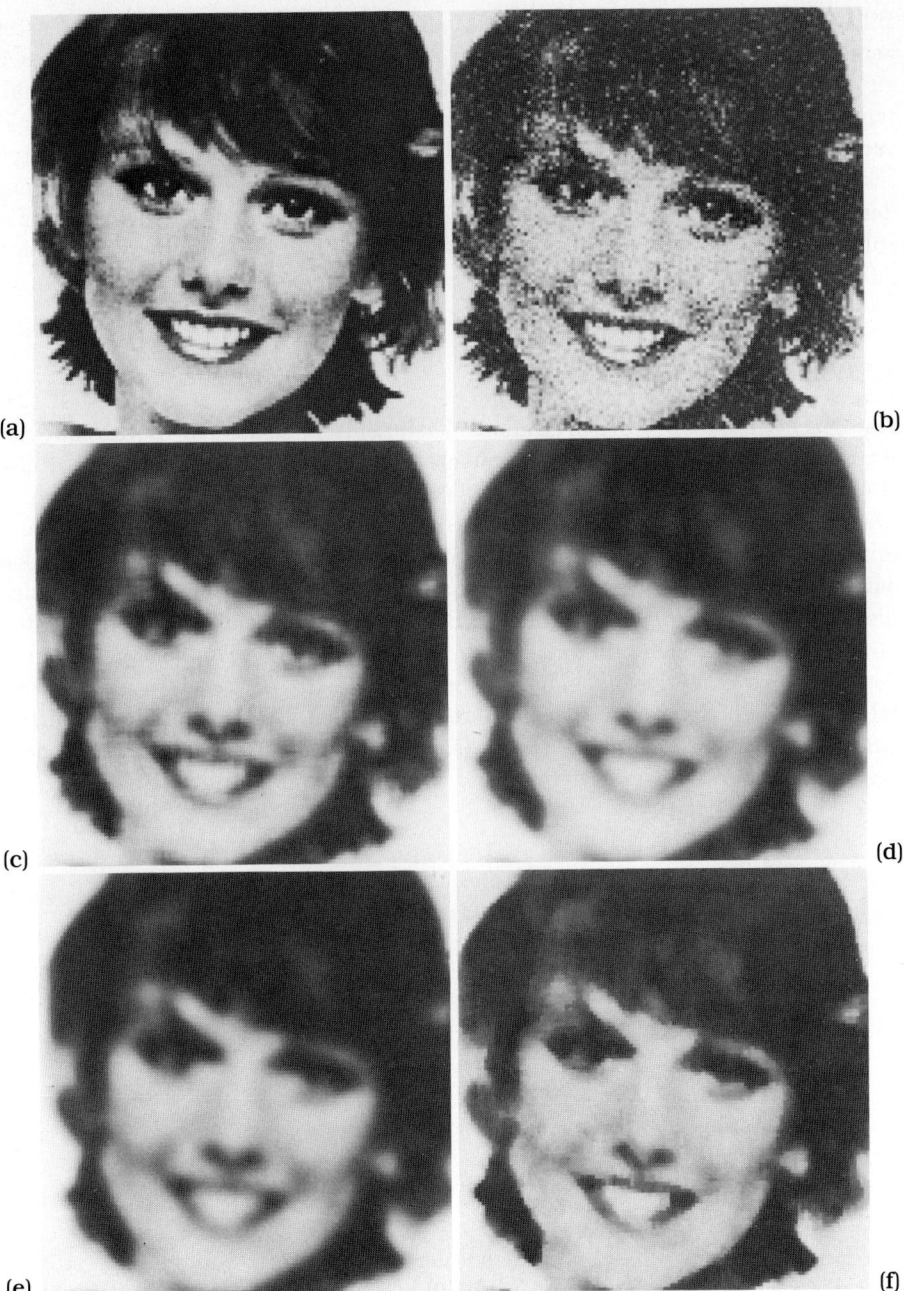

Bild 3.7. Verarbeitungsbeispiele mit lokalen Tiefpässen: (a) Originalbild, (b) gestörtes Bild; Ergebnisse mit (c) Spalttiefpaß, (d) Gaußtiefpaß, (e) Kegeltiefpaß, (f) Medianfilter.

Bild 3.7f zeigt die Wirkungsweise der Medianfilterung mit einem Operatorfenster
gemäß Gl.(3-14) mit $\Delta m = \Delta n = 2$ bei Anwendung auf Bild 3.7b. Im Vergleich
zu den linearen Glättungsoperatoren ist zu sehen, daß das relativ gute Verhalten dieses Verfahrens bei abrupten Intensitätskanten mit treppenartigen Strukturen in Bildbereichen mit ursprünglich nur langsam variierenden Grauwerten
erkauft wird. Das Verhalten der nichtlinearen Medianfilteroperation läßt sich mit
den Methoden der linearen Systemtheorie nicht beschreiben; vielmehr sind hier
spezielle deterministische /3.8/ und statistische /3.9/ Beschreibungsmethoden
adäquat.

3.2.3 Signaladaptive Glättungsoperatoren

Der Nachteil linearer ortsinvarianter Tiefpaßfilter, nicht nur hochfrequentes
Rauschen, sondern ebenso hochfrequente Bildstrukturen (Bilddetails, abrupte
Hell/Dunkelkanten) zu unterdrücken, sowie die Artefaktbildung nichtlinearer
Medianfilter in Bildbereichen mit niederfrequenten Intensitätsfluktuationen kann
mit signalabhängigen ortsvarianten Glättungsoperatoren weitgehend vermieden
werden. Hierbei geht man von der naheliegenden Vorstellung aus, daß sich
die meisten natürlichen Bildsignale in Bildbereiche mit relativ niederfrequenten
Grauwertfluktuationen und in Bereiche mit abrupten Hell/Dunkelübergängen in
verschiedenen Orientierungen unterteilen lassen /3.10/. In /2.34/ wurde ein Verfahren vorgeschlagen, das zunächst Bereiche mit Hell/Dunkelübergängen mittels
eines einfachen Gradientenoperators (siehe Abschnitt 5.2) und anschließender
Schwellwertoperation im gestörten Bild identifiziert (siehe Bild 3.8).

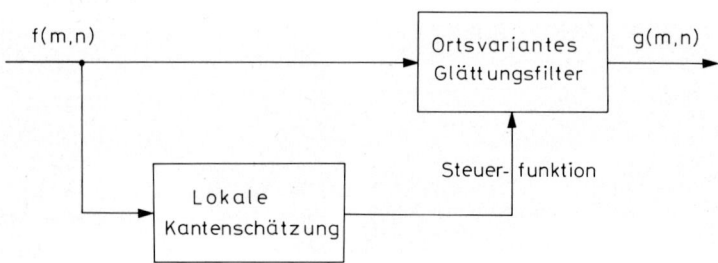

Bild 3.8. Prinzip der signaladaptiven Bildglättung.

Ein Beispiel für die Schätzung horizontaler und vertikaler Kanten im gestörten
Testbild 3.9a ist in Bild 3.9g und Bild 3.9h gezeigt; Bild 3.9i repräsentiert Bild-
bereiche mit horizontalen und vertikalen Kantenstrukturen.
Die Information über die lokalen Signaleigenschaften kann nun im weiteren zur
Steuerung eines Glättungsfilters mit variabler Impulsantwort verwendet werden
(siehe Bild 3.8). Die Bilder 3.9j,k zeigen jeweils Beispiele lokal angewendeter

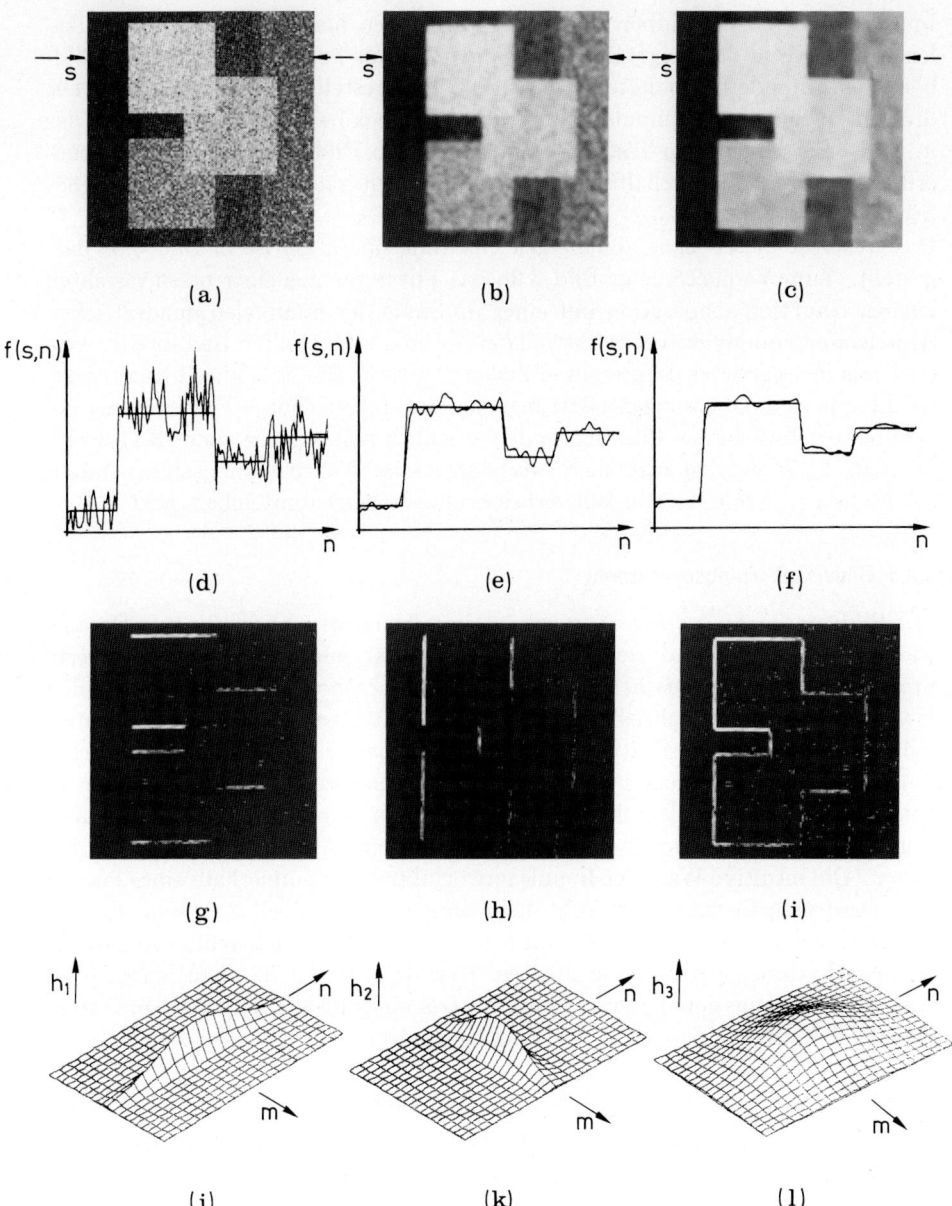

Bild 3.9. Vergleich von homogener und signaladaptiver Bildglättung. (a) Gestörtes Testmuster; Ergebnis der (b) homogenen und (c) signaladaptiven Tiefpaßfilterung; (d), (e), (f) zu (a), (b), (c) korrespondierende Intensitätsprofile; (g), (h), (i) Darstellung der Steuerfunktionen; (j), (k), (l) verwendete Impulsantworten bei der signaladaptiven Filterung.

Impulsantworten in Bildbereichen mit geschätzten horizontalen bzw. vertikalen Kanten; Bild 3.9l zeigt die Impulsantwort in als homogen geschätzten Bildbereichen (dunkle Bildpunkte der in Bild 3.9i dargestellten Steuerfunktion). Die
drei unterschiedlichen Impulsantworten wurden rekursiv realisiert und auf das
in Bild 3.9a dargestellte Testmuster gemäß der in Bild 3.9g,h,i gezeigten Steuerfunktion durch "Umschalten" der jeweiligen Filterkoeffizienten in Gl.(2-188)
(siehe auch Abschnitt 4.5.2) angewendet /2.34/.
Das Resultat dieser signalabhängigen Glättungsoperation ist in Bild 3.9c dargestellt. Zum Vergleich zeigt Bild 3.9b das Filterergebnis einer ortsinvarianten
lokalen Gaußtiefpaßoperation mit einer im Sinne der minimalen quadratischen
Abweichung zum ungestörten Testmuster optimal eingestellten Bandbreite. Wie
auch aus den darunter dargestellten Zeilenschnitten (Bilder 3.9d,e,f) hervorgeht,
ist die mit signalabhängigen Glättungsoperatoren erreichbare Verbesserung gegenüber ortsinvarianten Filtermethoden erheblich höher (siehe auch /3.11-3.15/;
in /3.16, 3.17/ werden zusätzlich psychophysische Wahrnehmungseigenschaften
des Menschen modellhaft in Bildverbesserungsverfahren miteinbezogen).

3.2.4 Bildverschärfungsoperatoren

Mit Bildverschärfungsoperatoren werden im allgemeinen hochfrequente Details,
wie kleine Objekte und Hell/Dunkelkanten, aber auch eventuell überlagerte
Störungen wie Signalrauschen, im Bildsignal hervorgehoben. Ähnlich wie bei den
in Abschnitt 3.2.1 beschriebenen Glättungsoperatoren sind die Realisierungsmöglichkeiten als lokale Faltungsfilter nahezu unbegrenzt. Die Impulsantworten
müssen jedoch die Eigenschaft haben, daß sie niedere Ortsfrequenzanteile im
Bild stärker dämpfen als hohe, d.h., die korrespondierenden Übertragungsfunktionen müssen bei niederen Ortsfrequenzen kleinere Amplituden haben als bei
hohen. Die intuitive Wahl der Impulsantwortabtastwerte innerhalb eines lokalen
Operatorfensters scheint hier nicht mehr ohne weiteres möglich zu sein. Es gibt
jedoch eine einfache Möglichkeit, sich aus den bekannten Tiefpaßfilteroperatoren
Bildverschärfungsoperatoren abzuleiten. Dies ist in Bild 3.10 (oben) dargestellt.
Aus dem Eingangssignal $f(m,n)$ kann mittels eines lokalen Glättungsoperators
eine Tiefpaßversion $f_{TP}(m,n)$ des Eingangsbildes

$$f_{TP}(m,n) = f(m,n) \; * \; * \, h_{TP}(m,n) \qquad\qquad (3\text{-}18)$$

erzeugt werden. Diese wird anschließend von einem Vielfachen des Eingangssignals subtrahiert, was zu einer Hochpaßversion $f_{HP}(m,n)$ des ursprünglichen
Signals $f(m,n)$ führt

$$f_{HP}(m,n) = (Konst.) \, f(m,n) - f_{TP}(m,n) \qquad\qquad (3\text{-}19)$$

Mit Gl.(2-46) und Gl.(3-18) läßt sich Gl.(3-19) auch schreiben als

$$f_{HP}(m,n) = f(m,n) \; * \; * \, [(Konst.) \, \delta(m,n) - h_{TP}(m,n)]$$
$$= f(m,n) \; * \; * \, h_{TP}(m,n) \qquad\qquad (3\text{-}20)$$

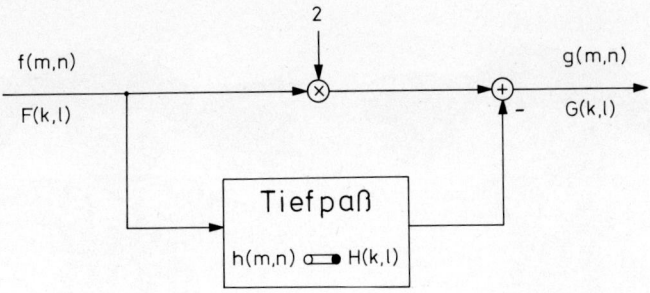

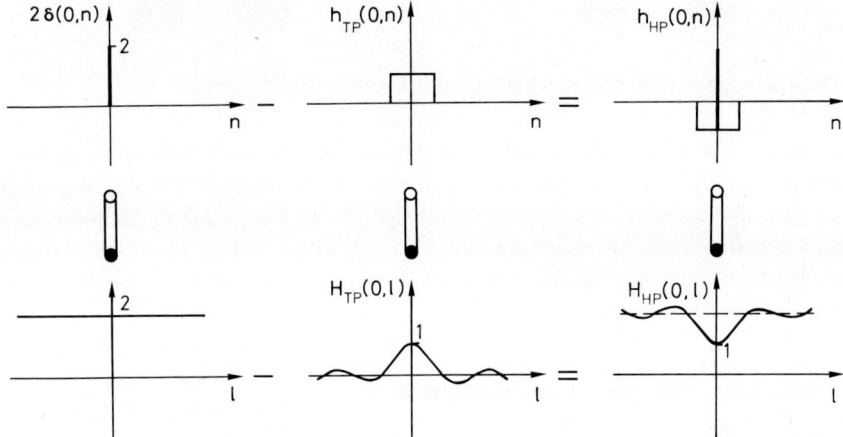

Bild 3.10. Zur Realisierung von Filtern mit Hochpaßcharakteristik unter Verwendung bekannter Tiefpaßfilter; (oben) Blockdiagramm; (unten) Signale im Orts- und Ortsspektralbereich.

wobei der in der rechteckigen Klammer stehende Ausdruck die Impulsantwort $h_{HP}(m,n)$ des Bildverschärfungsoperators ist. Mit Gl.(2-48) ergibt sich aus Gl.(3-20) für die korrespondierende Übertragungsfunktion

$$h_{TP}(m,n) \ \circ\!\!-\!\!\bullet \ H_{HP}(k,l) = (Konst.) - H_{TP}(k,l) \qquad (3\text{-}21)$$

Dieser Zusammenhang ist in Bild 3.10 (unten) veranschaulicht, wobei als Tiefpaßimpulsantwort $h_{TP}(m,n)$ ein Spalttiefpaß mit korrespondierender si-Übertragungsfunktion $H_{TP}(k,l)$ gewählt wurde. Man erkennt, daß die resultierende Übertragungsfunktion $H_{HP}(k,l)$ genau die gewünschten Eigenschaft aufweist, nämlich hochfrequente Signalanteile bevorzugt zu übertragen.

Der Effekt dieser Operation ist in Bild 3.11 anhand eines unscharf aufgenommenen Objektes dargestellt ($(Konst.) = 2$, Spalttiefpaß mit W_{mn} gemäß Gl.(3-14)

(a)   (b)

Bild 3.11.   Bildverschärfungsbeispiel mit lokalem Hochpaßfilter.

mit $\Delta m = \Delta n = 7$). Die Wahl einer geeigneten Tiefpaßfilterimpulsantwort (es
können im Prinzip auch nichtlineare Operatoren verwendet werden, obwohl dann
eine systemtheoretische Analyse gemäß Gln.(3-18) bis (3-21) nicht mehr möglich
ist), sowie die Wahl der Konstanten in Gl.(3-20) bzw. Gl.(3-21) zur Konstruktion
von Bildverschärfungsoperatoren wird meist intuitiv unter visueller Kontrolle
vorgenommen.

3.3 Bildverbesserung im Ortsfrequenzbereich

Wie bereits in den Abschnitten 2.3.2 und 2.3.7 gezeigt, lassen sich lineare Filterungen nicht nur mit den in Abschnitt 3.2 behandelten linearen ortsinvarianten
lokalen Operatoren im Ortsbereich, sondern mit Hilfe der schnellen Fouriertransformation auch im Ortsfrequenzbereich durchführen. Die Wahl wird im wesentlichen von Aufwandsüberlegungen bei der Realisierung abhängen. Bei Operatoren mit örtlich gering ausgedehnten Impulsantworten ist eine Verarbeitung
direkt im Ortsbereich mittels Faltung zu bevorzugen, da hierbei keine rechen-
intensiven Hin- und Rücktransformationen nötig sind. Wie in Abschnitt 2.3.7
erwähnt, kommt eine Verarbeitung im Ortsfrequenzbereich bei der Realisierung
linearer ortsinvarianter Filter mit örtlich weit ausgedehnten Impulsantworten in
Betracht; sie zeigt darüber hinaus anschaulich die Wirkungsweise von Filteroperationen im Spektralbereich.

3.3.1 Lineare Tiefpaßfilter

Die Wirkungsweise linearer ortsinvarianter Tiefpaßfilter zur Störsignalunter-
drückung in Bildern wurde bereits in Abschnitt 3.2.1 diskutiert. Die drei in Bild
3.6 dargestellten lokalen Operatoren können ebenso auch im Ortsfrequenzbereich
mittels Multiplikation der jeweils korrespondierenden Übertragungsfunktion mit

(a)   (b)

(c)   (d)

Bild 3.12.   Ungestörtes (a) und gestörtes (c) Testbild und korrespondierende Ortsfrequenzspektren (b), (d).

dem zu filternden Bildspektrum und anschließender Rücktransformation realisiert werden.

Um die Wirkung von Störung und Bildverbesserung in der Ortsfrequenzebene zu zeigen, wurde das in Bild 3.12a dargestellte Testbild mit starkem weißen gaußschem Rauschen (Standardabweichung: $\sigma = 50$ Intensitätseinheiten bei 8 Bit Grauauflösung) additiv überlagert (Bild 3.12c). Wie aus den spektralen Darstellungen des gestörten und ungestörten Testbildes hervorgeht, wird dadurch dem Nutzsignalspektrum in Bild 3.12b ein Störsignalplateau mit konstanter mittlerer Amplitude überlagert (siehe Bild 3.12d). Die Überlagerung erfolgt leistungsmäßig additiv, da Stör- und Nutzsignal in der hier dargestellten Simulation miteinander unkorreliert sind. Die Rauschunterdrückung mittels Tiefpaßfilterung läuft nun darauf hinaus, im Ortsfrequenzspektrum des gestörten Signals jene Spektralwerte zu unterdrücken, deren Energie primär vom Störprozeß herrührt und umgekehrt. Ein einfaches Filter mit dem dies erreicht

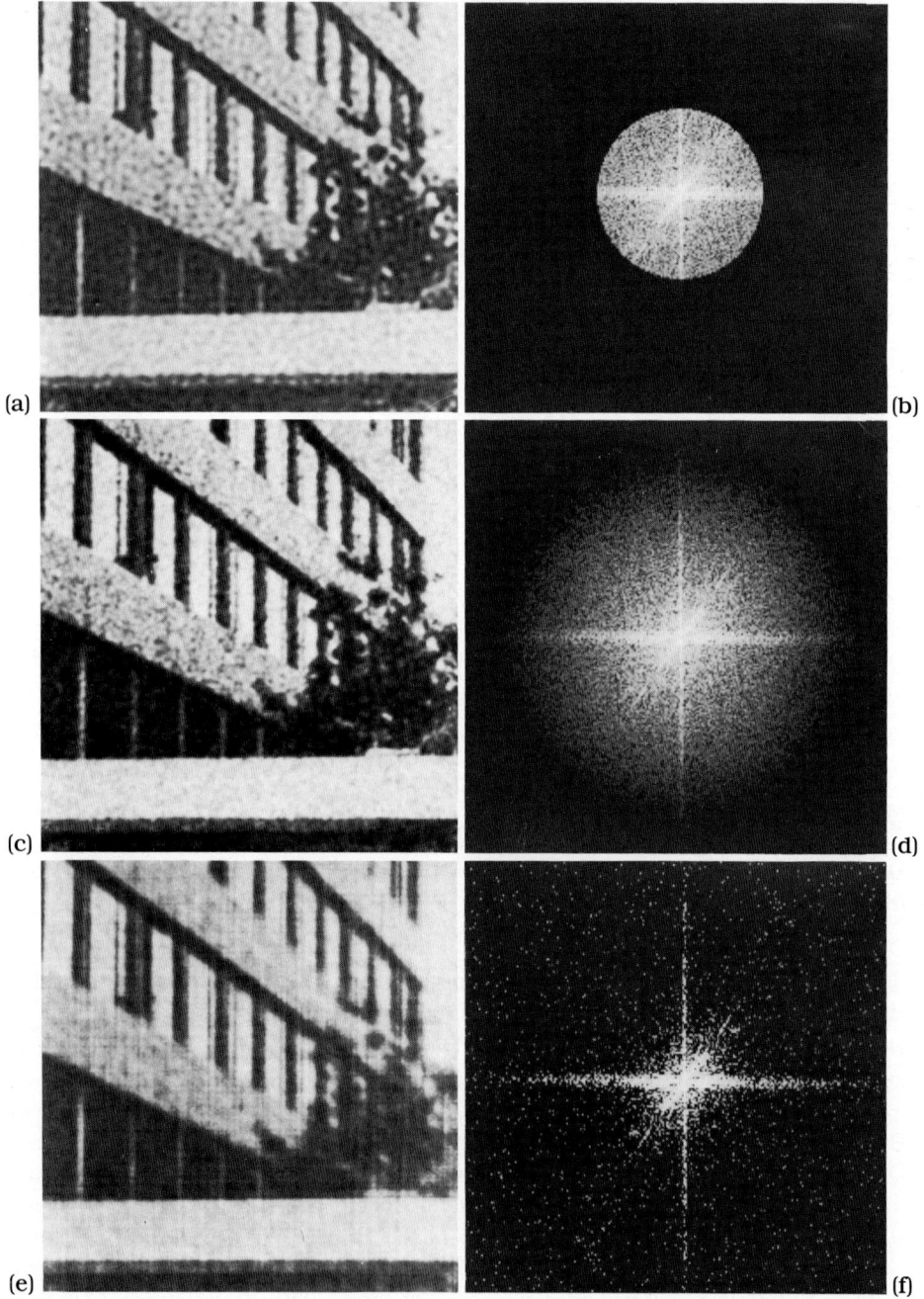

Bild 3.13. Filterergebnisse mit (a) idealem Tiefpaß, (c) Gaußtiefpaß, (e) Pruningfilter und (b), (d), (f) korrespondierenden Spektren.

werden kann, ist der sogenannte rotationssymmetrische ideale Tiefpaß mit der
Übertragungsfunktion

$$H_{ITP}(k,l) = \begin{cases} 1 & \text{für } \sqrt{k^2 + l^2} < w_o \\ 0 & \text{sonst} \end{cases} \qquad (3\text{-}22)$$

und der Bandbreite w_o. Das Ergebnis nach Anwendung dieses Filters auf das
Spektrum des gestörten Bildes (Bild 3.12d) ist in Bild 3.13b gezeigt; das zugehörige Ortssignal nach der Fourierrücktransformation zeigt Bild 3.13a. Obwohl die Bandbreite w_o des idealen Tiefpaß hierbei so eingestellt wurde, daß
sich zwischen den in Bild 3.12a und Bild 3.13a dargestellten Bildern eine minimale quadratische Abweichung ergab (dies ist nur in der Simulationssituation exakt möglich, da man hier das ursprüngliche Signal kennt), ist die damit erreichte
Bild-"Verbesserung" nur unbefriedigend. Das Filterergebnis in Bild 3.13a ist mit
starken Grauwertfluktuationen überlagert; der Grund hierfür wird unmittelbar
klar, wenn man sich vergegenwärtigt, daß eine Multiplikation im Ortsfrequenzbereich mit der Übertragungsfunktion in Gl.(33-22) einer Faltungsoperation des
verrauschten Signals mit der zu Gl.(3-22) korrespondierenden Besselfunktion erster Ordnung (siehe Gl.(2-63)) entspricht; die starken "Überschwinger" bzw.
"Unterschwinger" der Besselfunktion erzeugen, wie aus Bild 3.13a hervorgeht,
starke, visuell störende Artefakte (obwohl Bild 3.13a im Sinne des mittleren Fehlerquadrates dem ursprünglichen Bild 3.12a wesentlich ähnlicher ist als dies bei
dem verrauschten Bild 3.12c der Fall ist).

Es ist naheliegend und interessant zugleich, zur Störunterdrückung des verrauschten Testbildes anstelle des in Gl.(3-22) definierten Filters mit steil ab-
fallenden Flanken eine Übertragungsfunktion zu verwenden, dessen korrespondierende Impulsantwort im Ortsbereich keine Überschwinger aufweist. Dies ist
beispielsweise beim Gaußtiefpaß der Fall

$$H_{GTP}(k,l) = \exp\left[-(k^2 + l^2)/w_o^2\right] \qquad (3\text{-}23)$$

der, wie in Gl.(2-58) gezeigt wurde, wiederum mit einer gaußförmigen Impulsantwort korrespondiert. Stellt man w_o in Gl.(3-23) wieder im Sinne des minimalen mittleren quadratischen Fehlers optimal für das Testsignal bzw. Testspek-
trum in Bild 3.12c,d ein und wendet es auf dieses an, so ergibt sich ein Filterergebnis, das in Bild 3.13c,d dargestellt ist. Wie zu erwarten, ist die Artefaktbildung
gegenüber Bild 3.13a,b zwar vermindert; die subjektiv empfundene Bildqualität
läßt jedoch immer noch zu wünschen übrig. Mit einer relativ willkürlichen Wahl
von Übertragungsfunktionen kommt man selbst bei optimal eingestellten Band-
breiten bei derart starken Störungen in Bildsignalen meist nicht sehr viel weiter.
In Kapitel 4 wird gezeigt, wie mit einer Optimierung der Übertragungsfunktionen
hinsichtlich des Signal-Rausch-Verhältnisses auf der Basis von Signalmodellen
eine wesentlich bessere Störbefreiung verrauschter Bildsignale erreicht werden
kann.

3.3.2 Nichtlineare Pruningfilter

Neben der im vorherigen Abschnitt beschriebenen linearen Filterung lassen sich auch nichtlineare Methoden zur Störsignalunterdrückung im Ortsfrequenzbereich anwenden. Beispielsweise ist es naheliegend, das im Spektralbereich durch die Störung bedingte Rauschplateau mit der mittleren Amplitude $\bar{R}$ im Spektrum des gestörten Bildes (vergl. Bild 3.12d mit Bild 3.12b) durch leistungsmäßige Subtraktion wieder zu eliminieren bzw. "abzuschneiden" (engl. 'pruning' → abschneiden) /3.18, 3.19/. Da die Amplitude des dem Nutzspektrum überlagerten Rauschspektrums sehr starke Fluktuationen aufweist, muß man dafür Sorge tragen, daß durch die Subtraktion des Mittelwertes $\bar{R}^2$ vom gestörten Bildleistungsspektrum $|F_R(k,l)|^2$ keine Phasenumkehr (um 180°) der komplexen Abtastwerte im resultierenden Bildspektrum $F_{PRUN}(k,l)$ auftritt. Damit ergibt sich für die nichtlineare Pruningfilteroperation zwischen dem Eingangsspektrum $F_R(k,l)$ und dem Ausgangsspektrum $F_{PRUN}(k,l)$ der Zusammenhang

$$|F_{PRUN}(k,l)| = \begin{cases} \sqrt{|F_R(k,l)|^2 - \bar{R}^2} & \text{für } |F_R(k,l)| > \bar{R} \\ 0 & \text{sonst} \end{cases}$$

$$\varphi[F_{PRUN}(k,l)] = \varphi[F_R(k,l)]$$

(3-24)

Eingangsspektrum und Ausgangsspektrum sind also phasenidentisch, während Werte des Amplitudenspektrums, die größer als die mittlere Rauschamplitude $\bar{R}$ sind, um $\bar{R}$ leistungsmäßig im Ausgangsspektrum vermindert sind. $\bar{R}$ läßt sich in vielen Fällen aus dem gestörten Bildspektrum $F_R(k,l)$ bei hohen Ortsfrequenzen abschätzen, da dort die Nutzsignalanteile gegenüber dem Rauschen in der Regel vernachlässigbar klein sind. Da die gemäß Gl.(3-24) subtrahierte mittlere Störenergie $\bar{R}^2$ insbesondere bei schmalbandigen Objektspektren und hohen Störenergien hinsichtlich einer optimalen Rauschunterdrückung im quadratischen Sinne in der Regel zu gering ist, empfiehlt es sich, ein in Abhängigkeit von der Störenergie und Beschaffenheit des Nutzsignalspektrums experimentell zu ermittelndes Vielfaches $\lambda\bar{R}$ mit $\lambda \gtrsim 1$ der mittleren Rauschamplitude in Gl.(3-24) zu verwenden (siehe hierzu Bild 3.14).

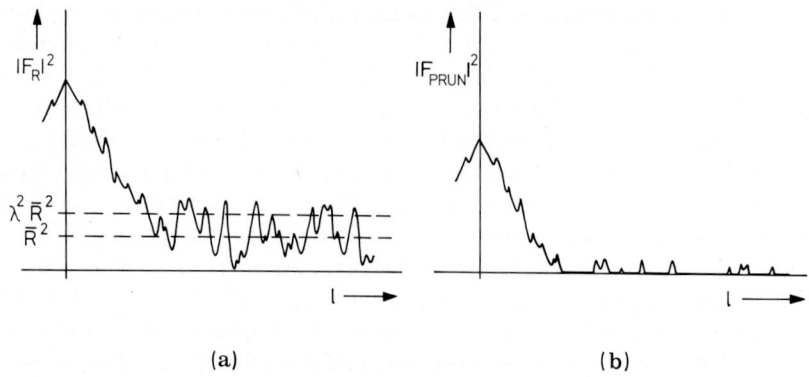

(a)   (b)

Bild 3.14. Zum Prinzip der Pruningfilterung.

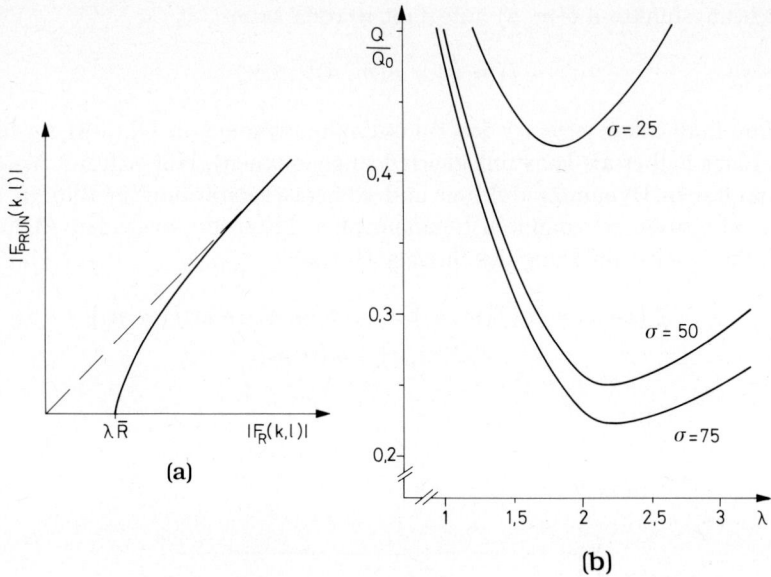

(a)

(b)

Bild 3.15. (a) Typische Ein/Ausgangskennlinie der Spektralamplituden beim Pruningfilter; (b) Rauschunterdrückung des Pruningfilters in Abhängigkeit vom Korrekturfaktor und der Störsignalenergie.

Den Zusammenhang zwischen Eingangsspektralwerten $F_R(k,l)$ und den pruninggefilterten Werten $F_{PRUN}(k,l)$ zeigt Bild 3.15a; in Bild 3.15b ist als Beispiel für das in Bild 3.12a dargestellte Testbild die experimentell ermittelte Bildverbesserung Q/Q_o (Verhältnis der quadratischen Abweichung des pruninggefilterten Bildes vom ungestörten Testbild Q zur quadratischen Abweichung des gestörten ungefilterten Testbildes zum ursprünglichen Testbild Q_o) in Abhängigkeit vom Korrekturfaktor λ und der Standardabweichung σ des überlagerten Rauschsignals aufgetragen. Für $\lambda = 2,2$ und $\sigma = 50$ zeigt Bild 3.13f das pruninggefilterte Spektrum des in Bild 3.12c dargestellten Testsignals und Bild 3.13e das hierzu korrespondierende Ortssignal. Im Vergleich zu den im vorherigen Abschnitt behandelten linearen Filterverfahren wird deutlich, daß im hier gewählten Beispiel mit Pruningfiltern eine bessere Trennung zwischen Nutz- und Störsignalenergien im Spektrum möglich ist, weshalb im Ortsbereich dominante Strukturen selbst bei starkem Rauschen nach der Filterung noch relativ gut wiedergegeben werden.

3.3.3 Homomorphe Bildfilterung

Die in Abschnitt 3.1.4 entwickelte Modellvorstellung, wonach ein Bild $f(m,n)$ als Produkt eines Reflexions- bzw. Transmissionsanteils $a(m,n)$ mit einer

Beleuchtungsfunktion $b(m,n)$ aufgefaßt werden kann

$$f(m,n) = a(m,n)b(m,n) \tag{3-25}$$

(die Empfindlichkeit $e(m,n)$ des Bildaufnahmesystems in Gl.(3-9) sei hier der Einfachheit halber als konstant gleich 1 angenommen), läßt sich mit Vorteil bei der simultanen Dynamikreduktion und Kontrastverstärkung in Bildern mittels der nichtlinearen, sogenannten homomorphen Filterung anwenden /3.20-3.23/. Durch die Logarithmierung des Signals $f(m,n)$

$$\begin{aligned} f'(m,n) &= \ln\big(f(m,n)\big) = \ln\big(a(m,n)\big) + \ln\big(b(m,n)\big) \\ &= a'(m,n) + b'(m,n) \end{aligned} \tag{3-26}$$

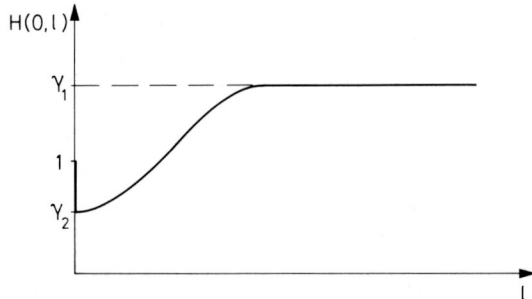

Bild 3.16. Typische Übertragungsfunktion zur Verminderung/Erhöhung des Kontrastes in niederfrequenten/hochfrequenten Bildbereichen mit Hilfe von homomorphen Filtern.

lassen sich die Reflexions- bzw. Transmissionskomponenten und die Beleuchtungseinflüsse im Signal als Summe darstellen. Die Fouriertransformation von $f'(m,n)$ ergibt

$$F'(k,l) = \mathcal{F}\{\ln\big(a(m,n)\big)\} + \mathcal{F}\{\ln\big(b(m,n)\big)\} = A'(k,l) + B'(k,l) \tag{3-27}$$

Da man im allgemeinen davon ausgehen kann, daß die Beleuchtung $b(m,n)$ eine in großen Bildbereichen konstante oder zumindest örtlich langsam variierende Funktion ist, hat das zu $b'(m,n)$ korrespondierende Fourierspektrum $B'(k,l)$ primär bei niederen Ortsfrequenzen im Spektrum $F'(k,l)$ einen nennenswerten Anteil. Da andererseits der Reflexions- bzw. Transmissionsanteil $a(m,n)$ in der Regel feinstrukturierte Objekte repräsentiert, hat das zu $a'(m,n)$ korrespondierende Fourierspektrum $A'(k,l)$ insbesondere Spektralanteile bei hohen Ortsfrequenzen in $F'(k,l)$. $A'(k,l)$ bzw. $B'(k,l)$ lassen sich somit näherungsweise durch Filterung von $F'(k,l)$ getrennt verstärken bzw. dämpfen.

$$G'(k,l) = F'(k,l)H(k,l) = A'(k,l)H(k,l) + B'(k,l)H(k,l) \qquad (3\text{-}28)$$

Eine hierzu geeignete, häufig angewandte Übertragungsfunktion $H(k,l)$ ist beispielsweise

$$H(k,l) = \begin{cases} 1 & \text{für } k = 0 \cap l = 0 \\ \gamma_1 - (\gamma_1 - \gamma_2)\exp\left(-(k^2 + l^2)/\gamma_3^2\right) & \text{sonst} \end{cases} \qquad (3\text{-}29)$$

Bild 3.17. Verarbeitungsschritte bei der homomorphen Bildfilterung.

Ein Schnitt dieser rotationssymmetrischen Funktion ist in Bild 3.16 dargestellt. Nach Rücktransformation von $G'(k,l)$ in den Ortsbereich ergibt sich

$$g'(m,n) = \mathcal{F}^{-1}\{G'(k,l)\} = \mathcal{F}^{-1}\{A'(k,l)H(k,l)\} + \mathcal{F}^{-1}\{B'(k,l)H(k,l)\}$$
$$= a''(m,n) + b''(m,n) \qquad (3\text{-}30)$$

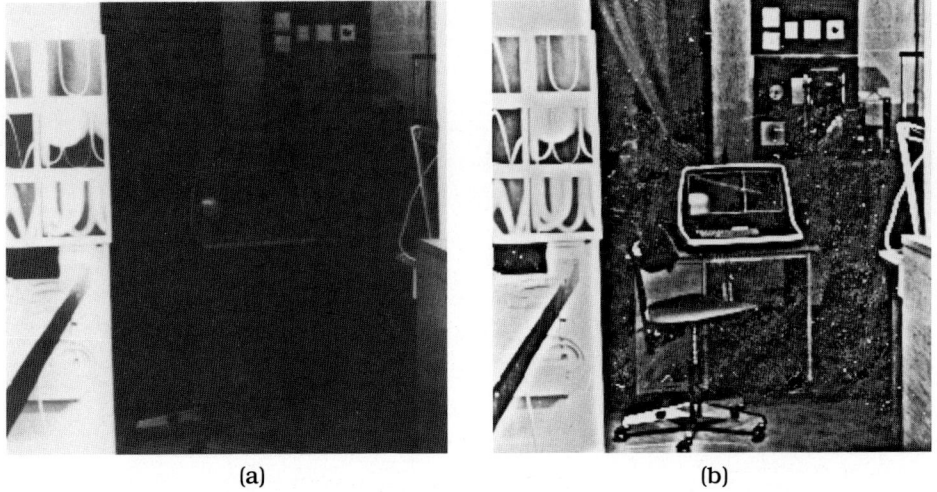

(a)   (b)

Bild 3.18. Verarbeitungsbeispiel mit homomorphem Filter; (a) Original, (b) Filterergebnis.

Eine anschließende Delogarithmierung von $g'(m,n)$ komplettiert dann die homomorphe Filterung:

$$g(m,n) = \exp\left(g'(m,n)\right) = \exp\left(a''(m,n) + b''(m,n)\right) \qquad (3\text{-}31)$$

Wie man sieht folgt für $a''(m,n) \gg b''(m,n)$, daß $g(m,n) \approx a(m,n)$ ist, was
in der Praxis, da sich $A'(k,l)$ und $B'(k,l)$ immer spektral bis zu einem ge-
wissen Grad überlappen, natürlich nur näherungsweise erreicht werden kann.
Die für die homomorphe Filterung notwendigen Verarbeitungsschritte sind in
Bild 3.17 dargestellt. Daß man mit der beschriebenen Methode beispielsweise
Beleuchtungseinflüsse hoher Dynamik in ihrer Wirkung zugunsten einer lokalen
Kontrastverstärkung stark reduzieren kann, zeigt das in Bild 3.18 dargestellte
Verarbeitungsbeispiel. Die Parameter der Übertragungsfunktion in Gl.(3-29)
sind hierbei intuitiv zu $\gamma_1 = 1$, $\gamma_2 = 0.1$, $\gamma_3 = 12.5$ ($M = N = 256$) gewählt
worden.

4 Bildrestaurationsverfahren

Unter Bildrestauration versteht man die Verbesserung von Bildsignalen im Sinne quantitativ definierter Kriterien (im Gegensatz zu den subjektiven Kriterien im vorhergehenden Kapitel). Hierzu wird im nächsten Abschnitt zunächst ein einfaches lineares ortsinvariantes Signalmodell eingeführt, das den Zusammenhang zwischen der ursprünglichen, die Bildszene repräsentierenden Helligkeitsverteilung und dem mit Hilfe eines technischen Systems gewonnenen Bildsignal reflektiert. Hierauf aufbauend werden dann in den folgenden Abschnitten verschiedene grundlegende Restaurationsprinzipien diskutiert und ihre Leistungsfähigkeit jeweils anhand von zahlreichen Simulationsbeispielen demonstriert.

4.1 Ein einfaches Signalmodell zur Bilddegradation

Ein häufig verwendetes lineares Signalmodell zeigt Bild 4.1 (oben). Das ursprüngliche Signal $f(x,y)$ wird den nichtidealen Abbildungseigenschaften des Bildaufnahmesystems entsprechend mit der Systemantwort $h(x,y,\xi,\eta)$ zunächst in ein Signal $f'(x,y)$ umgewandelt:

$$f'(x,y) = \iint f(\xi,\eta)h(\xi,\eta,x,y)\,\mathrm{d}\xi\,\mathrm{d}\eta \qquad (4\text{-}1)$$

Unter der Annahme, daß das Abbildungssystem ortsinvariant ist, d.h., die Abbildungseigenschaften unabhängig von den Ortskoordinaten x,y sind und damit die Wirkung der Impulsantwort nur von den Koordinatendifferenzen $x-\xi, y-\eta$ abhängt, reduziert sich Gl.(4-1) auf das aus Abschnitt 2.1.2 Gl.(2-32) bekannte Faltungsintegral

$$f'(x,y) = \iint f(\xi,\eta)h(x-\xi,y-\eta)\,\mathrm{d}\xi\,\mathrm{d}\eta \qquad (4\text{-}2)$$

Die additive Überlagerung von $f'(x,y)$ mit dem Rauschsignal $r(x,y)$, das hier zunächst als signalunabhängig angenommen sei, repräsentiert zufällige Intensitätsfluktuationen des Signals, wie sie beispielsweise durch den photoelektrischen Prozeß bei der Bildaufnahme mit Fernsehkameras, usw., entstehen. Mit Gl.(4-2) ergibt sich damit für das in Bild 4.1 gezeigte kontinuierliche Signalmodell die

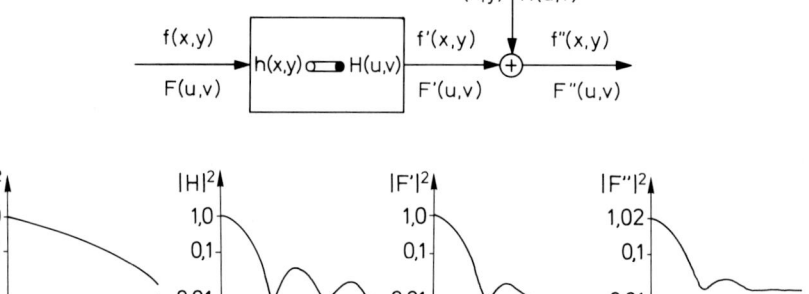

Bild 4.1. Kontinuierliches lineares Signalmodell zur Bilddegradation.

Beziehung

$$f''(x,y) = \iint f(\xi,\eta)h(x-\xi,y-\eta)\,\mathrm{d}\xi\,\mathrm{d}\eta + r(x,y) \qquad (4\text{-}3)$$

In der kontinuierlichen Ortsfrequenzebene korrespondiert Gl.(4-3) gemäß Gl.(2-32) mit

$$F''(u,v) = F(u,v)H(u,v) + R(u,v) \qquad (4\text{-}4)$$

Bei technischen Bildgewinnungs- und Übertragungssystemen aber auch bei der visuellen Wahrnehmung des Menschen bezeichnet man $H(u,v)$ als Modulations-übertragungsfunktion. Bild 4.1 (unten) zeigt schematisch die Veränderungen, die das (hier zunächst willkürlich angenommene) Leistungsspektrum $|F(u,v)|^2$ des ursprünglichen Signals $f(x,y)$ durch den Abbildungsprozeß gemäß des in Gl.(4-3) bzw. Gl.(4-4) angenommenen Signalmodells erfährt (Darstellung als Halbschnitte der Leistungsspektren für $u = 0$). Durch die zunächst ebenfalls willkürlich angenommene ortsinvariante Übertragungsfunktion $H(u,v)$ wird $|F(u,v)|^2$ mit $|H(u,v)|^2$ gedämpft. Da $H(u,v)$ im allgemeinen Nullstellen bei Ortsfrequenzen hat, die auch vom Signalspektrum $F(u,v)$ überdeckt werden, läßt sich eine exakte Restauration selbst für $r(x,y) = 0\ \forall x,y$ bzw. $R(u,v) = 0\ \forall u,v$ nicht erreichen. Das tiefpaßverzerrte Leistungsspektrum $|F'(u,v)|^2$ wird anschließend mit dem Leistungsspektrum $|R(u,v)|^2$ des Störsignals $r(x,y)$ additiv überlagert. Nimmt man als Störsignal weißes gaußsches Rauschen mit einer konstanten mittleren spektralen Leistungsdichte $|R(u,v)|^2$ an, das mit dem originalen Bildsignal $f(x,y)$ unkorreliert ist, so wird dadurch $|F'(u,v)|^2$ im Mittel auf das Energieplateau $|R(u,v)|^2$ angehoben; die Wirkung des Rauschprozesses im Amplitudenspektrum wurde bereits in Bild 3.12 veranschaulicht.

In vielen Fällen lassen sich die Impulsantworten $h(x,y)$ bzw. die korrespondierenden Übertragungsfunktionen $H(u,v)$ aus den physikalischen Gegebenheiten der Bildaufnahmesysteme berechnen bzw. abschätzen. Einfache Beispiele hierfür sind Bildgewinnungssysteme mit kreis- oder spaltförmigen Aperturen (zur Berechnung siehe Abschnitt 2.1.3); bietet man einem derartigen System am Eingang ein beliebiges, breitbandiges Signal an, so kann die Bandbreite von $H(u,v)$ z.B. aus dem Verlauf der Nullstellen der Leistungsspektren bestimmt werden /4.1, 4.2/. Ist eine direkte Berechnung nicht möglich, kann dem Bildgewinnungssystem beispielsweise ein diracimpulsartiges Eingangssignal $f(x,y) \approx \delta(x,y)$ angeboten werden; das Ausgangssignal $f''(x,y)$ entspricht dann mit Gl.(2-46) näherungsweise der Impulsantwort des Systems $h(x,y) \approx f''(x,y)$ (ein vernachlässigbar kleines Störsignal vorausgesetzt). Häufig lassen sich linienhafte oder kantenförmige Strukturen als Eingangstestmuster günstiger realisieren; die jeweiligen Antworten hierauf können dann mit Hilfe der in Abschnitt 2.1.2 diskutierten Eigenschaften der Fouriertransformation auf die Impulsantwort $h(x,y)$ zurückgerechnet werden. Beispielsweise kann bei einem linienförmigen Eingangssignal beliebiger Orientierung das Ausgangssignal als Projektion der Impulsantwort in Richtung dieser Linie aufgefaßt werden, was in der Ortsfrequenzebene aufgrund von Gl.(2-30) und Gln.(2-23), (2-24) einem Radialschnitt entspricht. Da bei Systemen mit rotationssymmetrischen Impulsantworten auch die korrespondierenden Übertragungsfunktionen rotationssymmetrisch sind, sind diese aufgrund einer einzelnen Linienantwort vollständig bestimmbar; andernfalls muß $H(u,v)$ aus einer Vielzahl von Radialschnitten unterschiedlicher Orientierung in der Ortsfrequenzebene approximiert werden (das Problem ist analog dem der Bildrekonstruktion aus Projektionen (Tomographie) das hier nicht behandelt werden kann).

Mit den oben getroffenen einschränkenden Annahmen über die Störsignale lassen sich im allgemeinen auch die mittleren spektralen Störleistungen $|R(u,v)|^2$ aus den Leistungsspektren $|F''(u,v)|^2$ am Systemausgang abschätzen. Dies kann beispielsweise durch Mittelung in Ortsfrequenzbereichen geschehen, in denen die Nutzsignalanteile als vernachlässigbar klein vorausgesetzt werden können (beispielsweise bei Verwendung niederfrequenter Testmuster in Bereichen hoher Ortsfrequenzen). Damit können eventuell vorhandene Abhängigkeiten zwischen Nutz- und Störsignal, wie sie beispielsweise immer bei Quantenprozessen gegeben sind (Silberkornrauschen in fotographischen Emulsionen, Quantendetektion in der Röntgen- und nuklearmedizinischen Bildaufzeichnung, usw.) jedoch nicht erfaßt werden (siehe hierzu auch Abschnitt 4.4 und 4.5.2).

Das Ziel der Bildrestauration besteht nun darin, mittels eines (Filter-)Verfahrens aus dem gestörten Bildsignal $f''(x,y)$ ein Signal $\hat{f}(x,y)$ so zu berechnen, daß das ursprüngliche Signal $f(x,y)$ hinsichtlich eines vorher festgelegten Zielkriteriums optimal angenähert wird. Für die zu optimierenden Zielkriterien werden in den folgenden Abschnitten aus Gründen der analytischen Einfachheit minimale mittlere quadratische Fehlerfunktionen verwendet.

Zur Bildrestauration mit Hilfe von Digitalrechnern muß das kontinuierliche Signal $f''(x,y)$ diskretisiert werden, diskret verarbeitet werden und eventuell anschließend wieder mittels Interpolation in das kontinuierliche Restaurationsergebnis $\hat{f}(x,y)$ überführt werden. Die nichtidealen Eigenschaften der Bildabtastung und der Bildinterpolation (siehe Abschnitt 2.2) müssen bei der Berechnung des jeweils optimalen Restaurationsfilters miteinbezogen werden -

sie sind Bestandteil desselben. Um diese, durch die technische Realisierung
des Abtast- und Interpolationsvorgangs gegebenen Abhängigkeiten beim Entwurf von Restaurationsverfahren zu vermeiden, verwendet man für die digitale
Restauration von Bildern (und auch im weiteren Verlauf des Buches) ein zu
Gl.(4-3) bzw. Gl.(4-4) korrespondierendes diskretes Signalmodell

$$f''(m,n) = \sum_{i=0}^{M-1} \sum_{j=0}^{N-1} f(i,j)h(m-i,n-j) + r(m,n) \qquad (4\text{-}5)$$

$$F''(k,l) = F(k,l)H(k,l) + R(k,l) \qquad (4\text{-}6)$$

Hierbei werden $f(m,n)$ und $r(m,n)$ unter den in Abschnitt 2.2 diskutierten Randbedingungen als abgetastete Bild- bzw. Störsignale und $h(m,n)$ als
diskrete Approximation der kontinuierlichen Systemantwort $h(x,y)$ aufgefaßt.
$F(k,l)$, $R(k,l)$ und $H(k,l)$ sind die korrespondierenden diskreten Fouriertransformierten.

4.2 Inverse Bildfilterung

Bei Kenntnis der Impulsfunktion $h(m,n)$ und des Störsignals $r(m,n)$ könnte die
Bildrestauration aus dem Signal $f''(m,n)$ durch Auflösen des MN-dimensionalen
Gleichungssystems (4-5) nach den ursprünglichen Bildabtastwerten $f(m,n)$ erfolgen (eine von Null verschiedene Determinante des Gleichungssystems vorausgesetzt). Während $h(m,n)$ aus den physikalischen Gegebenheiten des Bildaufnahmesystems errechnet bzw. experimentell aus geeigneten Testaufnahmen
geschätzt werden kann, ist $r(m,n)$ ein Zufallssignal. Aus diesem Grunde ist es
zunächst naheliegend, das restaurierte Signal $\hat{f}(m,n)$ so zu berechnen, daß es
gefaltet mit der Systemantwort $h(m,n)$ das gegebene Signal $f''(m,n)$ im Sinne
des minimalen mittleren Fehlerquadrates optimal annähert:

$$\sum_{m=0}^{M-1} \sum_{n=0}^{N-1} |f''(m,n) - \sum_{i=0}^{M-1} \sum_{j=0}^{N-1} \hat{f}(i,j)h(m-i,n-j)|^2 \to \min \qquad (4\text{-}7)$$

Bei dieser Art der Restauration wird also der in $f''(m,n)$ enthaltene Störsig-
nalanteil als minimal angenommen. Mit dem Satz von Parseval (Gl.(2-135))
kann Gl.(4-7) auch als Minimierung des Ausdrucks

$$\sum_{k=0}^{M-1} \sum_{l=0}^{N-1} |F''(k,l) - \hat{F}(k,l)H(k,l)|^2 \to \min \qquad (4\text{-}8)$$

geschrieben werden. Hieraus folgt unmittelbar für das Spektrum des restaurierten Bildsignals

$$\hat{F}(k,l) = F''(k,l)H(k,l)^{-1} \qquad (4\text{-}9)$$

d.h., $F(k,l)$ berechnet sich aus $F''(k,l)$ durch Multiplikation mit der zu $H(k,l)$ inversen Filterfunktion $H(k,l)^{-1}$. Setzt man Gl.(4-6) in Gl.(4-9) ein, so ergibt sich

$$\hat{F}(k,l) = F(k,l) + R(k,l)H(k,l)^{-1} \tag{4-10}$$

Wie zu sehen ist, weicht das restaurierte Signal $\hat{f}(m,n)$ bei Vernachlässigung des Störsignals in Gl.(4-5) bzw. Gl.(4-6) vom originalen Signal $f(m,n)$ um ein additives Zufallssignal ab, das sich aus der inversen Fouriertransformation des Störsignalspektrums multipliziert mit der zu $H(k,l)$ inversen Filterfunktion ergibt. Die Abweichung der Spektren zwischen dem nach Gl.(4-9) berechneten Signal $\hat{f}(m,n)$ und dem originalen Signal $f(m,n)$ nimmt insbesondere bei jenen Ortsfrequenzen überhand, bei denen die mit H gedämpften Signalanteile F betragsmäßig kleiner als das Rauschspektrum R sind ($|HF| < |R|$).

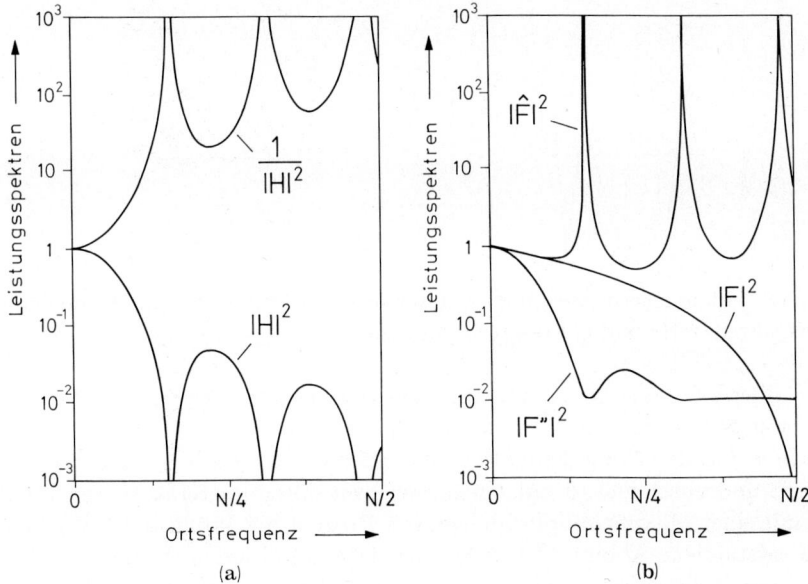

Bild 4.2. Zur inversen Bildfilterung von mit Rauschen überlagerten Bildern. (a) Betragsquadrate der Übertragungsfunktionen, (b) originales, gestörtes und restauriertes Leistungsspektrum.

Dies ist in Bild 4.2 anhand von Halbschnitten der Leistungsspektren von $H(k,l)$, $H(k,l)^{-1}$, $F(k,l)$, $F''(k,l)$ und $\hat{F}(k,l)$ für $k = 0, l \geq 0$ schematisch veranschaulicht. Hierbei wurde willkürlich ein Nutzsignal mit quadratisch abfallendem Amplitudenspektrum und ein Rauschspektrum mit einer mittleren, auf den Gleichanteil von $F(k,l)$ bezogenen konstanten Amplitude $R(k,l) = 0,1\,F(0,0)$ gewählt; als Ortsfrequenzverzerrung in Gl.(4-5) bzw. Gl.(4-6) wurde ein zweidimensionaler Spalttiefpaß mit rechteckförmiger Apertur bzw. mit einer siförmigen Übertragungsfunktion angenommen. Wie aus Bild 4.2 zu ersehen

ist, nimmt das Leistungsspektrum $|\hat{F}(k,l)|^2$ des mit $H(k,l)^{-1}$ invers gefilter-
ten Spektrums $F''(k,l)$ sehr hohe Werte (Pole) bei jenen Ortsfrequenzen an, bei
denen $H(k,l)$ sehr klein (bzw. Null) wird. Bei hohen Ortsfrequenzen, bei denen
die Energie des Nutzsignalspektrums $|F(k,l)|^2$ gleich Null ist, ist die Energie
des im Restaurationsergebnis enthaltenen invers gefilterten Störsignalspektrums
erheblich. Aus diesem Grunde ist nicht zu erwarten, daß sich mit der in Gl.(4-
9) gegebenen direkten inversen Filterung von gestörten Bildsignalen brauchbare
Restaurationsergebnisse erzielen lassen.

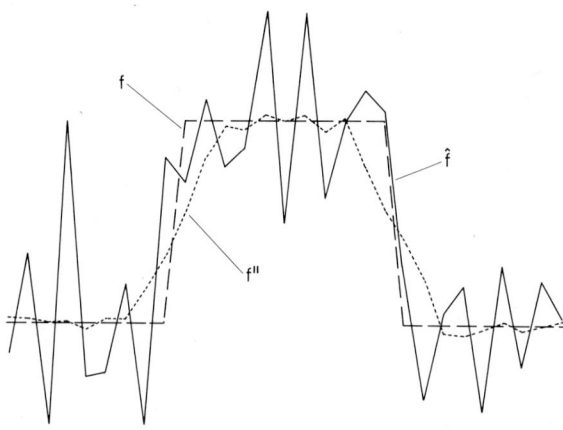

Bild 4.3.   Eindimensionale Simulation zur inversen Filterung; (f) Originalimpuls,
(f'') tiefpaßverzerrtes und ($\hat{f}$) restauriertes Signal.

Die in Bild 4.3 gezeigte eindimensionale Simulation verdeutlicht dies: Ein
Rechteckimpuls wurde im "Ortsbereich" mit einem Spalttiefpaß, d.h. mit einer rechteckförmigen Impulsfunktion mit einer Breite von 5 Abtastwerten verunschärft und anschließend mit einem gleichverteilten mittelwertfreien Zufallssignal mit einer Maximalamplitude von $0,5$ Prozent der Impulshöhe überlagert.
Das so entstandene Abbild f'' wurde anschließend fouriertransformiert, mit der
zu h korrespondierenden inversen Übertragungsfunktion H^{-1} multipliziert und
anschließend durch Rücktransformation das Restaurationsergebnis $\hat{f}$ gewonnen.
Obwohl, wie aus Bild 4.3 ersichtlich, die Flanken der verzerrten Rechteckfunk-
tion f'' mit Hilfe des inversen Filters wieder versteilert werden können, ist das
resultierende Restaurationsergebnis selbst bei der hier als sehr klein angenommenen Rauschstörung mit erheblichen periodischen Fluktuationen überlagert.
Mit Hilfe einer statistischen Analyse kann gezeigt werden, daß die Korrelation
aufeinanderfolgender Fehler fast den Wert -1 annimmt; das Fehlerkriterium
in Gl.(4-7) ist sozusagen blind gegenüber diesem periodischen Störmuster, das
durch die hohe Verstärkung des mit Gl.(4-9) gegebenen inversen Filters insbesondere im Bereich singulärer Stellen und in Ortsfrequenzbereichen mit geringem Signal-zu-Rauschverhältnis hervorgerufen wird (interessant sind in diesem
Zusammenhang auch die Arbeiten /4.3, 4.4/). Um derartige Fluktuationen zu

vermeiden, kann beispielsweise die Maximalamplitude der inversen Restaurationsfilterübertragungsfunktionen begrenzt werden. Dies sei anhand der in Bild 4.4 gezeigten Simulation demonstriert.

Das Testbild 4.4a mit dem in Bild 4.4b gezeigten korrespondierendem Spektrum wurde im Ortsbereich mit einem zweidimensionalen Spalttiefpaß mit einer Impulsantwort von 5×5 Abtastwerten Ausdehnung (vergl. Abschnitt 3.2.1) verunschärft; das Resultat dieser Operation ist in Bild 4.4c bzw. das korrespondierende Ortsfrequenzspektrum in Bild 4.4d dargestellt. Da die Intensitätswerte des originalen sowie des lokal gemittelten Bildsignals jeweils mit einer Genauigkeit von 8 Bit repräsentiert wurden, ergibt sich bei der Mittelwertbildung ein kleiner zufälliger Rundungsfehler von maximal $2\ 10^{-3}$, der als überlagertes, gleichverteiltes, mit dem originalen Signal unkorreliertes Störsignal aufgefaßt werden

(a)   (b)

(c)   (d)

Bild 4.4. Simulation von inversen Filteroperationen. (a) Originalbild, (c) tiefpaßgefiltertes Bild (e) inverses Filterergebnis, (g) wie (e) jedoch mit amplitudenbegrenzter Übertragungsfunktion, (i) wie (a) jedoch mit ausgeblendeten Nullstellen im Spektrum und (b), (d), (f), (h), (j) korrespondierende Spektren.

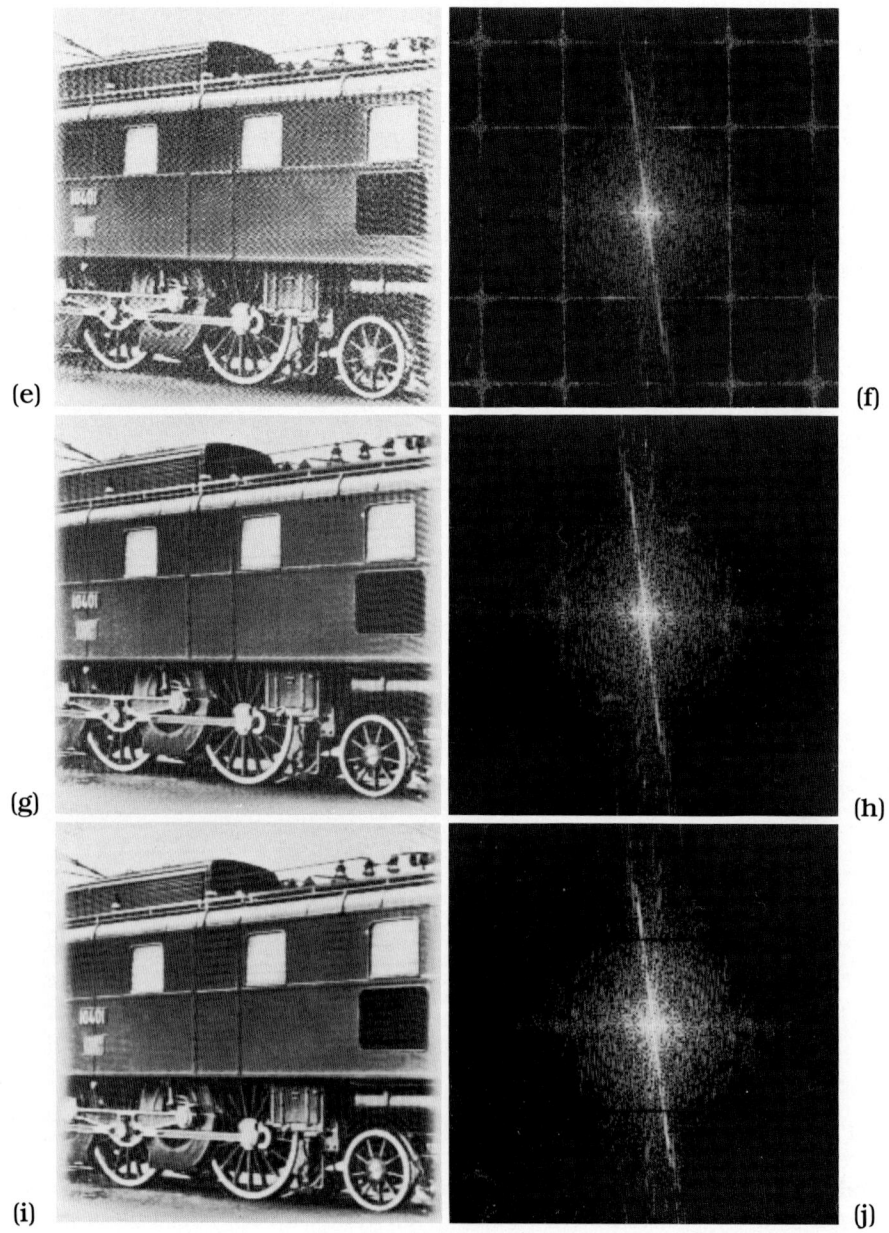

(e)　　　　　　　　　　　　　　　　　　　　　　　　　　　　　(f)

(g)　　　　　　　　　　　　　　　　　　　　　　　　　　　　　(h)

(i)　　　　　　　　　　　　　　　　　　　　　　　　　　　　　(j)

Bild 4.4.　(Fortsetzung).

kann. Wendet man auf das verunschärfte Bild im Ortsfrequenzbereich eine dem Spalttiefpaß inverse Übertragungsfunktion

$$H(k,l)^{-1} = [\text{si}(\pi\Delta mk/M)\text{si}(\pi\Delta nl/N)]^{-1} \qquad (4\text{-}11)$$

mit $\Delta m = \Delta n = 5$ an, und zwar zunächst mit unbegrenzter Verstärkung, so erhält man nach der Rücktransformation das in Bild 4.4e gezeigte Ergebnis. In diesem Bild werden zwar feine Strukturen die in Bild 4.4c nicht mehr zu erkennen waren wieder sichtbar; das Bild ist jedoch ähnlich wie im Simulationsbeispiel von Bild 4.3 mit einem hochfrequenten periodischen Störmuster überlagert, das durch die unbegrenzt hohe Verstärkung des inversen Filters im Bereich der singulären Stellen hervorgerufen wird; dies ist deutlich aus dem zu Bild 4.4e korrespondierenden Spektrum in Bild 4.4f zu erkennen (sind M, N ganzzahlige Vielfache der Spalttiefpaßimpulsbreiten $\Delta m, \Delta n$, so liegen die Pole der inversen Übertragungsfunktion genau in den Abtastwerten - die Energie des dem Restaurationsergebnis überlagerten Störsignals kann dementsprechend unendlich groß werden). Es liegt die Vermutung nahe, daß sich das dem Restaurationsergebnis überlagerte Störsignal mit einer Amplitudenbegrenzung des inversen Filters stark reduzieren läßt. Das in Bild 4.4g dargestellte Simulationsergebnis sowie das hierzu korrespondierende Spektrum in Bild 4.4h bestätigen diese Annahme; als maximale Verstärkung des inversen Filters in Gl.(4-11) wurde hierbei willkürlich der Wert 25 gewählt. Da Tiefpaßverzerrungen von Bildsignalen - wie oben dargelegt - wegen der auftretenden Singularitäten der korrespondierenden inversen Übertragungsfunktionen selbst bei minimalen Störungen im allgemeinen nicht mehr exakt kompensiert werden können, ist es interessant, experimentell den Einfluß des Informationsverlustes bei solchen kritischen Ortsfrequenzen zu untersuchen. Hierzu wurden jene Spektralanteile des in Bild 4.4b gezeigten Spektrums des originalen Bildes 4.4a unterdrückt, deren Ortsfrequenzen weniger als $1,5$ Abtastintervalle von den Nullstellen der Tiefpaßverzerrung (hier: der zweidimensionalen si-Funktion) entfernt waren. Das Ergebnis dieser Operation zeigt Bild 4.4i im Ortsbereich sowie Bild 4.4j im Ortsfrequenzbereich. Im Vergleich zum originalen Bild 4.4a ist zu sehen, daß die eingetretene Qualitätseinbuße sehr gering ist. Auch die Bilder 4.4i und 4.4g sind einander sehr ähnlich, weshalb kaum noch eine wesentliche Verbesserung der in obigem Beispiel ad hoc gemachten Amplitudenbegrenzung des inversen Filters erwartet werden kann.
Obwohl durch intuitive Modifikationen inverser Filter oft befriedigende Ergebnisse bei der Verbesserung nur schwach gestörter Bildsignale erzielt werden können, erfüllen die resultierenden Übertragungsfunktionen das in Gl.(4-5) gegebene Kriterium nicht im optimalen Sinne. Im folgenden Abschnitt wird gezeigt, wie man Randbedingungen bei der Bildrestauration in den Entwurf optimaler Filter miteinbeziehen kann.

4.3 Optimale Constrained-Filter

Wie im vorhergehenden Abschnitt dargelegt, führt die direkte inverse Filterung von Bildsignalen im allgemeinen zu unbrauchbaren Ergebnissen, da (1.) die zu kompensierenden Tiefpaßverzerrungen bei gewissen Ortsfrequenzen sehr kleine Werte (bzw. den Wert Null) annehmen und (2.) reale Bilddaten immer mit breitbandigen Rauschstörungen überlagert sind. Um die Artefaktbildung der direkten inversen Filterung zu vermindern, ist die Definition von einschränkenden Randbedingungen und ihre Berücksichtigung bei der Minimierung der Fehlerkriterien sinnvoll /4.5, 4.6/.

Geht man bei dem in Gl.(4-5) definierten Signalmodell von der Annahme aus, daß nur $f''(m,n)$, $h(m,n)$ und die Gesamtenergie des Störsignals

$$E_r = \sum_{m=0}^{M-1} \sum_{n=0}^{N-1} |r(m,n)|^2 \qquad (4\text{-}12)$$

bekannt sind, so läßt sich das Restaurationsproblem auf folgende Weise definieren: Berechne aus $f''(m,n)$ ein Signal $\hat{f}(m,n)$ so, daß es Gl.(4-5) genügt, wobei die quadratische Abweichung des zu restaurierenden Bildsignals $f''(m,n)$ zum Restaurationsergebnis $\hat{f}(m,n)$ gefaltet mit der Impulsantwort $h(m,n)$ gleich der Störenergie E_r sein soll, d.h.

$$\sum_{m=0}^{M-1} \sum_{n=0}^{N-1} \left[f''(m,n) - \sum_{i=0}^{M-1} \sum_{j=0}^{N-1} \hat{f}(i,j) h(m-i,n-j) \right]^2 \stackrel{!}{=} E_r \qquad (4\text{-}13)$$

Da es für Gl.(4-13) keine eindeutige Lösung gibt, wird diejenige Lösung berechnet, die zusätzlich die Randbedingung (engl. 'constraint' → Randbedingung)

$$\sum_{m=0}^{M-1} \sum_{n=0}^{N-1} \left[\sum_{i=0}^{M-1} \sum_{j=0}^{N-1} \hat{f}(i,j) c(m-i,n-j) \right]^2 \rightarrow \min \qquad (4\text{-}14)$$

erfüllt, wobei $c(m,n)$ ein frei zu wählender Faltungskern ist. Beispielsweise kann mit der Wahl von $c(m,n)$ als Differenzenoperator 1. Ordnung oder als Laplace-Operator (siehe Abschnitt 2.3.2: Örtliche Differenzenbildung) unter Erfüllung von Gl.(4-13) zusätzlich die Energie der Differenzen der 1. bzw. 2. Ordnung im Restaurationsergebnis minimiert werden, um damit fehlerhafte periodische Fluktuationen, wie sie bei der direkten inversen Filterung auftreten zu unterdrücken. Das in Bild 4.5 dargestellte Simulationsergebnis demonstriert dies: Das hier zu filternde tiefpaßverzerrte und gestörte Abbild f'' des ursprünglichen Rechteckimpulses f ist identisch mit dem in Bild 4.3 verwendeten Testsignal f'' (siehe Abschnitt 4.2). Für die Berechnung von $\hat{f}_1$ mit dem Constrained-Filter wurde für c ein Differenzenoperator 2. Ordnung gewählt (z.B. $c(0) = -1$, $c(1) = 2$, $c(2) = -1$ und $c(i) = 0$ für $3 \leq i \leq M-1$). Wie man sieht, werden im Gegensatz zu der direkten inversen Filterung (vergl. Bild 4.3) mit der in Gl.(4-14) gegebenen Einschränkung bei der Lösung von Gl.(4-13) die starken fehlerhaften Signalfluktuationen weitgehend vermieden. Zum Vergleich ist in Bild 4.5 zusätzlich

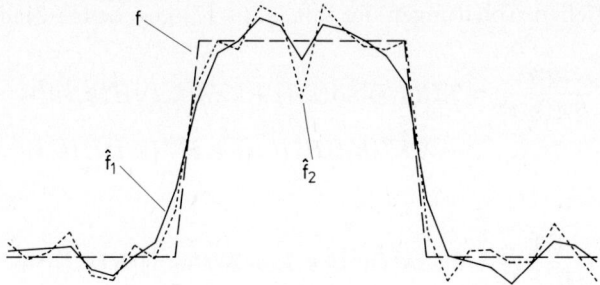

Bild 4.5. Eindimensionale Simulation des Constrained-Filters; (f) Originalimpuls, ($\hat{f}_1$) Restaurationsergebnis des Constrained-Filters, ($\hat{f}_2$) Ergebnis eines amplitudenbegrenzten inversen Filters.

das Ergebnis $\hat{f}_2$ einer inversen Filterung mit einer willkürlich angenommenen Maximalamplitude der Übertragungsfunktion vom Wert 5 dargestellt.

Das optimale Constrained-Filter läßt sich auf einfache Weise im Ortsfrequenzbereich herleiten /4.6/. Mit Hilfe des Faltungssatzes Gl.(2-130) und dem Satz von Parseval Gl.(2-135) folgt aus Gln. (4-12), (4-13) und (4-14)

$$\frac{1}{MN}\sum_{k=0}^{M-1}\sum_{l=0}^{N-1}|F''(k,l)-\hat{F}(k,l)H(k,l)|^2 \overset{!}{=} E_r \qquad (4\text{-}15)$$

$$\text{mit } E_r = \frac{1}{MN}\sum_{k=0}^{M-1}\sum_{l=0}^{N-1}|R(k,l)|^2$$

$$\frac{1}{MN}\sum_{k=0}^{M-1}\sum_{l=0}^{N-1}|C(k,l)\hat{F}(k,l)|^2 \rightarrow \min \qquad (4\text{-}16)$$

Die Restauration führt auf die Berechnung desjenigen Spektrums $\hat{F}(k,l)$, das gleichzeitig die Gln.(4-15) und (4-16) erfüllt. Mit Hilfe der Lagrangeschen Multiplikatormethode (siehe z.B. /4.7/) läßt sich das zu lösende Optimierungsproblem als Minimierung des Ausdrucks

$$\Psi\left(\hat{F}(k,l)\right) = \sum_{k=0}^{M-1}\sum_{l=0}^{N-1}|C(k,l)\hat{F}(k,l)|^2 + \lambda|F''(k,l)-\hat{F}(k,l)h(k,l)|^2 \rightarrow \min$$

$$(4\text{-}17)$$

mit λ als Lagrangescher Multiplikator schreiben. Stellt man das im allgemeinen komplexe Spektrum $\hat{F}(k,l)$ als Real- und Imaginärteil dar

$$\hat{F}(k,l) = A(k,l) + jB(k,l) \qquad (4\text{-}18)$$

bildet die partiellen Ableitungen der mit Gl.(4-17) gegebenen Zielfunktion

$$\frac{\partial \Psi}{\partial A(k,l)} = 2|C(k,l)|^2 A(k,l) + 2\lambda A(k,l)|H(k,l)|^2 -$$
$$- \lambda[F''(k,l)H^*(k,l) + F'''^*(k,l)H(k,l)] \qquad (4\text{-}19)$$

$$\frac{\partial \Psi}{\partial B(k,l)} = 2|C(k,l)|^2 B(k,l) + 2\lambda B(k,l)|H(k,l)|^2 +$$
$$+ \lambda[F''(k,l)H^*(k,l) - F'''^*(k,l)H(k,l)] \qquad (4\text{-}20)$$

und setzt diese gleich Null, so erhält man für das Minimum des Ausdrucks in Gl.(4-17) zwei notwendige Bedingungen für $A(k,l)$ und $B(k,l)$

$$A(k,l) = \frac{\lambda \Re e\{F''(k,l)H^*(k,l)\}}{|C(k,l)|^2 + \lambda|H(k,l)|^2} \qquad (4\text{-}21)$$

$$B(k,l) = \frac{\lambda \Im m\{F''(k,l)H^*(k,l)\}}{|C(k,l)|^2 + \lambda|H(k,l)|^2} \qquad (4\text{-}22)$$

Da die 2. partiellen Ableitungen der mit Gl.(4-17) gegebenen Zielfunktion

$$\frac{\partial^2 \Psi}{\partial A(k,l)^2} = 2|C(k,l)|^2 + 2\lambda|H(k,l)|^2 \qquad (4\text{-}23)$$

$$\frac{\partial^2 \Psi}{\partial B(k,l)^2} = 2|C(k,l)|^2 + 2\lambda|H(k,l)|^2 \qquad (4\text{-}24)$$

größer Null sind und die gemischten partiellen Ableitungen

$$\frac{\partial^2 \Psi}{\partial A(k,l)\partial B(k,l)} = 0 \qquad \frac{\partial^2 \Psi}{\partial B(k,l)\partial A(k,l)} = 0 \qquad (4\text{-}25)$$

gleich Null sind, hat der mit Gl.(4-21) bzw. Gl.(4-22) gegebene Real- bzw. Imaginärteil ein Minimum. Als Lösung für Gl.(4-17) ergibt sich dann mit Gln.(4-18), (4-21) und (4-22)

$$\hat{F}(k,l) = \frac{\lambda H^*(k,l)F''(k,l)}{|C(k,l)|^2 + \lambda|H(k,l)|^2} \qquad (4\text{-}26)$$

Für die Übertragungsfunktion $Q(k,l)$ des Constrained-Filters gilt somit

$$Q(k,l) = \frac{1}{H(k,l)} \frac{\lambda|H(k,l)|^2}{|C(k,l)|^2 + \lambda|H(k,l)|^2} \qquad (4\text{-}27)$$

Für den Lagrangeschen Multiplikator λ erhält man aus Gl.(4-15) und Gl.(4-26) die Bestimmungsgleichung

$$\sum_{k=0}^{M-1} \sum_{l=0}^{N-1} \frac{|F''(k,l)|^2 |C(k,l)|^4}{\left(|C(k,l)|^2 + \lambda |H(k,l)|^2\right)^2} = E_r(\lambda) \qquad (4\text{-}28)$$

die im allgemeinen nicht explizit lösbar ist; λ muß vielmehr iterativ, z.B. mit Hilfe des einfachen Newton-Verfahrens oder des schneller konvergierenden Newton-Raphson-Verfahrens (siehe z.B. /4.8/) aus Gl.(4-28) ermittelt werden (beachte: E_r ist eine monoton fallende Funktion von λ).

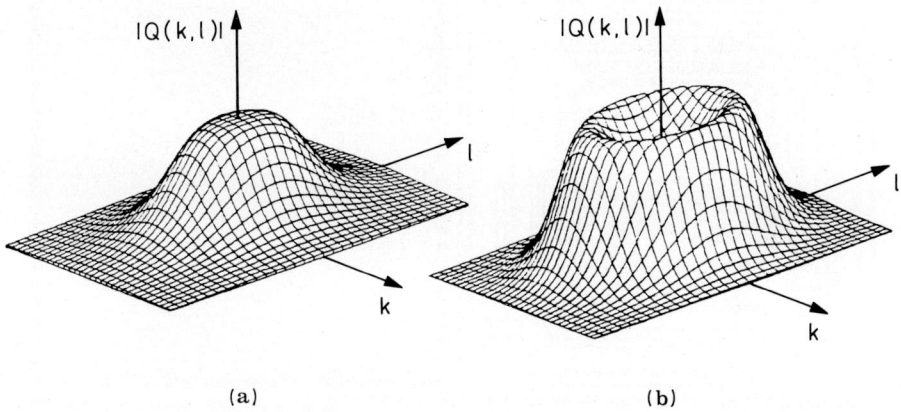

(a)   (b)

Bild 4.6. Zwei typische Übertragungsfunktionen von Constrained-Filtern mit (a) Tiefpaß- und (b) Hochpaßcharakteristik.

Zum besseren Verständnis des Constrained-Filters ist es nützlich, sich einige Spezialfälle zu veranschaulichen:

(a) Für große Werte von λ strebt E_r in Gl.(4-28) gegen Null; die Übertragungsfunktion des Constrained-Filters $Q(k,l)$ in Gl.(4-27) geht in das in Abschnitt 4.1 behandelte inverse Filter $H(k,l)^{-1}$ über.

(b) Für $H(k,l) = 1\ \forall k,l$ zeigt $Q(k,l)$ Tiefpaßverhalten wenn für $C(k,l)$ eine Hochpaßcharakteristik gewählt wird; die Bandbreite des Tiefpasses nimmt mit kleiner werdendem λ, d.h. mit größer werdender Störleistung ab. Ein Beispiel für eine derartige Übertragungsfunktion zeigt Bild 4.6a.

(c) Ist $H(k,l)$ ein Tiefpaß (dies ist bei den meisten technischen Bildgewinnungssystemen der Fall) und wählt man für $C(k,l)$ eine Funktion mit Hochpaßcharakteristik, so kann man $Q(k,l)$ (Gl.(4-27)) als inverses Filter $H(k,l)^{-1}$ und anschließendem Tiefpaßfilter auffassen. Hierdurch werden in der Regel niedrigere Ortsfrequenzen verstärkt, während höhere Ortsfrequenzen gedämpft werden. Ein Beispiel hierfür ist in Bild 4.6b gezeigt. Die Bandbreite von $Q(k,l)$ nimmt mit kleiner werdendem λ, d.h. mit größer werdender Störleistung ab.

(d) Wie in Abschnitt 4.2 erwähnt, ist die direkte inverse Filterung wegen eventuell vorhandener Singularitäten numerisch häufig nicht berechenbar. Mit dem sogenannten pseudoinversen Filter $Q^+(k,l)$ läßt sich diese numerische Instabilität vermeiden. Das pseudoinverse Filter geht aus dem Constrained-Filter in Gl.(4-27) mit $c(m,n) = \delta(m,n)$ bzw. $C(k,l) = 1$ $\forall k,l$ als Spezialfall hervor /2.32/:

$$Q^+(k,l) = \lim_{\lambda \to \infty} \frac{\lambda H^*}{1 + \lambda H^2} \qquad (4\text{-}29)$$

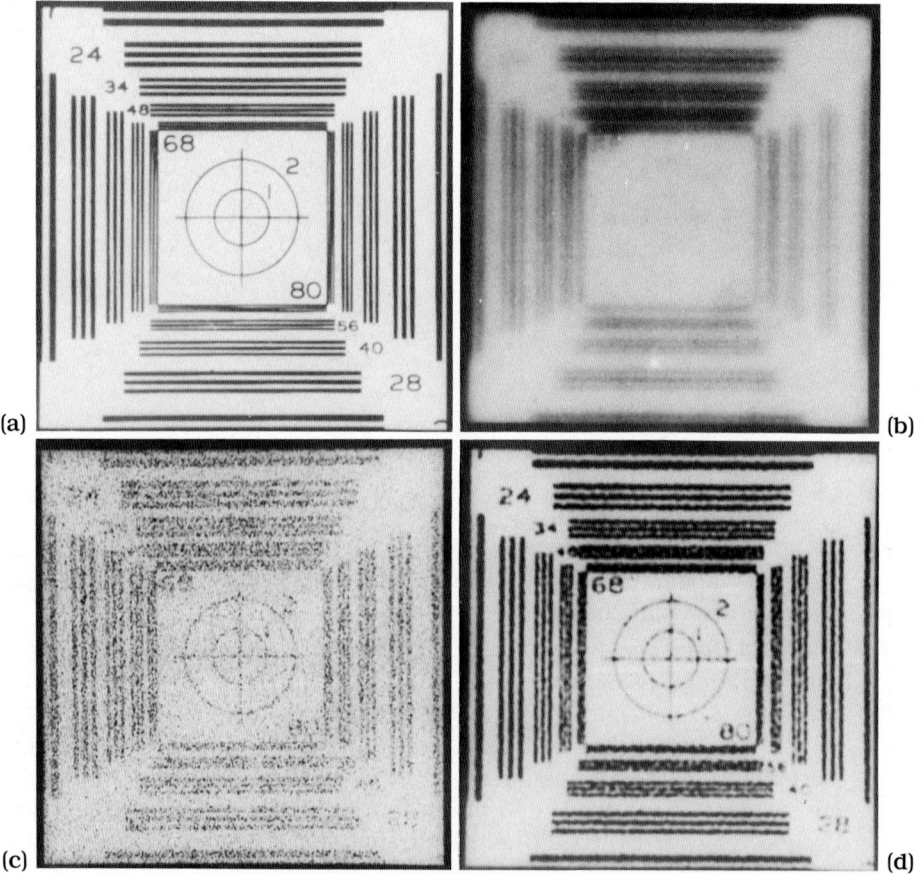

Bild 4.7. Simulationsbeispiel zur Constrained-Filterung. (a) Originalbild; Ergebnis eines direkt inversen Filters (c) und eines Constrained-Filters (d) (aus /4.5/).

Bild 4.7 zeigt ein Beispiel für eine Constrained-Filterung (aus /4.5/). Das Originalbild 4.7a (450×450 Bildelemente) wurde mit der gaußförmigen Impulsantwort

$$h(m,n) = \exp[-(m^2 + n^2)/576]$$

verunschärft und anschließend mit einem im Intervall $\{0, f_{max}/2\}$ gleichverteilten Rauschen additiv überlagert - siehe Bild 4.7b. Bild 4.7c zeigt das Filterergebnis für $\lambda \to \infty$ (inverses Filter). Das Restaurationsergebnis mit gemäß Gl.(4-13) und Gl.(4-14) optimiertem λ zeigt Bild 4.7d. Als 'Constraint' $C(k, l)$ wurde eine rotationssymmetrische, quadratisch ansteigende Funktion (diskretes rotationssymmetrisches Laplace-Filter) gewählt. Ein Vergleich von Bild 4.7c und Bild 4.7d demonstriert sehr anschaulich die höhere Leistungsfähigkeit des Constrained-Filters gegenüber der direkten inversen Bildfilterung. Der Erfolg des Verfahrens hängt jedoch wesentlich von der Wahl eines geeigneten $c(m, n)$ bzw. $C(k, l)$ ab.

Neben der in Gl.(4-14) definierten Randbedingung, die zu Restaurationslösungen führt, deren spektrale Energieverteilungen in der Ortsfrequenzebene gezielt beeinflußt werden können, sind auch andere Kriterien denkbar, wenngleich der dann zu bewältigende Rechenaufwand oft gigantische Größenordnungen annimmt. Ein sinnvolles Kriterium ist beispielsweise das Kriterium der maximalen Entropie. Hierbei geht man von der Vorstellung aus, daß sich jeder Abtastwert des zu berechnenden diskreten Restaurationsergebnisses $\hat{f}(m, n)$ aus diskreten Quanten additiv zusammensetzt. Normiert man $\hat{f}(m, n)$ (ohne Einschränkung der Allgemeinheit) so, daß die Summe sämtlicher Abtastwerte gleich 1 ist, so lassen sich diese beispielsweise als diskrete Wahrscheinlichkeiten für das Eintreffen von Lichtquanten bzw. für das Vorhandensein von Silberkörnern auf einer fotographischen Emulsion interpretieren (siehe z.B. /4.9/). Als einschränkende Randbedingung bei der Restauration läßt sich damit das folgende Entropiekriterium definieren

$$- \sum_{m=0}^{M-1} \sum_{n=0}^{N-1} \hat{f}(m, n) \ln \hat{f}(m, n) \to \max \qquad (4\text{-}30)$$

Unter Berücksichtigung des Signalmodells in Gl.(4-5) kann das zu lösende Restaurationsproblem wiederum mit Hilfe der Lagrangeschen Multiplikatormethode gelöst werden. Mit Gln.(4-12), (4-13) und (4-30) ergibt sich als Optimierungsproblem

$$\Psi = \sum_m \sum_n \hat{f}(m, n) \ln \hat{f}(m, n) + \qquad (4\text{-}31)$$

$$+ \lambda \left[\sum_m \sum_n \left(\sum_\xi \sum_\eta \hat{f}(\xi, \eta) h(m - \xi, n - \eta) - f''(m, n) \right)^2 - E_r \right] \to \min$$

Bildet man die partiellen Ableitungen

$$\frac{\partial \Psi}{\partial \hat{f}(i, j)} = 1 + \ln \hat{f}(i, j) + 2\lambda \sum_m \sum_n h(m - i, n - j) \cdot$$

$$\cdot \left[\sum_\xi \sum_\eta \hat{f}(\xi, \eta) h(m - \xi, n - \eta) - f''(m, n) \right] \overset{!}{=} 0 \qquad (4\text{-}32)$$

und setzt diese gleich Null, so bekommt man als Lösung

$$\hat{f}(i,j) = \exp\left\{-1 - 2\lambda \sum_m \sum_n h(m-i, n-j) \cdot \right.$$

$$\left. \cdot \left[\sum_\xi \sum_\eta \hat{f}(\xi,\eta) h(m-\xi, n-\eta) - f''(m,n)\right]\right\} \qquad (4\text{-}33)$$

Gl.(4-33) ist eine in $\hat{f}(m,n)$ transzendentale Gleichung, die iterativ gelöst werden muß. Aus Gl.(4-33) ist zu sehen, daß das Restaurationsergebnis mit dem in Gl.(4-30) definierten Kriterium immer größer gleich Null ist, was (a) mit den oben gemachten Modellvorstellungen im Einklang steht und (b) damit auf praktisch sinnvolle Lösungen führt, da die meisten Bildsignale inkohärent von Objektszenen gebildet werden, d.h. Energieverteilungen sind und damit $f(m,n) \geq 0$ $\forall m, n$. Das Beispiel in Bild 4.8 (aus /4.9/ - Aufnahme einer Galaxis, überlagert mit atmosphärischen Störungen) zeigt, daß sich mit dem in Gl.(4-30) definierten Entropiekriterium gute Restaurationsergebnisse erzielen lassen.

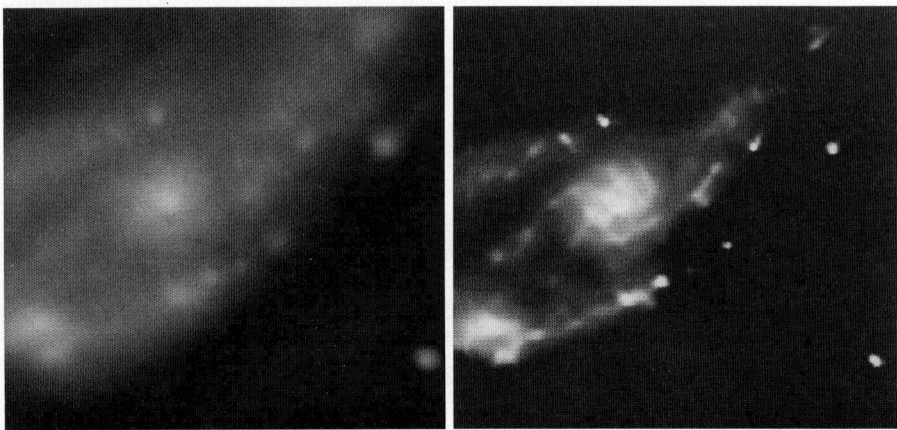

Bild 4.8.   Verarbeitungsbeispiel eines Constrained-Filters mit Entropie-Constraint; links: Original, rechts: Filterergebnis (aus /4.9/).

4.4 Stochastische Bildrestauration (Wienerfilter)

Während die in den vorhergehenden Abschnitten behandelten Restaurationsverfahren jedes ortsfrequenzverzerrte und mit Rauschen überlagerte Bildsignal individuell im optimalen Sinne verbessern, führen stochastische Bildrestaurationsverfahren, wie das im folgenden behandelte Wienerfilter, auf optimale Bildverbesserungen im statistischen Mittel /4.10-4.12/. Hierbei geht man von der Vorstellung aus, daß das originale Bildsignal $f(m,n)$, sowie die überlagerte Störung $r(m,n)$ im Signalmodell der Gl.(4-5) bzw. deren korrespondierende

Spektren in Gl.(4-6) jeweils spezielle Realisierungen zweier signalgenerieren-
der stochastischer Prozesse sind. Beide Prozesse lassen sich mit Hilfe ihrer
Autokorrelationsfunktionen charakterisieren

$$\phi_{ff}(m,n) = \mathcal{E}\{f(s,t)f(s-m,t-n)\} \tag{4-34}$$

$$\phi_{rr}(m,n) = \mathcal{E}\{r(s,t)r(s-m,t-n)\} \tag{4-35}$$

die ein Maß für die statistischen Bindungen der Intensitätswerte benachbarter
Bildpunkte darstellen. Bilder, deren benachbarte Bildpunkte sich im Mittel
nur geringfügig intensitätsmäßig voneinander unterscheiden, besitzen demgemäß
langsam abfallende Autokorrelationsfunktionen; bei Bildszenen der natürlichen
Umwelt reichen die statistischen Bindungen größenordnungsmäßig über 10 bis
30 Bildpunkte hinweg. Zufällig abrupt variierende Signale, wie beispielsweise
Bildern überlagertes Rauschen, haben im allgemeinen eine schnell abklingende
Autokorrelationsfunktion (für weißes Rauschen ist $\phi_{rr}(m,n) = \delta(m,n)$). Das
Ziel der Optimalfilterung im Wienerschen Sinne ist es, unter Ausnutzung der a
priori Kenntnis - oder besser: der Schätzung - von $\phi_{ff}(m,n)$ und $\phi_{rr}(m,n)$ aus
dem gestörten Bildsignal $f''(m,n)$ ein Signal $\hat{f}(m,n)$ mittels eines linearen Filters so zu berechnen, daß die quadratische Abweichung des originalen Bildsignals
$f(m,n)$ vom restaurierten Bildsignal $\hat{f}(m,n)$ im Mittel minimal wird, d.h.

$$\mathcal{E}\{[f(m,n) - \hat{f}(m,n)]^2\} \to \min \tag{4-36}$$

wobei sich das restaurierte Bildsignal wiederum aus der Faltung von $f''(m,n)$
mit der zu bestimmenden Impulsantwort $q(m,n)$ ergibt:

$$\hat{f}(m,n) = \sum_{s=0}^{M-1} \sum_{t=0}^{N-1} f''(s,t)q(m-s,n-t) \tag{4-37}$$

Aus Gl.(4-36) erhält man durch Ausmultiplizieren

$$\mathcal{E}\{f(m,n)^2 - f(m,n)\hat{f}(m,n) - \hat{f}(m,n)f(m,n) + \hat{f}(m,n)^2\} =$$
$$= \mathcal{E}\{f(m,n)^2\} - \mathcal{E}\{f(m,n)\hat{f}(m,n)\} - \mathcal{E}\{\hat{f}(m,n)f(m,n)\} +$$
$$+ \mathcal{E}\{\hat{f}(m,n)^2\} \to \min \tag{4-38}$$

Die Erwartungswerte in Gl.(4-38) lassen sich als Korrelationsfunktionen mit $m =$
0, $n = 0$ interpretieren; für die Minimierungsvorschrift in Gl.(4-36) erhält man
damit

$$\phi_{ff}(0,0) - \phi_{f\hat{f}}(0,0) - \phi_{\hat{f}f}(0,0) + \phi_{\hat{f}\hat{f}}(0,0) \to \min \tag{4-39}$$

Überträgt man Gl.(4-39) in den Fourierbereich, so erhält man mit den zu den
Auto- bzw. Kreuzkorrelationsfunktionen korrespondierenden spektralen Lei-

stungsdichten die folgende Optimierungsvorschrift:

$$\Psi = \sum_k \sum_l \left(\Phi_{ff}(k,l) - \Phi_{f\hat{f}}(k,l) - \Phi_{\hat{f}f}(k,l) + \Phi_{\hat{f}\hat{f}}(k,l) \right) \to \min \qquad (4\text{-}40)$$

Mit der Fourierkorrespondenz für das Wienerfilter

$$q(m,n) \,\circ\!\!-\!\!\bullet\, Q(k,l) = A(k,l) + jB(k,l) \qquad (4\text{-}41)$$

ergeben sich für die spektralen Leistungsdichten in Gl.(4-40) folgende Zusammenhänge:

$$\Phi_{f\hat{f}}(k,l) = Q^*(k,l)\Phi_{ff''}(k,l) \qquad (4\text{-}42)$$

Im Fall unkorrelierter Bild- und Störsignale ergibt sich weiterhin

$$\Phi_{f\hat{f}}(k,l) = Q^*(k,l)H^*(k,l)\Phi_{ff}(k,l) \qquad (4\text{-}43)$$

Aus Gl.(4-43) folgt unmittelbar für $\Phi_{\hat{f}f}(k,l)$

$$\Phi_{\hat{f}f}(k,l) = Q(k,l)H(k,l)\Phi_{ff}^*(k,l) \qquad (4\text{-}44)$$

Für die spektrale Leistungsdichte $\Phi_{\hat{f}\hat{f}}(k,l)$ des geschätzten Signals erhält man

$$\begin{aligned}
\Phi_{\hat{f}\hat{f}}(k,l) &= |Q(k,l)|^2 \Phi_{f''f''}(k,l) \\
&= |Q(k,l)|^2 \left\{ \Phi_{f'f'}(k,l) + \Phi_{rr}(k,l) \right\} \\
&= |Q(k,l)|^2 \left\{ |H(k,l)|^2 \Phi_{ff}(k,l) + \Phi_{rr}(k,l) \right\}
\end{aligned} \qquad (4\text{-}45)$$

Aus Gl.(4-40) erhält man mit Gln.(4-43), (4-44), (4-45) und (4-41)

$$\begin{aligned}
\Psi\left(A(k,l),B(k,l)\right) = \sum_{k=0}^{M-1} \sum_{l=0}^{N-1} \Big\{ &\Phi_{ff}(k,l) - Q^*(k,l)H^*(k,l)\Phi_{ff}(k,l) - \\
-Q(k,l)H(k,l)\Phi_{ff}^*(k,l) &+ |Q(k,l)|^2 \big[|H(k,l)|^2 \Phi_{ff}(k,l) + \\
&+ \Phi_{rr}(k,l) \big] \Big\} \to \min
\end{aligned} \qquad (4\text{-}46)$$

Durch Bilden der partiellen Ableitungen $\partial\Psi/\partial A(k,l)$ und $\partial\Psi/\partial B(k,l)$ und Nullsetzen derselben

$$\begin{aligned}
\frac{\partial\Psi}{\partial A(k,l)} = -\,&H^*(k,l)\Phi_{ff}(k,l) - H(k,l)\Phi_{ff}^*(k,l) + \\
&+ 2A(k,l)\big[|H(k,l)|^2 \Phi_{ff}(k,l) + \Phi_{rr}(k,l) \big] \stackrel{!}{=} 0
\end{aligned} \qquad (4\text{-}47)$$

$$\frac{\partial \Psi}{\partial B(k,l)} = jH^*(k,l)\Phi_{ff}(k,l) - jH(k,l)\Phi_{ff}^*(k,l) +$$

$$+ 2B(k,l)\left[|H(k,l)|^2\Phi_{ff}(k,l) + \Phi_{rr}(k,l)\right] \overset{!}{=} 0 \qquad (4\text{-}48)$$

erhält man für den Realteil $A(k,l)$ und den Imaginärteil $B(k,l)$ des Wienerschen Optimalfilters die beiden Bestimmungsgleichungen

$$A(k,l) = \frac{\Re e\{H^*(k,l)\Phi_{ff}(k,l)\}}{|H(k,l)|^2\Phi_{ff}(k,l) + \Phi_{rr}(k,l)} \qquad (4\text{-}49)$$

$$B(k,l) = \frac{\Im m\{H^*(k,l)\Phi_{ff}(k,l)\}}{|H(k,l)|^2\Phi_{ff}(k,l) + \Phi_{rr}(k,l)} \qquad (4\text{-}50)$$

Mit Hilfe der zweiten partiellen Ableitungen von Gl.(4-46) nach $A(k,l)$ und $B(k,l)$ läßt sich sofort zeigen, daß für

$$|H(k,l)|^2\Phi_{ff}(k,l) + \Phi_{rr}(k,l) > 0 \qquad (4\text{-}51)$$

der mit Gl.(4-49) bzw. mit Gl.(4-50) gegebene Real- bzw. Imaginärteil auf das gewünschte Minimum in Gl.(4-36) führt. Für die Übertragungsfunktion des Wienerfilters ergibt sich damit schließlich als geschlossene Lösung

$$Q(k,l) = \frac{1}{H(k,l)} \frac{|H(k,l)|^2\Phi_{ff}(k,l)}{|H(k,l)|^2\Phi_{ff}(k,l) + \Phi_{rr}(k,l)} \qquad (4\text{-}52)$$

Wie aus Gl.(4-52) hervorgeht, läßt sich das Wienersche Optimalfilter $Q(k,l)$ als Hintereinanderschaltung des in Abschnitt 4.1 behandelten inversen Filters $H(k,l)^{-1}$ mit einem nachfolgenden Filter, das die spektralen Leistungsdichten der angenommenen Signal- und Störprozesse berücksichtigt, auffassen. Für $\Phi_{rr}(k,l) \rightarrow 0$ geht $Q(k,l)$ direkt in das inverse Filter $H(k,l)^{-1}$ über. Für $\Phi_{f''f''}(k,l) = |H(k,l)|^2\Phi_{ff}(k,l) \ll \Phi_{rr}(k,l)$ strebt $Q(k,l)$ gegen Null. D.h., das Wienerfilter kompensiert die Ortsfrequenzverzerrungen des zu restaurierenden Bildsignals in denjenigen Ortsfrequenzbereichen, für die $\Phi_{f''f''}(k,l) \gg \Phi_{rr}(k,l)$ ist, durch inverse Filterung; bei Ortsfrequenzen mit $\Phi_{f''f''}(k,l) \ll \Phi_{rr}(k,l)$ - dies ist in realen Fällen insbesondere bei eventuellen Singularitäten von $H(k,l)^{-1}$ und bei hohen Ortsfrequenzen der Fall - sperrt das Filter, d.h. die spektralen Abtastwerte des restaurierten Signals nehmen in diesen Bereichen sehr kleine Werte an.

Dieses prinzipielle Verhalten verdeutlicht die in Bild 4.9 gezeigte Simulation. Ein Signal mit dem Leistungsspektrum $|F(k,l)|^2$ (hier zugleich als spektrale Leistungsdichte $\Phi_{ff}(k,l)$ angenommen) wurde mit einem Spalttiefpaß amplitudenverzerrt ($|F(k,l)|^2$ und $|H(k,l)|^2$ wie in der Simulation von Abschnitt 4.2, Bild 4.2) und anschließend mit jeweils konstanten Störleistungspegeln von $\Phi_{rr}(k,l) = 0,1, \quad 0,01,$ und $0,001$ (bezogen auf den Gleichanteil von $|F(k,l)|^2$)

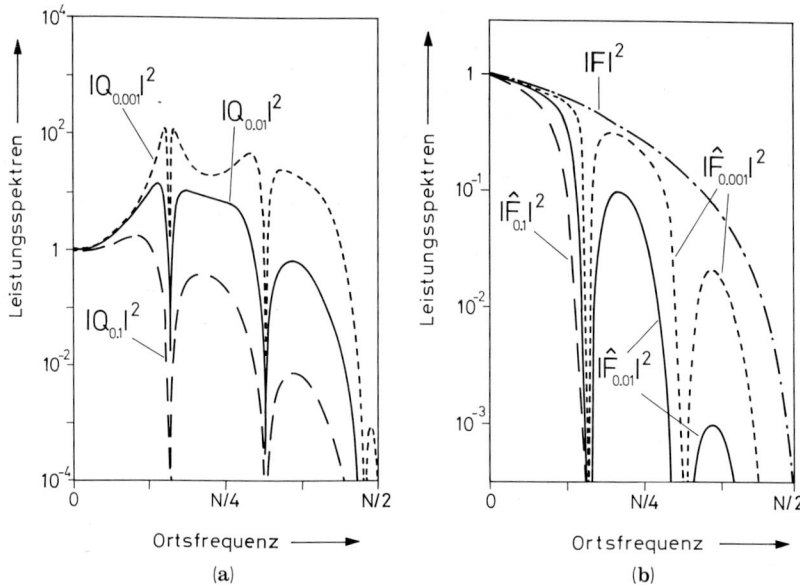

Bild 4.9.   Zum prinzipiellen Verhalten des Wienerfilters. (a) Betragsquadrate der
Übertragungsfunktionen, (b) Leistungsspektren der restaurierten Signale.

additiv überlagert. Bild 4.9a zeigt die Betragsquadrate der zu diesen Störpe-
geln korrespondierenden Wienerfilter. Wie zu sehen ist, hat das Wienerfilter
für relativ niedere Störsignalenergien bei niederen Ortsfrequenzen Hochpaßcha-
rakter, während mit zunehmender Störleistung die Bandbreite reduziert wird;
an den singulären Stellen sperrt das Wienerfilter (vergl. $|Q_{0,01}|^2$ mit dem direk-
ten inversen Filter in Bild 4.2a). Die Leistungsspektren $|\hat{F}|^2$ der entsprechenden
Restaurationsergebnisse sind in Bild 4.9b dargestellt.
In Bild 4.10 ist ein Simulationsergebnis für $H(k,l) = 1 \; \forall k,l$ dargestellt.
Das originale Bildsignal mit korrespondierendem Spektrum zeigen die Bilder
3.12a,b; die Bilder 3.12c,d zeigen das gestörte, zu restaurierende Bild (Parameter: vergl. Abschnitt 3.3.1), sowie das korrespondierende Spektrum. Bei dem
in Bild 4.10a gezeigten Simulationsergebnis und dem korrespondierenden Spektrum in Bild 4.10b wurde zunächst von der (unrealistischen) Annahme ausge-
gangen, daß das Leistungsspektrum des originalen Bildsignals a priori bekannt
sei ($\Phi_{ff}(k,l) = |F(k,l)|^2$); für das Rauschleistungsspektrum wurde ein konstan-
ter Wert angenommen, der sich rechnerisch aus der simulierten Störung ergab.
Das zu restaurierende Signal in Bild 3.12c wurde in den Ortsfrequenzbereich
transformiert, dort mit der in Gl.(4-52) gegebenen Übertragungsfunktion multipliziert und anschließend wieder in den Ortsbereich zurücktransformiert. Wie in
Bild 4.10a zu sehen ist, lassen sich damit die starken Störungen von Bild 3.12c
bei gleichzeitiger Erhaltung von Kantenstrukturen relativ gut unterdrücken. Im
Vergleich zu den im Abschnitt 3.3 diskutierten ad hoc Methoden, lassen sich mit
dem Wienerschen Optimalfilter oft wesentlich günstigere Bildverbesserungen er-

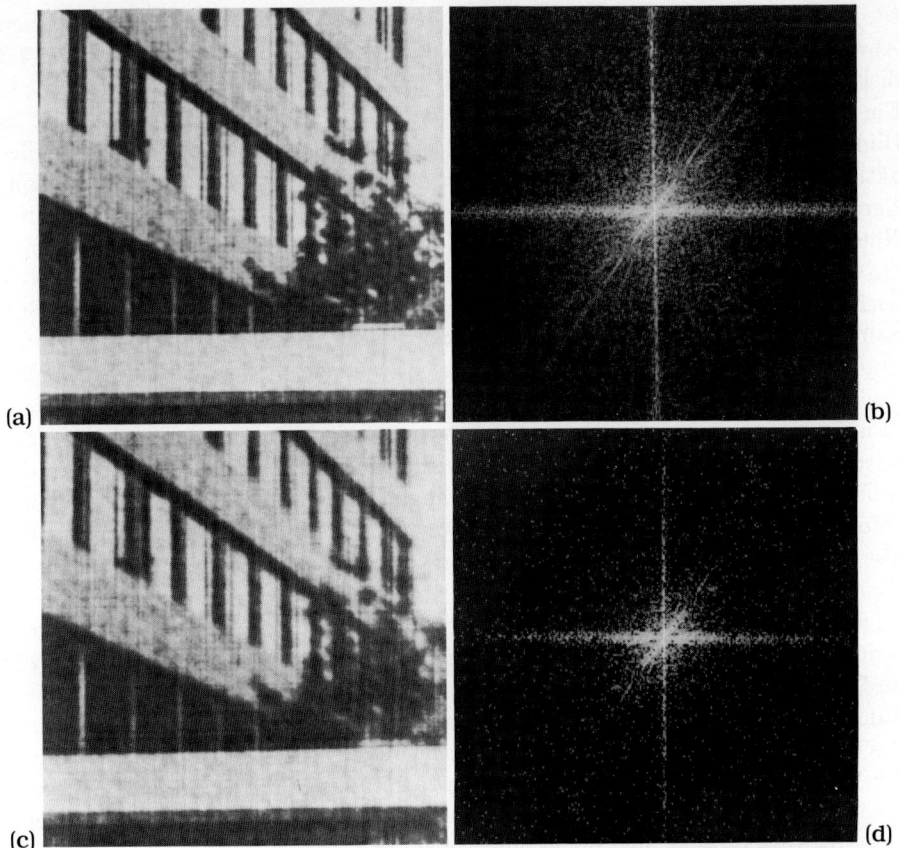

Bild 4.10. Restaurationsergebnisse mit Wienerfiltern unter Verwendung (a) eines berechneten und (c) eines aus dem gestörten Signal geschätzten Leistungsspektrums als Signalmodell; (b), (d) zu (a), (c) korrespondierende Ortsfrequenzspektren.

zielen. Vergleicht man die Spektren in Bild 3.12b, 3.12d und 4.10b, so sieht man, daß das Wienerfilter im gezeigten Simulationsbeispiel wie ein selektiver Tiefpaß wirkt, der im Spektrum des restaurierten Bildes nur jene Anteile erhält, in denen die Störenergie gegenüber der Energie des ursprünglichen Signals klein ist.

Da die spektralen Leistungsdichten $\Phi_{ff}(k,l)$ und $\Phi_{rr}(k,l)$ bzw. die entsprechenden Autokorrelationsfunktionen $\phi_{ff}(m,n)$ und $\phi_{rr}(m,n)$ im allgemeinen a priori nicht bekannt sind, wurde in der in Bild 4.10c bzw. Bild 4.10d dargestellten Simulation die spektrale Leistungsdichte $\Phi_{ff}(k,l)$ aus dem gestörten Bildsignalspektrum $F''(k,l)$ mittels Pruning-Filterung (vergl. Abschnitt 3.3.2) ermittelt. Die spektrale Leistungsdichte $\Phi_{rr}(k,l)$ der Rauschstörung wurde wiederum als konstant (weiß) angenommen; die Amplitude wurde aus Spektralwerten des gestörten Bildes bei hohen Ortsfrequenzen geschätzt. Wie zu sehen ist, können mit dem Wienerfilter auch mit wenig a priori Wissen sowohl qualitativ (d.h.

subjektiv visuell) als auch quantitativ (im Sinne der mittleren quadratischen Abweichung) bessere Ergebnisse erzielt werden, als dies mit den in Abschnitt 3.3 diskutierten heuristischen Methoden möglich ist.

Ein weiteres Restaurationsbeispiel für die Wienersche Optimalfilterung ist in Bild 1.2c,d anhand eines Knochenszintigramms, d.h. einer Abbildung der radioaktiven Substanz im Knochengewebe, dargestellt (aus /2.34/). Obwohl bei szintigraphischen Aufnahmen aufgrund des nuklearen Zerfallsprozesses Stör- und Nutzsignal voneinander abhängig sind (Poissonstatistik: Signalvarianz ist proportional zum Signalmittelwert) und damit die Voraussetzungen für das Wienerfilter nicht mehr erfüllt sind, lassen sich vereinfacht auf der Basis des Signalmodells der Gl.(4-5) bzw. Gl.(4-6) mit dem Wienerschen Optimalfilter sehr brauchbare Restaurationsergebnisse erzielen, wie Bild 1.2d zeigt. Zur Schätzung der spektralen Leistungsdichte $\Phi_{ff}(k,l)$ wurde hier modellhaft von der Projektion einer homogenen Kugelstruktur ausgegangen, deren Durchmesser etwa der mittleren Dicke der Schädeldecke entspricht. Die spektrale Leistungsdichte des Störsignals $\Phi_{rr}(k,l)$ wurde als konstant angenommen; die Tiefpaßcharakteristik (Modulationsübertragungsfunktion) $H(k,l)$ des Bildgewinnungssystems wurde als Gaußtiefpaß modelliert und die Bandbreite aus Messungen mit kantenförmigen Testobjekten (siehe Abschnitt 4.1) experimentell ermittelt. Bild 4.11 zeigt die resultierende Wienersche Übertragungsfunktion. Ähnlich wie im Simulationsbeispiel in Bild 4.9 werden bei niederen und mittleren Ortsfrequenzen die Tiefpaßeigenschaften des Bildaufnahmesystems durch entsprechende Verstärkung näherungsweise kompensiert, während hohe Ortsfrequenzanteile aufgrund des niederen Nutz/Störsignalverhältnisses unterdrückt werden. Das in Bild 1.2c,d gezeigte Restaurationsbeispiel wurde mittels rekursiver Filterung (Grad 2 - siehe Abschnitt 2.3.7) im Ortsbereich realisiert; diese Vorgehensweise empfiehlt sich aus Aufwandsgründen insbesondere bei der Verarbeitung großer Bildserien.

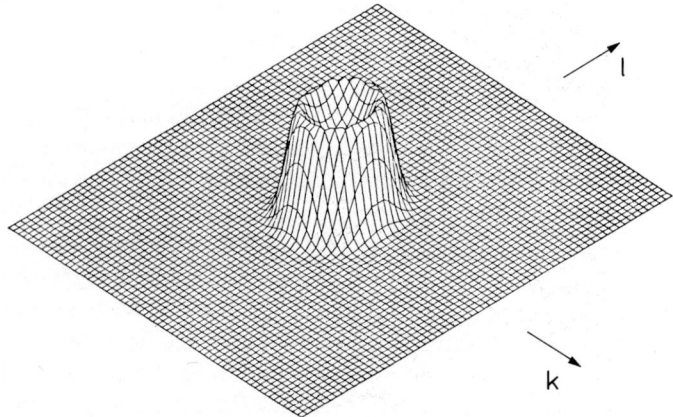

Bild 4.11.   Für tiefpaßverzerrte und mit Störungen überlagerte Bilder typische Wienerfilterübertragungsfunktion.

Die oben erwähnte Abhängigkeit zwischen Nutz- und Störsignal kann auf einfache Weise formal bei der Berechnung des Wienerfilters berücksichtigt werden /4.13, 4.14/. Hierbei geht man von dem gegenüber Gl.(4-5) modifizierten Signalmodell

$$f''(m,n) = f'(m,n) + \mathrm{T}[f'(m,n)]r(m,n) \qquad (4\text{-}53)$$

$$\text{mit } f'(m,n) = f(m,n) \; * * \; h(m,n) \qquad (4\text{-}54)$$

aus, wobei $\mathrm{T}[\,.\,]$ eine im allgemeinen nichtlineare Punktoperation ist. Das mit der Funktion $f^+(m,n) = \mathrm{T}[f'(m,n)]$ modulierte und additiv überlagerte Störsignal führt dann auf die ortsinvariante Wienersche Übertragungsfunktion

$$Q(k,l) = \frac{1}{H(k,l)} \frac{|H(k,l)|^2 \Phi_{ff}(k,l)}{|H(k,l)|^2 \Phi_{ff}(k,l) + \Phi_{f^+ f^+}(k,l) \; * * \; \Phi_{rr}(k,l)} \qquad (4\text{-}55)$$

wobei $\Phi_{f^+ f^+}(k,l)$ die spektrale Leistungsdichte des Signals $f^+(m,n)$ ist:

$$\Phi_{f^+ f^+}(k,l) \; \circ\!\!-\!\!\bullet \; \phi_{f^+ f^+}(m,n) = \mathcal{E}[f^+(s+m,t+n)f^+(s,t)] \qquad (4\text{-}56)$$

4.5 Ortsvariante Bildrestauration

Während es für die diskutierten ortsinvarianten Restaurationsverfahren bereits eine Fülle von nützlichen Anwendungen gibt, erfreuen sich ortsvariante Methoden nur sehr zögernd einer breiteren Anwendung. Dies liegt zum einen an teilweise noch ungelösten theoretischen Fragen zum Verhalten ortsvarianter Systeme, zum anderen am Aufwand, der bei der Realisierung solcher Systeme vielfach erforderlich ist. Für die Einführung ortsvarianter Restaurationsmethoden gibt es unter anderem folgende Gründe /4.15/:

(1) Viele Bildgewinnungssysteme haben ortsvariante Systemeigenschaften, beispielsweise örtlich sich veränderndes Auflösungsvermögen. Derartige Ortsfrequenzverzerrungen von Bildsignalen können mit entsprechend ortsvarianten inversen Filtern zumindest teilweise kompensiert werden.

(2) Spezielle Bildgewinnungssysteme (beispielsweise tomographische Abbildungssysteme) liefern Bilder in einer ortsvariant codierten Form; damit diese visuell interpretierbar werden, muß eine ortsvariante Decodierung (Filterung) erfolgen /4.16/.

(3) Die stochastischen Signaleigenschaften von Bildern sind örtlich variabel; Signalschätzverfahren zur Restaurierung gestörter Bildsignale sollten sich deshalb an die ortsvarianten Signaleigenschaften adaptieren lassen.

(4) Oft sind Bildsignale mit signalabhängigen Störungen überlagert, haben also ein örtlich variierendes Nutz/Störsignalverhältnis; dieses sollte bei der Restaurierung des Nutzsignals mitberücksichtigt werden.

Fall (1) und (2) führen jeweils auf die Realisierung sogenannter ortskoordinatenabhängiger linearer Filter. Diese verändern ihr Ortsfrequenzübertragungsverhalten als Funktion von den Ortskoordinaten. Fall (3) und (4) erfordern

Filter, deren Übertragungsverhalten von den zu filternden Bildsignalen selbst abhängig ist. Hierbei handelt es sich um sogenannte signaladaptive Verfahren. Im folgenden werden zwei aufwandsgünstige Lösungsmöglichkeiten zur Realisierung ortsvarianter Restaurationsverfahren vorgestellt.

4.5.1 Ortsvariante Bildrestauration mit Hilfe von Koordinatentransformationen

Eine geeignete Beschreibung einer ortsvarianten Ortsfrequenzfilterung ist die ortsabhängige Form der Impulsantwort $h(x, y, \xi, \eta)$ bzw. deren korrespondierende Übertragungsfunktion $H(u, v, \xi, \eta)$. Sie kann beispielsweise experimentell aus den Antworten auf Impulse $\delta(\xi, \eta)$ am Eingang eines Bildgewinnungssystems bestimmt werden, wobei die Ortskoordinaten ξ, η systematisch verändert werden. Ist diese "Abtastung" nach Punktpositionen dicht genug, wird die Ortsabhängigkeit vollständig erfaßt. Gelingt es mit einer Koordinatentransformation diese Ortsabhängigkeit der Form aufzuheben, so läßt sich die ortsvariante Filterung auf eine ortsinvariante Filterung in geeigneten Koordinaten zurückführen /4.17-4.19/ und kann, wie Bild 4.12 zeigt, durch eine Kombination der Koordinatentransformationen $x' = C_1(x)$, $y' = C_2(y)$, $x = C_1^{-1}(x')$, $y = C_2^{-1}(y')$ und der ortsinvarianten Filterung $H(u', v')$ (bzw. Faltung mit $h(x' - \xi', y' - \eta')$) beschrieben werden.

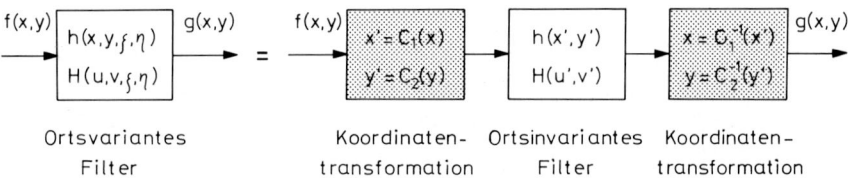

Ortsvariantes   Koordinaten-   Ortsinvariantes   Koordinaten-
Filter   transformation Filter   transformation

Bild 4.12.   Zur ortsvarianten Bildfilterung mit Hilfe von Koordinatentransformationen.

Bei der Rückrechnung des ursprünglichen Signals $f(x, y)$ aus dem ortsvariant ortsfrequenzverzerrten Signal $g(x, y)$ durchläuft man die Koordinatentransformationen und die zur ortsinvarianten Ortsfrequenzverzerrung $H(u', v')$ inverse Filterung $H(u', v')^{-1}$ in umgekehrter Reihenfolge, wobei bei der digitalen Verarbeitung die Koordinatentransformationen und die inverse Filterung jeweils als diskrete Approximationen des kontinuierlichen Falls zu realisieren sind. Ein mathematisches Verfahren, mit dem allgemein aus der Ortsvarianz der Punktantwort eine geeignete Koordinatentransformationen abgeleitet bzw. deren Existenz bewiesen werden kann, ist zur Zeit nicht bekannt.

BEISPIEL: Ortsvariante inverse Filterung

Für ortsvariante Verwischungen, wie sie beispielsweise bei der Aufnahme bewegter Objekte auftreten, lassen sich die erforderlichen Koordinatentransforma-

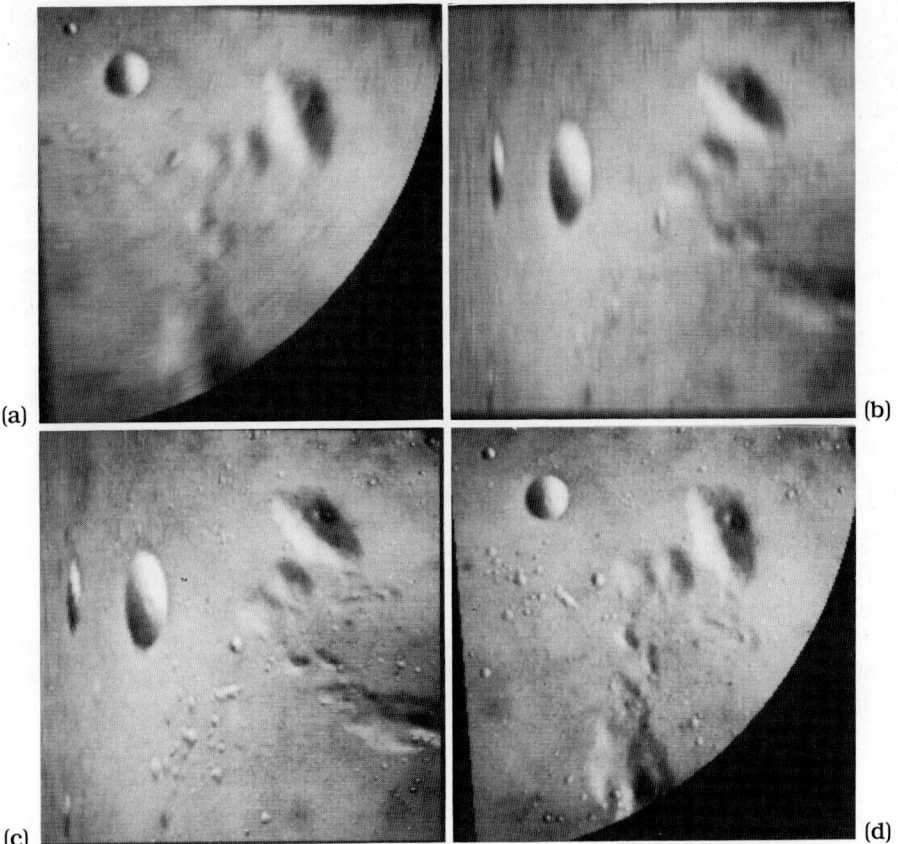

(a)   (b)

(c)   (d)

Bild 4.13. Simulationsbeispiel einer ortsvarianten inversen Filteroperation mit Hilfe
von Koordinatentransformationen (aus /4.18/).

tionen oft durch eine Analyse der Bildaufnahmegeometrie ermitteln. Dies sei
anhand des Simulationsbeispiels (aus /4.18/) in Bild 4.13 verdeutlicht.
Bild 4.13a zeigt einen Ausschnitt der während der Aufnahme mit konstanter
Winkelgeschwindigkeit rotierenden Mondoberfläche mit der oberen linken Bildecke als Drehpunkt. Da die resultierende Verunschärfung vom Abstand zum
Drehpunkt abhängt, liegt eine ortsvariante Ortsfrequenzverzerrung vor (peri-
pher liegende Details sind stärker verwischt als zentral liegende). Die Anwendung einer Polarkoordinatentransformation führt auf die in Bild 4.13b gezeigte Darstellung mit Radius als Abszisse und Winkel als Ordinate. Da bei
der Verunschärfung in Bild 4.13a einzelne Bildpunkte als Kreisbögen unterschiedlicher Länge aber konstantem Winkel abgebildet sind, gehen diese in vertikale linienhafte Verwischungen konstanter Länge im Polarkoordinatensystem
von Bild 4.13b über. Diese ortsinvariante Verzerrung kann nun mit den in
den vorhergehenden Abschnitten diskutierten ortsinvarianten Restaurationsme-

thoden entzerrt werden. Eine ortsinvariante Restauration, angewandt auf Bild
4.13b zeigt Bild 4.13c. Transformiert man Bild 4.13c wieder in das ursprüngliche
Koordinatensystem zurück, so erhält man das in Bild 4.13d dargestellte Restaurationsergebnis von Bild 4.13a.

Es sei abschließend bemerkt, daß mit der oben beschriebenen Vorgehensweise
der ortsvarianten Bildrestauration auch ortsvariant ortsfrequenzverzerrte Bilder
die zusätzlich mit Störsignalen überlagert sind, verbessert werden können. Hierbei ist allerdings zu beachten, daß eventuelle homogene Eigenschaften der Nutz-
und Störsignale durch die auszuführenden Koordinatentransformationen im allgemeinen inhomogen werden und damit die Anwendung der in den vorhergehenden Abschnitten diskutierten ortsinvarianten Filterverfahren zusammen mit den
Koordinatentransformationen nicht notwendigerweise zu Bildverbesserungen im
optimalen Sinne führen.

4.5.2 Ortsvariante rekursive Bildrestauration mit Filtertabellen

Während mit den direkt im Ortsfrequenzbereich realisierten linearen Filtern nur
ortsinvariante Filteroperationen möglich sind, die unabhängig von den jeweiligen Ortskoordinaten und dem Bildsignal selbst überall gleichermaßen auf das
zu verarbeitende Bild wirken, lassen sich im Ortsbereich durch Verändern der
Abtastwerte der Impulsantworten auf sehr einfache Weise ortsvariante bzw. signalabhängige Filterungen durchführen /2.34/.

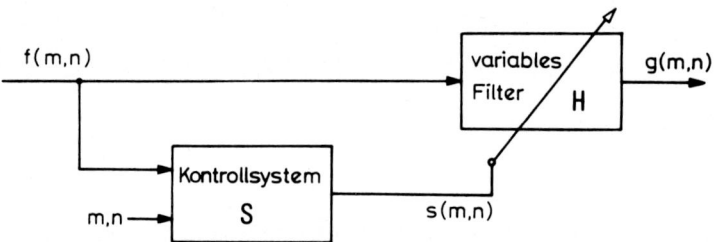

Bild 4.14. Zur Struktur ortsvarianter/signaladaptiver Filter.

Bild 4.14 zeigt allgemein eine ortsvariante, signalabhängige Filterstruktur. Aus
dem zu filternden, diskreten Bildsignal $f(m,n)$ und/oder den Ortskoordinaten
m, n (je nachdem, ob das Übertragungsverhalten des Filters vom Signal, von
den Ortskoordinaten oder von beidem abhängig sein soll) wird mit Hilfe eines
Kontrollsystems S eine Steuergröße $s(m,n)$ abgeleitet, die die Übertragungseigenschaften des variablen Filters H für jeden Bildpunkt mit den Koordinaten-
indizes m, n festlegt. Die Systemeigenschaften von S und H sind entsprechend
dem speziell zu lösenden Restaurationsproblem auszulegen. Für die Realisierung
ortsvarianter Systeme mit weit ausgedehnten Impulsantworten eignet sich die in
Abschnitt 2.3.7 erwähnte rekursive Filterung. Hierbei kann die Variabilität des

Filters H in Bild 4.14 durch bildpunktweises Verändern von Filterkoeffizienten erreicht werden. Gl.(2-188) geht demgemäß in die Differenzengleichung

$$g(m,n) = \sum_{k=0}^{K_a}\sum_{l=0}^{L_a} a_{kl}^i f(m-k,n-l) - \sum_{\substack{k=0 \\ k+l\neq 0}}^{K_b}\sum_{l=0}^{L_b} b_{kl}^i g(m-k,n-l) \qquad (4\text{-}57)$$

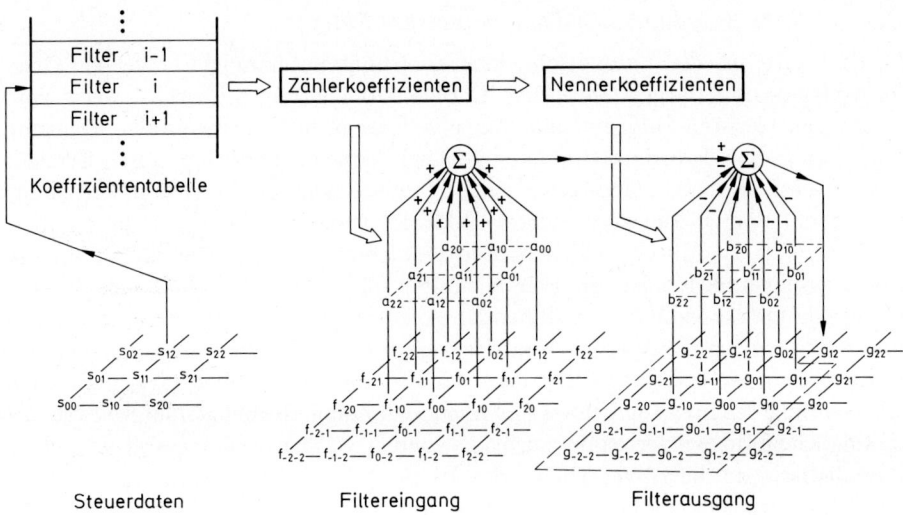

Bild 4.15. Prinzip der rekursiven ortsvarianten Bildfilterung nach dem Filtertabellenprinzip (aus /2.34/).

mit $i = s(m,n)$ als Nummer des in m,n anzuwendenden Koeffizientensatzes (a_{kl}^i, b_{kl}^i) des Filters i über. Die vor der Filterung zu entwerfenden Filterkoeffizienten a_{kl}^i, b_{kl}^i (vergl. Abschnitt 2.3.7) bestimmen in Abhängigkeit von der Steuergröße $s(m,n)$ am Ort m,n das Übertragungsverhalten von H. Im allgemeinen müßte für jeden Bildpunkt ein geeigneter Filterkoeffizientensatz (a_{kl}^i, b_{kl}^i) entworfen werden, was jedoch aus Aufwandsgründen nicht durchführbar ist. Bei der Realisierung ist es daher sinnvoll, die Mannigfaltigkeit der Koeffizienten einzuschränken; das ortsvariante Filter wird hierbei in wenige, bildbereichsweise ortsinvariante Filter zerlegt. Dies kann als grobe Quantisierung von $s(m,n)$ aufgefaßt werden.

In Bild 4.15 ist der Zusammenhang zwischen Ein/Ausgangsbilddaten, Steuergröße und Filterkoeffizienten graphisch veranschaulicht. Die Steuerdaten wählen aus der Filtertabelle mit vorentworfenen Filterkoeffizienten für jeden Bildpunkt den gemäß einem problemangepaßten Kriterium jeweils optimalen Koeffizientensatz aus, der dann Ein- mit Ausgangsbilddaten arithmetisch verknüpft. Die Ortsvarianz von H wird mit einer einfachen Indizierung der Filterkoeffizienten erreicht, was nur unerheblich mehr Aufwand bei der Rekursion bedeutet (die

Begriffe Zähler- und Nennerkoeffizienten in Bild 4.15 stammen aus der Signaltheorie und weisen darauf hin, daß mit rekursiven Filtern gebrochen rationale
Übertragungsfunktionen realisiert werden - siehe z.B. /2.36/). Mittels Rekursion
in verschiedene Richtungen können so ortsvariante Nullphasensysteme, d.h. Systeme mit zum Koordinatenursprung punktsymmetrischen Impulsantworten realisiert werden. Die beiden folgenden Beispiele mögen das oben beschriebene
Prinzip verdeutlichen.

BEISPIEL 1: Koordinatenabhängiges inverses Filter

In Bild 4.16 ist die Simulation einer koordinatenabhängigen inversen Ortsfrequenzfilterung dargestellt. Das in Bild 4.16a gezeigte Testbild weist vom
linken zum rechten Bildrand zunehmende Unschärfe in horizontaler Richtung
und damit eine koordinatenabhängige Ortsfrequenzverzerrung auf. Erreicht
wurde diese mittels zeilenweiser Faltung mit einem eindimensionalen Spalttiefpaß mit vom linken zum rechten Bildrand zunehmender Impulsbreite (d.h.
abnehmender Bandbreite; Gleichanteilverstärkung = 1). Die hierzu inverse
Übertragungsfunktion ist ein Polstellenfilter mit in Abhängigkeit von der horizontalen Ortskoordinate zunehmenden Anzahl von Polen. Bei genauer Kenntnis der Übertragungseigenschaften des verzerrenden Tiefpaß und genauer Repräsentation der verzerrten Bilddaten könnte aus dem verunschärften Bild bei
Realisierung des inversen Filters mit unendlich hoher Rechengenauigkeit das ursprüngliche Bild wieder exakt zurückgewonnen werden. Dieser Fall ist jedoch
unrealistisch, da die zu verarbeitenden Bildsignale in realen Systemen mit endlicher Genauigkeit entstehen, d.h. mit Störungen überlagert sind und in der
Regel mit Systemen endlicher Rechengenauigkeit verarbeitet werden. Dies muß
bei der Auslegung der entsprechenden Bildverbesserungssysteme mitberücksichtigt werden. Zur Demonstration des Einflusses derartiger Fehler wurde das
ortsvariant verzerrte Bild 4.16a mit 10 bzw. 7 bit zunächst amplitudenquantisiert
und anschließend invers gefiltert. Die Bilder 4.16b bzw. 4.16c zeigen jeweils
die Resultate der inversen ortsvarianten Filteroperationen. Bild 4.16b unterscheidet sich nur geringfügig vom ursprünglichen unverzerrten Bild (hier nicht
dargestellt; beachte in Bild 4.16b: geringes Rauschen im rechten Bildteil und
Transparenz im Bereich des Hörers). In Bild 4.16c werden Bilddetails gegenüber Bild 4.16a zwar wieder sichtbar, das verarbeitete Bild ist jedoch mit
erheblichen Störungen überlagert. Die relativ kleinen Rauschstörungen infolge
von Quantisierungseffekten am Filtereingang machen sich am Filterausgang bei
der hier gewählten direkten inversen Übertragungscharakteristik aufgrund der
Singularitäten besonders stark bemerkbar (vergl. mit Simulation in Abschnitt
4.2, Bild 4.4). In der Praxis wird man deshalb die Übertragungsfunktionen
beispielsweise entsprechend der in den vorhergehenden Abschnitten diskutierten
Überlegungen modifizieren.

Ein weiterer wesentlicher Gesichtspunkt bei der Ortsfrequenzentzerrung von Bildern, die in realen Systemen entstehen, ist, daß die Verzerrungseigenschaften
solcher Systeme nur mit endlicher Genauigkeit gemessen werden können, d.h.
die Übertragungseigenschaften des inversen Filters stellen nur eine Näherung

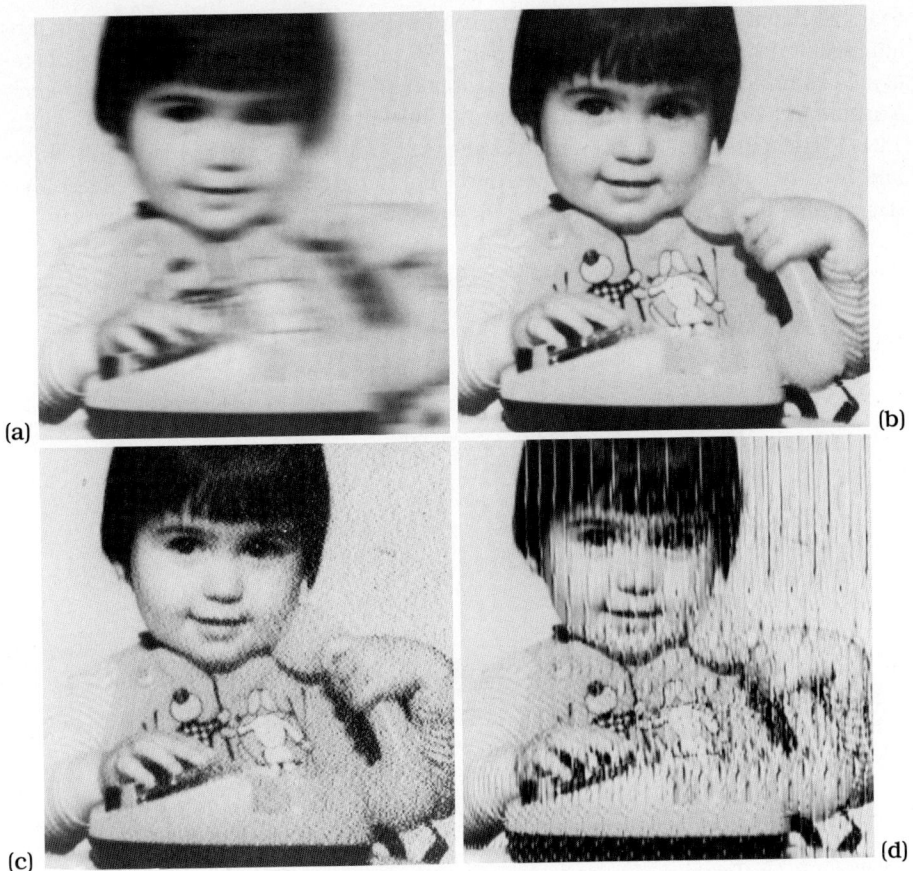

(a)

(b)

(c)

(d)

Bild 4.16. Simulation einer ortsvarianten inversen Filteroperation nach dem Filter-tabellenprinzip (aus /2.34/).

des idealen inversen Filters dar. Bild 4.16d zeigt anhand des eben skizzier-ten Beispiels, wie sich solche Fehler im verarbeiteten Bild bemerkbar ma-chen können; auch hier sind problemangepaßte Modifikationen der inversen Übertragungsfunktionen notwendig. Für die Koordinatenabhängigkeit der in-versen Übertragungsfunktionen lassen sich im allgemeinen keine einfachen ana-lytischen Zusammenhänge angeben. Unter Umständen sind lokale Impulsant-worten, je nach Variabilität der Übertragungseigenschaften, für eine große Zahl von m, n-Werten zu messen, die zugehörigen Filterkoeffizienten zu entwerfen, die resultierenden Übertragungsfunktionen zu invertieren und gegebenenfalls zu modifizieren. Die resultierenden Filterkoeffizienten werden dann in eine Filter-tabelle eingetragen und bei der rekursiven Filterung in Abhängigkeit von den Koordinaten m, n abgerufen (vergl. Bild 4.14 und Bild 4.15).

BEISPIEL 2: Signaladaptive Bildrestauration

Bildsignale sind in vielen Fällen mit signalabhängigen Störungen poissonscher

Statistik behaftet. Bei einer Restauration solcher Bilder sollte dieser Signalab-
hängigkeit Rechnung getragen werden. Da die in der Literatur vorgeschlagenen Verfahren auf der Basis ortsvarianter Nutz/Störsignalmodelle im allgemeinen nur mit erheblichem Rechenaufwand bewältigt werden können (z.B. /4.20,
4.21/), trifft man oft die vereinfachende Annahme der Stationarität von Nutz-
und Störsignal bzw. deren gegenseitige Unabhängigkeit, was eine geringere Leistungsfähigkeit der dann verwendeten Verfahren bedingt.

Bild 4.17.   Testbild: Tiefpaßgefilterte und poissongestörte Intensitätsrampe mit
überlagerten Kugelprojektionen.

Die Entstehung von Bildsignalen in Bildgewinnungssystemen mit eingeschränk-
tem Auflösungsvermögen und poissonscher Störsignalstatistik (d.h. mit einer zum Signalmittelwert proportionalen Signalvarianz) kann näherungsweise
mit Gln.(4-53) und (4-54) beschrieben werden, wobei T[.] hier eine Quadrat-
wurzeloperation und $r(m,n)$ beispielsweise das Ausgangssignal einer gaußschen
Rauschquelle mit konstanter spektraler Leistungsdichte ist. Bild 4.17 zeigt als
Beispiel hierfür ein rechnergeneriertes Testbild. Ein Graukeil (0 bis 100 Intensitätseinheiten) wurde mit Projektionen kugelförmiger Testobjekte (mit einem Maximum von 20 Intensitätseinheiten) überlagert, gaußförmig bandbegrenzt und schließlich mit einem simulierten Poissonprozeß moduliert. Die
dem Bild lokal überlagerte Störleistung ist damit näherungsweise dem lokalen
Bildsignalmittelwert proportional. Anstatt diese signalabhängige Störung im
Sinne von Gl.(4-55) global zu berücksichtigen, ist mit der oben beschriebenen
Filterstruktur eine lokal optimale Restauration - beispielsweise im Wienerschen
Sinne - möglich. Auf der Basis einer a priori Annahme über die spektrale Lei-

stungsdichte des Nutzsignals $\Phi_{ff}(k,l)$ (bei der hier diskutierten Simulation als
Leistungsspektrum einer Kugelprojektion angenommen) berechnet man für spektrale
trale Leistungsdichten des Störsignals, die als weiß, aber mit unterschiedlichen
Rauschleistungspegeln angenommen werden, gemäß Gl.(4-52) die korrespondierenden
renden Wienerschen Optimalfilter.

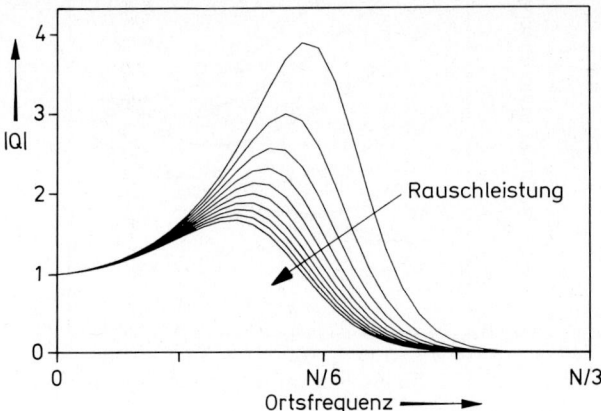

Bild 4.18. Wienerfilterübertragungsfunktion in Abhängigkeit von der dem Bild lokal
überlagerten Störsignalenergie.

Bild 4.18 zeigt das typische Verhalten dieser Übertragungsfunktionen in Abhängigkeit
gigkeit von der angenommenen Rauschleistung im obigen Beispiel. Für diese
Übertragungsfunktionen werden dann die Koeffizientensätze der entsprechenden
rekursiven Filter entworfen und in einer Filtertabelle abgelegt. Damit kann nun
während der rekursiven Verarbeitung bildpunktweise das Übertragungsverhalten
mittels Auswahl des "besten" Koeffizientensatzes an die dem Bild lokal überlagerte
lagerte Störleistung angepaßt werden.   Die Auswahl übernimmt das Kontrollsystem
trollsystem (siehe Bild 4.14), das hier beispielsweise mittels einer einfachen
Tiefpaßoperation (z.B. 3×3-Mittelung) einen Schätzwert für den lokalen Signalmittelwert
mittelwert und damit für die lokal überlagerte Störleistung liefert, mit dem die
Indizierung des "richtigen" Filters möglich ist.
Um den Vorteil gegenüber homogenen Filtern quantitativ erfassen zu können,
wurden in /2.34/ 10 Testbilder (siehe Beispiel in Bild 4.17) mit ortsinvarianten
Wienerschen Optimalfiltern mit jeweils als konstant angenommener spektraler
Leistungsdichte Φ_{rr} des Störsignals restauriert.   Bild 4.19 zeigt den gemessenen
senen relativen quadratischen Fehler des Modellsignals in Abhängigkeit vom
Filterparameter Φ_{rr} bei verschiedenen mittleren lokale Störsignalenergien (Kurvenparameter
venparameter). Die Fehlerkurve für das signalabhängige Optimalfilter verläuft
durch die Minima der dargestellten Kurvenschar. Aus Bild 4.19 ist der quantitative
tative Gewinn des signalabhängigen Optimalfilters im skizzierten Restaurationsbeispiel
beispiel direkt ablesbar. Z.B. läßt sich der relative quadratische Fehler gegenüber
einem ortsinvarianten Filter mit einem mittleren konstanten Rauschleistungsfil-

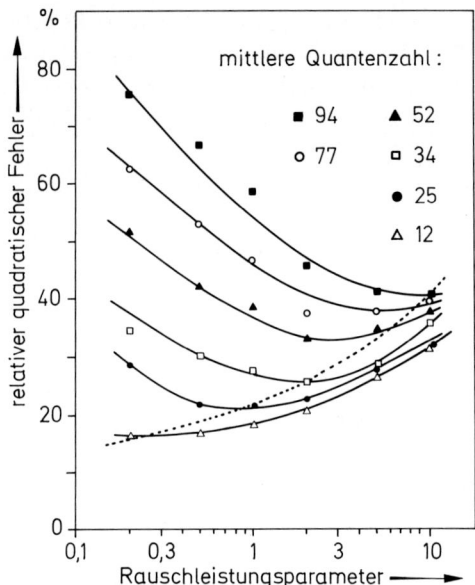

Bild 4.19. Zur quantitativen Beurteilung von Restaurationsergebnissen des homogenen/signaladaptiven Wienerfilters.

terparameter 2.0 bei einer mittleren lokalen Quantenzahl von 94 von 47% auf 41%, bei einer mittleren lokalen Quantenzahl von 12 von 21% auf 16% verbessern. Gegenüber ortsinvarianten Filtern, die auf kleine bzw. große lokale Rauschleistungen optimiert sind, ist der Gewinn mit signalabhängigen Filtern natürlich wesentlich größer. Die Anwendungsmöglichkeiten der oben beschriebenen Filtermethode zur Restauration "realer" Bilddaten sind sehr vielfältig. In /2.34/ wurde eine Anwendung in der nuklearmedizinischen Bilddatenverarbeitung beschrieben. Weitere interessante Ansätze zur Restauration signalabhängig gestörter Bildsignale finden sich in /4.22, 4.23/.

5 Segmentierung

Das Ziel von Bildsegmentierungsverfahren ist die Unterteilung von Bildern in bedeutungsvolle Teilbereiche. Mit ihrer Hilfe werden für den Anwender "interessante Objekte" aus zum Teil komplexen Szenen extrahiert, die dann einer weiteren Analyse bzw. Interpretation unterworfen werden können. Damit stellen Segmentierungsverfahren eine wichtige frühe Verarbeitungsstufe der Bildanalyse und der Bilderkennung dar. Beispielsweise müssen in der biomedizinischen Bilddatenverarbeitung vor der eigentlichen Vermessung von Chromosomen, Zellen, Organen, Blutgefäßen, usw., zunächst jene Bildpunkte identifiziert werden, die das jeweils zu untersuchende "Objekt" repräsentieren. Im Bereich der automatisierten industriellen Fertigung und Qualitätskontrolle müssen Werkzeuge und Produkte in Bildszenen segmentiert werden, um eine weitere Analyse derselben zu ermöglichen und abhängig davon gezielte Aktionen auslösen zu können; bei der geophysischen Interpretation von Luftbildaufnahmen ist beispielsweise eine automatische Unterscheidung von verschiedenartigen Nutzungsflächen wie Industrie-, Wohn- oder landwirtschaftlich genutzten Gebieten von Interesse um diese zu kartographieren, usw..

Bei der Bildsegmentierung unterscheidet man prinzipiell zwischen vollständiger und unvollständiger Segmentierung. Für die vollständige Segmentierung läßt sich folgende formale Definition angegeben /1.22/:

DEFINITION : Unter der Segmentation eines diskreten Bildsignals $f(m,n)$ mit $\{0 \leq m \leq M - 1 \cap 0 \leq n \leq N - 1\}$ versteht man die Unterteilung von f in disjunkte, nichtleere Teilmengen $f_1, f_2, \ldots, f_P$ so, daß mit einem zu definierenden Einheitlichkeitskriterium E gilt:

(a) $\bigcup_{i=1}^{P} f_i = f$

(b) f_i ist zusammenhängend $\forall i$ mit $i = 1, \ldots, P$.

(c) $\forall f_i$ ist das Einheitlichkeitskriterium $E(f_i)$ erfüllt.

(d) Für jede Vereinigungsmenge zweier benachbarter f_i, f_j ist $E(f_i \cup f_j)$ nicht erfüllt.

Ein einfaches Einheitlichkeitskriterium ist z.B., daß die Intensitätsdifferenz zweier beliebiger Bildpunkte innerhalb eines Bereiches f_i den Wert e betragsmäßig nicht überschreitet (Kriterium der Intensitätshomogenität). Eine vollständige Segmentation kann mit sogenannten bereichsorientierten Verfahren erreicht werden, die Bildbereiche einheitlicher Eigenschaften detektieren. Die Wahl geeigneter Einheitlichkeitskriterien hängt entscheidend von der Natur der zu segmentierenden Bilder ab; bei der Trennung von Bildbereichen unterschiedlicher Textur sind unter Umständen sehr komplexe Kriterien notwendig (siehe hierzu z.B. /5.1/). Die Ergebnisse der vollständigen Segmentierung können mit etikettierten Masken oder mit Hilfe von Konturen repräsentiert werden (siehe Bild 5.1a,b).

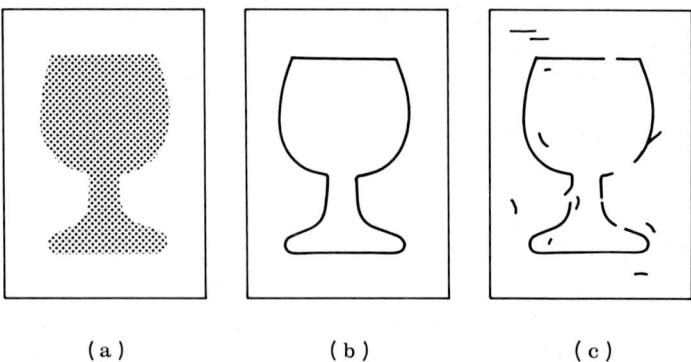

(a)   (b)   (c)

Bild 5.1.   Vollständig segmentiertes Objekt in (a) Masken- und (b) Konturliniendarstellung; (c) Beispiel für unvollständige Segmentation.

Demgegenüber führen kantenorientierte Verfahren, die Trennungslinien zwischen Bildbereichen mit unterschiedlichen Eigenschaften berechnen, im allgemeinen auf unvollständige Segmentierungen; die obige Definition der vollständigen Segmentierung ist hierbei im allgemeinen nicht erfüllt, d.h. die Trennungslinien können z.B. Lücken aufweisen oder es können "fehlerhafte" zusätzliche Trennungslinien innerhalb eines Bereiches f_i vorhanden sein (siehe Bild 5.1c). Die mit kantenorientierten Verfahren ermittelten Eigenschaftsgradienten können mit Hilfe geeigneter Nachverarbeitungsverfahren (wie z.B. Konturverfolgung und Kantenelimination) in vollständige Bildsegmentierungen überführt werden.

5.1 Bereichsorientierte Verfahren

5.1.1 Einfache Schwellwertverfahren

Bilder, die beispielsweise helle Objekte auf dunklem Hintergrund bzw. dunkle Objekte auf hellem Hintergrund beinhalten, lassen sich mit Hilfe einfacher Schwellwertoperationen segmentieren. Zwischen Eingangssignal $f(m,n)$ und Ausgangssignal $g(m,n)$ besteht der Zusammenhang:

$$g(m,n) = \begin{cases} I_1 & \text{für } 0 \leq f(m,n) < S \\ I_2 & \text{für } S \leq f(m,n) \leq f_{max} \end{cases} \tag{5-1}$$

wobei I_1 und I_2 zwei beliebige, jedoch voneinander verschiedene Werte sind (meistens wird $I_1 = 0$ und $I_2 = 1$ gewählt) und S eine einzustellende Intensitätsschwelle ist. Gl.(5-1) stellt einen Spezialfall der in Abschnitt 3.1 diskutierten Punktoperationen dar. Bei geeigneter Wahl von S repräsentieren im Ausgangsbild Bildpunkte mit dem Wert I_1 Objekte und Bildpunkte mit dem Wert I_2 den Hintergrund bzw. umgekehrt. Eine Bildszene, auf die dieses Verfahren unmittelbar (d.h. ohne Vor- oder Nachverarbeitung) angewendet werden könnte, ist in Bild 3.2a dargestellt. Der Schwellwert S kann beispielweise aus dem zugehörigen Histogramm (siehe Bild 3.2c) ermittelt werden (S wäre in diesem Fall ein Intensitätswert, der zwischen den beiden das Objekt bzw. den Hintergrund repräsentierenden Gebirgen im Histogramm liegt).

Für Bilder, die P Objekte (im folgenden wird auch der Hintergrund als Objekt bezeichnet) mit unterschiedlichen sie charakterisierenden Intensitätsbereichen enthalten, läßt sich Gl.(5-1) entsprechend erweitern:

$$g(m, n) = I_i \text{ für } S_{i-1} \leq f(m, n) < S_i \qquad (5\text{-}2)$$
$$\text{mit } i = 1, 2, \ldots, P, \quad S_0 = 0 \text{ und } S_P = f_{max} + 1$$

Ein Verarbeitungsbeispiel für $P = 3$ ist in Bild 5.2 dargestellt. Vor der automatischen Befundung von Lichtmikroskopaufnahmen von Zellen ist eine Trennung der

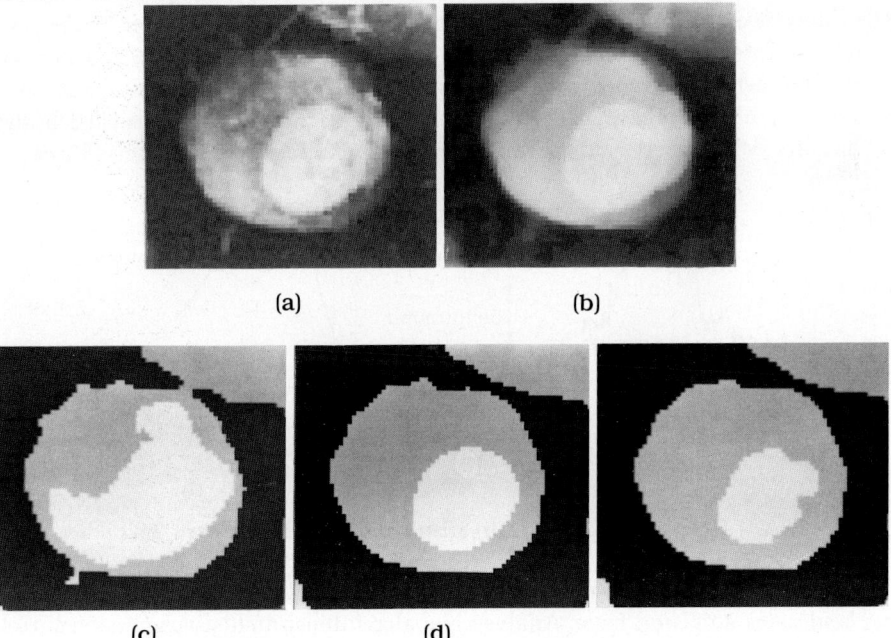

(a) (b)

(c) (d)

Bild 5.2. Segmentierung eines Zellbildes mit konstanter Intensitätsschwelle. (a) Originalbild, (b) Bild in (a) mediangefiltert und (d) Segmentierungsergebnis; (c) und (e) zeigen Ergebnisse bei zu niedrig bzw. zu hoch eingestellten Schwellwerten.

Bildbereiche "Zellplasma" und "Zellkern" gegenüber dem Bereich "Hintergrund" notwendig. Das in Bild 5.3a gezeigte Intensitätsprofil (horizontaler Schnitt durch Bildmitte des Zellbildes in Bild 5.2a) zeigt, daß eine eindeutige Zuordnung dieser drei Bereiche aufgrund der relativ starken Intensitätsfluktuationen mit Hilfe einer einfachen Schwellenoperation nicht ohne weiteres möglich ist. Deshalb wendet man vor der Schwellwertoperation häufig geeignete Bildverbesserungs- oder Restaurationsverfahren an. Um das in Bild 5.2a dargestellte Zellbild zu glätten, ohne gleichzeitig die abrupten Kantenübergänge zwischen Zell-kern/Zellplasma und Zellplasma/Hintergrund zu verwischen, wurde die in Abschnitt 3.2.2 beschriebene Medianfilteroperation mit einem quadratischen Einzugsbereich von 5×5 Bildpunkten als Vorverarbeitung angewendet. Das Ergebnis dieser Operation, angewendet auf Bild 5.2a, zeigt Bild 5.2b. Die beiden zur Segmentierung notwendigen Intensitätsschwellen S_1 und S_2 lassen sich beispielsweise aus geeigneten Intensitätsprofilen oder aus dem Intensitätshistogramm des Zellbildes abschätzen. Da Zellkern, Zellplasma und Hintergrund im allgemeinen drei sich teilweise überlappende Verteilungen im Histogramm haben (siehe schematische Darstellung in Bild 5.3b), ist eine fehlerfreie Segmentierung mittels Schwellenverfahren nicht möglich. In Bezug auf Segmentierungsfehler optimale Intensitätsschwellen (siehe hierzu auch folgender Abschnitt) liegen im Bereich der beiden Histogrammtäler. Bild 5.2d zeigt das Ergebnis des Schwellwertverfahrens nach Anwendung auf das vorverarbeitete in Bild 5.2b gezeigte Zellbild. Die Zuverlässigkeit von Schwellenverfahren hängt wesentlich von der "richtigen" Wahl der Intensitätsschwellen ab. Um dies bildhaft darzustellen, wurden die beiden Intensitätsschwellen S_1 und S_2 im Beispiel von Bild 5.2d jeweils um -20% erniedrigt (Bild 5.2c) bzw. um +20% erhöht (Bild 5.2e). Es ist offensichtlich, daß fehlerhafte Schwellwerte zu unbrauchbaren Segmentierungsresultaten führen.

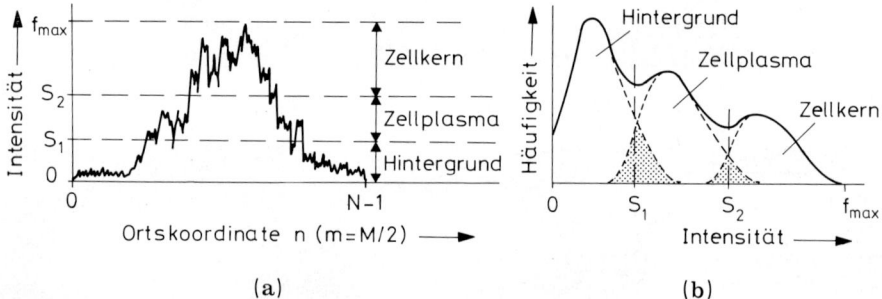

Bild 5.3. (a) Intensitätsprofil und (b) Histogramm eines typischen Zellbildes.

Wie oben erwähnt, können für die Segmentierung geeignete Schwellwerte (unter anderem) aufgrund einer Analyse globaler Intensitätshistogramme ermittelt werden. Dies ist zumindest immer dann der Fall, wenn sich die Beiträge der P zu segmentierenden Objekte im Histogramm nur geringfügig überlappen. Die Schwellwerte liegen dann in den $P-1$ Histogrammtälern zwischen den P Histogrammgebirgen des P-modalen Gesamthistogramms. Sind die Histogrammtäler nur schwach ausgeprägt, lassen sich geeignete Schwellwerte günstiger mit Hilfe gewichteter Histogramme berechnen (siehe auch /5.2-5.6/). Anstelle einer umgebungsunabhängigen Akkumulation der Intensitätswerte bei der Berechnung der Histogramme nach Gl.(3-6) wird hierbei der Beitrag jedes einzelnen Bildpunktes $f(m,n)$ entsprechend einer lokalen Bildeigenschaft $e(m,n)$ bei den Koordinaten m, n mit $g(e(m,n))$ bewertet:

$$h(i) = \sum_{m=0}^{M-1} \sum_{n=0}^{N-1} g\left(e(m,n)\right) \delta\left(f(m,n) - i\right) \qquad (5\text{-}3)$$

mit $i = 0, \ldots, f_{max}$. Wählt man beispielsweise für $e(m,n)$ die absolute Intensitätsabweichung des Bildpunktes $f(m,n)$ von den jeweils vier unmittelbar benachbarten Bildpunkten (diskrete Approximation des Laplace-Operators)

$$\begin{aligned} e(m,n) = &|f(m,n) - [(f(m,n-1) + f(m,n+1)+ \\ &+ f(m-1,n) + f(m+1,n)]/4| \end{aligned} \qquad (5\text{-}4)$$

und wählt als Gewichtung die mit $e(m,n)$ monoton fallende Funktion

$$g(m,n) = [1 + e(m,n)]^{-1} \qquad (5\text{-}5)$$

so liefern Bildpunkte, die im Grenzbereich zweier benachbarter Objekte liegen kleine Beiträge im Histogramm, während Bildpunkte in intensitätshomogenen Bildbereichen stärker bewertet werden. Die mit dieser Technik berechneten Histogramme weisen im allgemeinen wesentlich ausgeprägtere Histogrammtäler auf und damit können für die Segmentierung geeignete Schwellwerte in der Regel leichter berechnet werden. Auch eine mit $e(m,n)$ monoton wachsende Gewichtung ist möglich und insbesondere dann sinnvoll, wenn die Anzahl der zu den jeweiligen Objektbereichen gehörenden Bildpunkte stark variiert. Z.B. liefern mit

$$g(m,n) = e(m,n) \qquad (5\text{-}6)$$

Bildpunkte in Bildbereichen mit hohen Intensitätsänderungen (bei $e(m,n)$ nach Gl.(5-4) Intensitätsänderungen 2. Ordnung) hohe Beiträge im nach Gl.(5-3) berechneten Histogramm. Da andererseits Bildpunkte im Innern der als homogen angenommenen Objektbereiche keine oder nur kleine Beiträge liefern, hat das resultierende Histogramm bei Intensitäten, die zwischen den für die Objekte charakteristischen Intensitätsbereichen liegen hohe Werte. Die Berechnung von Schwellwerten führt hier also auf die Ermittlung lokaler Maximalwerte im Histogramm. Die Wirkung der Gewichtung nach Gl.(5-5) bzw. (5-6) mit Gl.(5-4) ist in Bild 5.4 schematisch dargestellt.

Auch die in der Literatur vorgeschlagenen zweidimensionalen Histogramme (z.B. Häufigkeit in Abhängigkeit vom Intensitätswert und dem lokalen Intensitätsgradienten /5.10-5.14/) sind oft nützliche Hilfsmittel zur Schätzung geeigneter Intensitätsschwellen. Allgemein können Schwellenverfahren in Q-dimen-

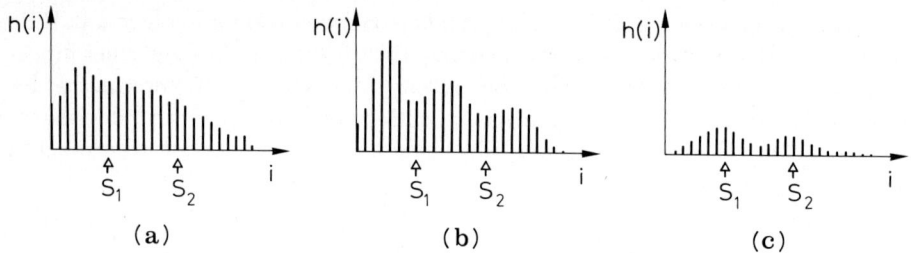

Bild 5.4.   Zur gradientenabhängigen Akkumulation von Histogrammwerten. (a)
Histogramm nach Gl.(3-6); (b) gewichtete Berechnung nach Gl.(5-5) und (c) nach
Gl.(5-6).

sionalen Histogrammen als Trennung der Objekte repräsentierenden "Punktwol-
ken" mittels $(Q-1)$-dimensionaler Hyperebenen verstanden werden und können
daher mit den klassischen Verfahren der Mustererkennung behandelt werden.
Weitere interessante Ansätze zur automatischen Schwellenbestimmung sind in
/5.7-5.9/ beschrieben.

5.1.2 Optimale Schwellwertverfahren

Aufgrund zufälliger Signalfluktuationen sind die Intensitätswerte innerhalb der
Objektbereiche selten konstant; diese Variationen können ausgehend von a priori
Annahmen und/oder ausgehend von Histogrammen näherungsweise als Wahr-
scheinlichkeitsdichten beschrieben werden /5.15-5.17/. Im folgenden sei ein Bild
mit $M \times N$ Bildpunkten angenommen, das ein helles Objekt "O" auf dunklem
Hintergrund "H" beinhaltet. Die Auftrittswahrscheinlichkeiten der Intensitätswerte i innerhalb der beiden Bildbereiche f_ξ mit $\xi =$ "O" oder $\xi =$ "H" seien
mit guter Näherung als gaußsche Wahrscheinlichkeitsdichtefunktionen

$$p_\xi(i) = \frac{1}{\sqrt{2\pi}\sigma_\xi} \exp\left(-\frac{(i-\mu_\xi)^2}{2\sigma_\xi^2}\right) \qquad (5\text{-}7)$$

mit den Mittelwerten μ_ξ und den Standardabweichungen σ_ξ beschreibbar. Geht
man weiterhin davon aus, daß sich f_O aus P_O und f_H aus P_H Bildpunkten
zusammensetzt und damit

$$(P_O + P_H)/MN = 1 \qquad (5\text{-}8)$$

ist, gilt für die Intensitätsverteilung des gesamten Bildes

$$p(i) = (P_O p_O(i) + P_H p_H(i))/MN \qquad (5\text{-}9)$$

Aufgrund der oben genannten Annahmen ist es sinnvoll, alle Bildpunkte unterhalb einer Intensitätsschwelle S als Hintergrund und den Rest als Objektpunkte

zu klassifizieren. Da sich die Wahrscheinlichkeitsverteilungen der beiden Bereiche teilweise überlappen, ergibt sich ein Segmentierungsfehler E_ξ, d.h. eine Wahrscheinlichkeit dafür, daß Bildpunkte des Bereiches ξ fälschlicherweise dem Bereich η mit $\eta \neq \xi$ zugeordnet werden

$$E_\xi(S) = \int\limits_A^B p_\xi(i)\,\mathrm{d}i \qquad (5\text{-}10)$$

mit $A = -\infty$ und $B = S$ für $\xi = \text{"O"}$ und $A = S$ und $B = \infty$ für $\xi = \text{"H"}$. Damit ergibt sich für den Gesamtfehler E

$$E(S) = (P_O E_O(S) + P_H E_H(S))/MN \qquad (5\text{-}11)$$

Setzt man Gln.(5-7) und (5-10) in Gl.(5-11) ein, differenziert nach S und setzt die Ableitung gleich Null, so ergibt sich die folgende Bestimmungsgleichung für S

$$\left(\frac{1}{\sigma_H^2} - \frac{1}{\sigma_O^2}\right)S^2 + 2\left(\frac{\mu_O}{\sigma_O^2} - \frac{\mu_H}{\sigma_H^2}\right)S +$$
$$+ 2\ln\left(\frac{\sigma_H P_O}{\sigma_O P_H}\right) + \frac{\mu_H^2}{\sigma_H^2} - \frac{\mu_O^2}{\sigma_O^2} = 0 \qquad (5\text{-}12)$$

Da Gl.(5-12) quadratisch in S ist, sind unter den oben getroffenen Annahmen über die Wahrscheinlichkeitsdichtefunktionen allgemein zwei Schwellen für die optimale Segmentierung des Bildes in die Bereiche f_O und f_H notwendig. Für $\sigma_O = \sigma_H = \sigma$ ergibt sich aus Gl.(5-12) genau eine optimale Schwelle bei

$$S = \frac{\mu_O + \mu_H}{2} - \frac{\sigma^2}{\mu_O - \mu_H}\ln\frac{P_O}{P_H} \qquad (5\text{-}13)$$

Für $\sigma_O = \sigma_H$ und $P_O = P_H$ ist S der arithmetische Mittelwert von μ_O und μ_H. Wie aus Gln.(5-12) bzw. (5-13) hervorgeht, sind die optimalen Schwellwerte durch die Parameter der zugrundegelegten Wahrscheinlichkeitsverteilungen $p(i)$ bestimmt. Diese müssen, ausgehend von nach Gl.(3-6) berechneten Histogrammen $h(i)$ z.B. im Sinne des minimalen Fehlerquadrates

$$E_H = \sum_{i=0}^{f_{max}} [p(i) - h(i)/MN]^2 \to \min \qquad (5\text{-}14)$$

mit Hilfe numerischer Optimierungsverfahren (z.B. /4.8/) ermittelt werden, wobei $p_\xi(i)$ und damit $p(i)$ geeignete, im Prinzip beliebige Wahrscheinlichkeitsfunktionen sein können.

Die oben beschriebene Methode wurde in /5.15/ in lokalen Bildbereichen bei der Segmentierung des Herzbinnenraumes (linker Ventrikel) in Röntgenbildern

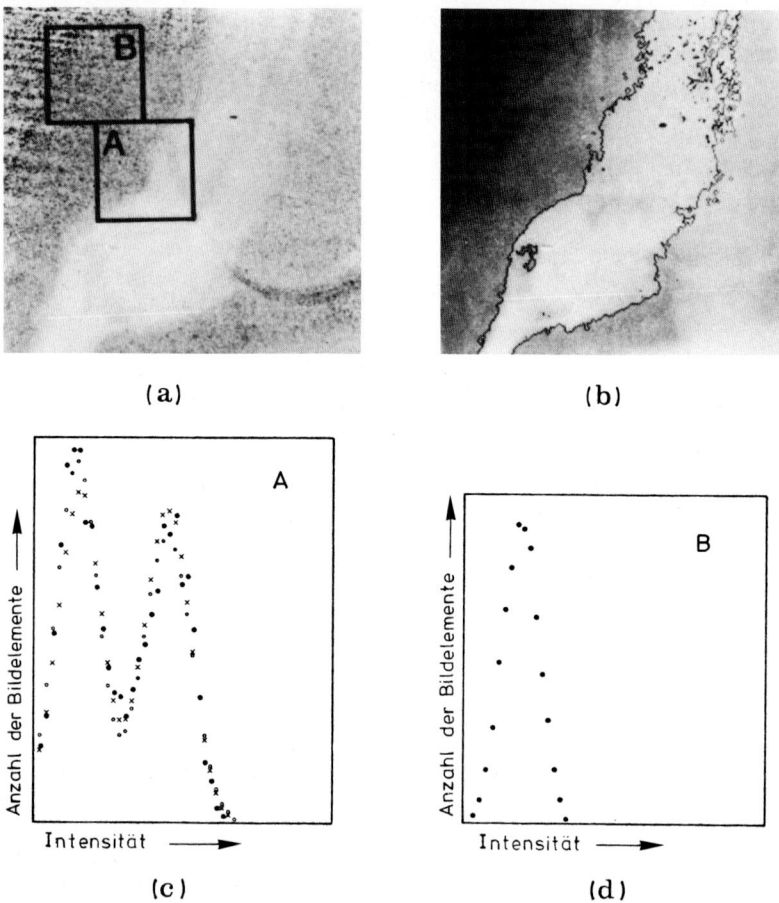

(a)   (b)

(c)   (d)

Bild 5.5. Segmentierung mit ortsvarianten Schwellwerten; (a) vorverarbeitete Röntgenaufnahme eines Herzbinnenraumes, (b) Segmentierungsergebnis, (c), (d) Histogramme (o) der in (a) gekennzeichneten Bildbereiche bzw. ihre Modellierung (x).

(sogenannte Kardiogramme) angewendet. Vor der Schwellenoperation wurden (1.) die Bildpunkte logarithmiert, um die exponentielle Schwächung der Röntgenstrahlung zu kompensieren, (2.) jeweils zwei Bilder vor und nach Applizierung eines Kontrastmittels voneinander subtrahiert und (3.) mehrere Differenzbilder miteinander überlagert, um das starke Rauschen im Signal zu vermindern. In Bild 5.5a ist ein Kardiogramm nach diesen drei Vorverarbeitungsschritten dargestellt. Für die Berechnung optimaler Schwellwerte wurde das vorverarbeitete, aus 256×256 Bildpunkten bestehende Bild in 7×7 Unterbereiche mit jeweils 64×64 Bildpunkten unterteilt (50%-tige Überlappung benachbarter Bereiche). Für jeden dieser 49 Bereiche wurde ein Histogramm berechnet und auf seine Bimodalität hin überprüft. Die Bilder 5.5c,d zeigen zwei Beispiele für

die in Bild 5.5a markierten Bereiche. Im Histogramm des Bereichs A an der
Organgrenze sind sowohl Bildpunkte des Objektes als auch des Hintergrundes
repräsentiert - der Verlauf ist entsprechend bimodal; demgegenüber ist das Histogramm des Bereiches B, das nur Bildpunkte des Hintergrundes beinhaltet,
unimodal. Zunächst wurden die Bereiche mit bimodalen Histogrammen identifiziert, diese numerisch mit bimodalen Wahrscheinlichkeitsfunktionen (Gl.(5-9)
mit Gl.(5-7)) im Sinne von Gl.(5-14) angenähert (im Beispiel von Bild 5.5c mit
x gekennzeichnet) und jeweils die optimalen Schwellwerte berechnet. Für die
übrigen Bereiche wurden hieraus die Schwellwerte mittels Interpolation berechnet. Mit Hilfe einer weiteren Interpolation wurde aus den 7×7 Schwellwerten eine
256×256-dimensionale Schwellenfunktion $S(m, n)$ berechnet und die Schwellenoperation gemäß

$$g(m,n) = \begin{cases} 1 & \text{für } f(m,n) \geq S(m,n) \\ 0 & \text{sonst} \end{cases} \qquad (5\text{-}15)$$

ausgeführt. Bild 5.5b zeigt das Resultat dieser Segmentierung in Form der
Konturdarstellung, die dem ursprünglichen unverarbeiteten Bild überlagert
wurde.

5.1.3 Bereichswachstumsverfahren

Die für die erfolgreiche Anwendbarkeit der oben beschriebenen Schwellenverfahren notwendigen Voraussetzungen nämlich, daß (1.) die Anzahl der im Bild
enthaltenen Objekte a priori bekannt ist, daß (2.) die Objekte durch Intensitäten in nur geringfügig sich überlappenden Intensitätsbereichen repräsentiert
sind und (3.), daß damit geeignete Schwellwerte berechnet werden können, sind
häufig nicht erfüllt. Darüber hinaus ist bei punktorientierten Verfahren nicht
gewährleistet, daß die segmentierten Unterbereiche zusammenhängend im Sinne
der Definition der vollständigen Segmentierung, Punkt (b) sind. Eine alternative
Vorgehensweise, die Nachbarschaftsbeziehungen von Bildpunkten bei der Segmentierung berücksichtigt und daher f in P zusammenhängende Unterbereiche
f_ξ zu Unterteilen in der Lage ist, ist das sogenannte Bereichswachstumsverfahren
(engl. 'region growing'). Ausgehend von geeigneten Anfangspunkten (idealerweise genau ein Anfangspunkt pro Bereich f_ξ) wird ein iterativer Prozeß ge-
startet, bei dem Unterbereichen von f_ξ benachbarte Bildpunkte mit ähnlichen
Eigenschaften zugeordnet werden. Dieses Bereichswachstum wird genau solange
fortgesetzt, bis sämtliche Bildpunkte einem der Unterbereiche f_ξ zugeordnet
sind. Der im folgenden beschriebene Ansatz zur Segmentierung eines Bildes in
annähernd intensitätskonstante Bildbereiche geht auf /5.1/ zurück.
Zunächst muß für jedes "natürliche" Grauwertplateau ein Anfangspunkt innerhalb dieses Plateaus gefunden werden, aus dem dann beim nachfolgenden
Bereichswachstum das zugehörige Plateau entsteht. Wird mehr als ein Anfangspunkt gefunden, zerfällt das Plateau in mehrere Bereiche; derartige Fehler können mit einer nachfolgenden Bereichsverschmelzung, bei der Bereiche

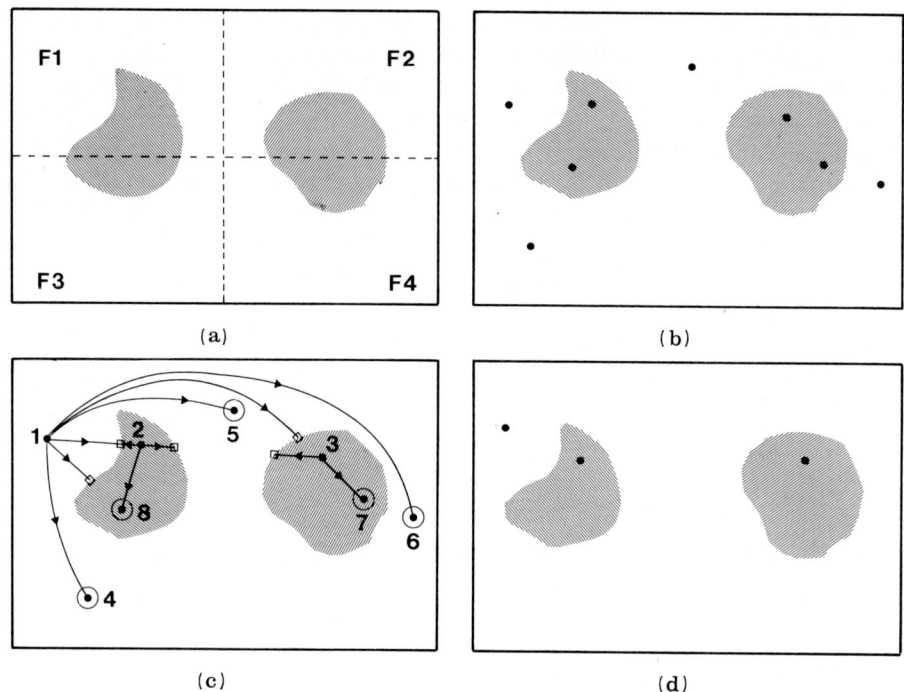

Bild 5.6. Zur Initialpunktberechnung bei Bereichswachstumsverfahren.

mit ähnlichen Eigenschaften wieder vereinigt werden, zumindest teilweise korrigiert werden. Falls ein "natürliches" Plateau keinen Anfangspunkt enthält, wird es einem benachbarten Bereich zugeschlagen, wodurch ein Segmentierungsfehler entsteht. Das Auffinden geeigneter Anfangspunkte ist damit der entscheidende Schritt des gesamten Verfahrens und maßgebend für die Güte des Segmentierungsergebnisses. In Bild 5.6 ist dieser Verarbeitungsschritt schematisch dargestellt. Um eine Anpassung des Verfahrens an lokal veränderliche Kontrastverhältnisse - etwa durch Beleuchtungseinflüsse bedingt - zu erreichen, wird in einem ersten Schritt eine Analyse des Musters innerhalb lokaler Bildfenster F_i (in Bild 5.6a: F_1 - F_4) durchgeführt, indem man die Intensitätsminima I_{ui} und Intensitätsmaxima I_{oi} innerhalb dieser Bildfenster bestimmt. Hieraus können lokale Intensitätsschwellen S_i

$$S_i = (I_{oi} - I_{ui})/K \qquad (5\text{-}16)$$

berechnet werden, die im folgenden benötigt werden. K ist eine empirisch bestimmte Konstante, wobei sich $K = 3$ in vielen Fällen als brauchbarer Wert erweist. Um zu vermeiden, daß Anfangspunkte auf Intensitätskanten zu liegen kommen, werden in einem zweiten Schritt jene Punkte markiert, deren Intensitätsgradient (siehe hierzu Abschnitt 5.2.1) einen Wert ΔS betragsmäßig nicht überschreitet. In Bild 5.6a wurden auf diese Weise 8 Punkte markiert - in der

Praxis sind dies mehrere Hundert oder Tausend Bildpunkte. Die Wahl von ΔS ist nicht sehr kritisch - brauchbare Werte liegen etwa bei 10-20% des maximal möglichen Intensitätswertes. Im folgenden Verarbeitungsschritt werden, ausgehend von den Punkten P_j (im Beispiel mit den Ziffern 1-8 gekennzeichnet), der Reihe nach diejenigen Punkte P_l ausgelöscht, die auf einem beliebigen Weg von P_j aus erreichbar sind, ohne daß der Betrag der Intensitätsdifferenz zwischen P_j und irgendeinem Punkt des Weges den Wert S_i überschreitet, wenn P_i in F_i liegt. Im Beispiel von Bild 5.6c werden vom Punkt 1 die Punkte 4, 5, 6, von Punkt 2 der Punkt 8 und von Punkt 3 der Punkt 7 eliminiert (durch kleine Kreise gekennzeichnet). Auf den Wegen zwischen den Punkten 1-2, 1-8, 2-3, 2-7, 3-2, 3-1, 1-3 und 1-7 wird die Intensitätsschwelle jeweils überschritten (kleine Quadrate). Der Weg 3-6 braucht beispielsweise nicht mehr untersucht zu werden, da Punkt 6 bereits von Punkt 1 ausgelöscht wurde, bevor die von Punkt 3 ausgehenden Wege analysiert wurden. Die verbleibenden Punkte sind in Bild 5.6d eingetragen und man erkennt, daß für jeden Bereich nur ein Anfangspunkt übrig ist. In der Praxis können nicht alle in Frage kommenden Wege zwischen zwei Punkten untersucht werden, weshalb eine Beschränkung auf Geraden zwischen zwei Punkten sowie die beiden Wege parallel zu den Koordinatenachsen sinnvoll ist. Bild 5.7a zeigt die so gewonnenen Anfangspunkte bei einem realen Muster; jeder Stein der Ziegelwand ist nur mit einem einzigen Anfangspunkt vertreten, während der helle Mörtelbereich noch eine ganze Reihe von Anfangspunkten enthält.

Ausgehend von den so erhaltenen Anfangspunkten kann nun anschließend ein quasi simultanes Bereichswachstumsverfahren (siehe hierzu /5.18/) angewendet werden, bis alle Bildpunkte des Musters einem Bereich zugeordnet sind. Diese Quasi-Gleichzeitigkeit kann in einem seriellen Rechner dadurch erreicht werden, daß der Reihe nach allen markierten Punkten bzw. Bereichen benachbarte, noch unmarkierte Punkte zugeordnet werden, sofern zwei Kriterien erfüllt sind: Erstens darf dem fraglichen Bereich nicht mehr als eine bestimmte Anzahl von zusätzlichen Punkten pro Iteration zugeschlagen werden - wobei dieser Wert nicht sehr kritisch ist - und zweitens darf der Betrag der Intensitätsdifferenz zwischen dem mittleren Intensitätswert des in Frage stehenden Bereiches und einem benachbarten Punkt einen bestimmten, am Anfang des iterativen Verfahrens kleinen, aber im Prinzip beliebigen Wert ΔI nicht überschreiten; die Intensitätsmittelwerte der einzelnen Bereiche werden hierbei nach jedem Iterationsschritt entsprechend der neu hinzugekommenen Bildpunkte aktualisiert. Falls im Laufe des Verfahrens keine diese zwei Bedingungen erfüllenden Punkte mehr gefunden werden, erhöht man ΔI schrittweise und fährt mit dem Verfahren in analoger Weise fort, bis alle Bildpunkte zugeordnet sind. Diese Vorgehensweise bietet gegenüber den oben diskutierten Schwellenverfahren eine Reihe von Vorteilen /5.1/: (1.) Es ist keinerlei a priori Wissen über das Bild erforderlich. (2.) Es verbleiben, unabhängig von der Störung des Bildes durch Rauschen, Störpartikel oder Ähnlichem keine Fehlstellen in bzw. zwischen den Bereichen. Falls die Anfangspunkte richtig gefunden wurden, ist das Verfahren extrem störunempfindlich. (3.) Die Lage der Kanten zwischen unterschiedlichen

Bild 5.7. Segmentierungsbeispiel mit Bereichswachstumsverfahren. (a) Originalbild
mit Initialpunkten, (b) Zwischenergebnis, (c) Ergebnis des Bereichswachstums, (d) Bild
(c) nach Bereichsverschmelzung.

Bereichen stimmt gut mit sujektiv empfundenen Kantenlagen überein. Bild 5.7b
zeigt ein Zwischenergebnis des Bereichswachstums, aus dem ersichtlich ist, daß
alle Bereiche gleichzeitig, wenn auch nicht gleich schnell, wachsen. Bild 5.7c
gibt das Endergebnis wieder - der Ziegelzwischenraum teilt sich aufgrund der
gefundenen Anfangspunkte in mehrere Bereiche auf, während die Ziegel selbst
fehlerfrei segmentiert werden.

Die Verschmelzung der in Wirklichkeit demselben Bereich zugehörenden Gebiete (im hier gezeigten Beispiel des Ziegelhintergrundes) ist die Aufgabe des
abschließenden Bereichsverschmelzungsverfahrens. Als Kriterium für die Ähnlichkeit von Bereichen dienen hierbei die Werte S_i gemäß Gl.(5-16). Bild 5.7d
zeigt das Ergebnis des Bereichsverschmelzungsverfahrens angewendet auf Bild
5.7c. Die den Ziegelzwischenraum repräsentierenden hellen Regionen ergeben
dabei eine einzige neue Region. In Bild 5.8 ist das Segmentierungsergebnis
einer etwas komplexeren "Szene" mit dem oben beschriebenen Verfahren in
Abhängigkeit von der vorgegebenen Anzahl P von Objektbereichen dargestellt.
Wie anhand des Beispiels zu sehen ist, korrespondiert die Segmentierung des

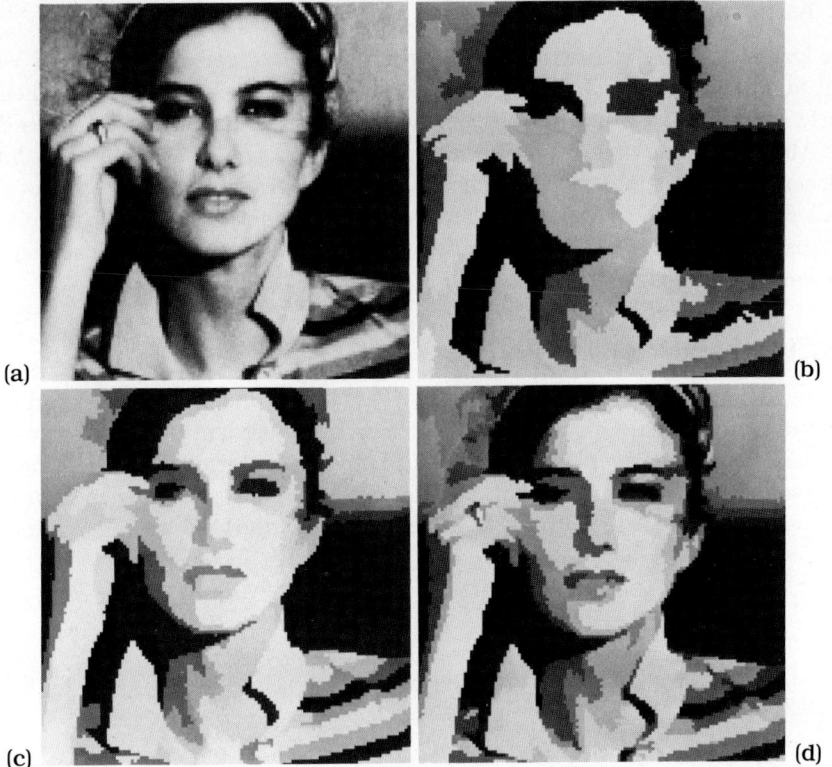

Bild 5.8. Segmentierung des in (a) gezeigten Bildes mittels Bereichswachstum in (b) 28, (c) 86 und (d) 247 intensitätskonstante Bereiche.

Bildes in annähernd intenstätskonstante Unterbereiche nur teilweise mit der intuitiven Erfassung des Bildes durch den menschlichen Betrachter. Aus diesem Grunde müssen auf derartige Segmentierungsergebnisse im allgemeinen unter Ausnutzung semantischer Informationen Editierverfahren angewendet werden, die verschiedene Bereiche zu "sinnvollen" Objektbereichen zusammenfassen /5.19-5.23/.

Die oben beschriebene Methode wird auch als "Bottom-Up"-Verfahren bezeichnet, da man ausgehend von einzelnen Bildpunkten zu immer größeren Bildbereichen fortschreitet, bis schließlich das gesamte Bild verarbeitet ist. In der Literatur wurden auch sogenannte "Top-Down"-Verfahren vorgeschlagen, bei denen man vom Gesamtbild ausgeht und durch sukzessive Unterteilung in möglichst eigenschaftshomogene Teilbereiche zum Segmentierungsergebnis kommt (z.B. /5.24/). Weiterhin sind "Bottom-Up"- und "Top-Down"-Verfahren miteinander kombiniert worden (z.B. /5.25-5.27/) (engl. 'split-and-merge'). Eine Einführung in die unterschiedlichen Verarbeitungsphilosophien findet sich in /1.22/ und /5.28/.

5.2 Kantenorientierte Verfahren

Die kantenorientierte Bildsegmentierung besteht im allgemeinen aus zwei Verarbeitungsschritten: Zunächst wird jedem Bildpunkt ein Eigenschaftsgradientenwert, der komplex sein, d.h. Betrag und Richtung haben kann, zugeordnet; die Abschnitte 5.2.1 bis 5.2.3 beschreiben verschiedene Ansätze zur Berechnung solcher Gradientenbilder. Ausgehend von diesen Gradientenbildern können anschließend mit Hilfe geeigneter Nachverarbeitungsmethoden, wie z.B. mit den in Abschnitt 5.2.4 behandelten Konturverfolgungsalgorithmen binärwertige Objektkonturen erzeugt werden.

5.2.1 Lokale Gradientenoperatoren

Lokale Gradientenoperatoren sind spezielle Realisierungen der in Abschnitt 3.2 behandelten lokalen Operatoren. Mit ihrer Hilfe werden lokale Intensitätsdifferenzen (meist 1. oder 2. Ordnung) in Bildsignalen ermittelt. Diese nehmen insbesondere in Kantenbereichen, d.h. in Grenzgebieten verschiedener Objekte, die durch unterschiedliche Intensitätswerte repräsentiert sind, hohe Werte an.

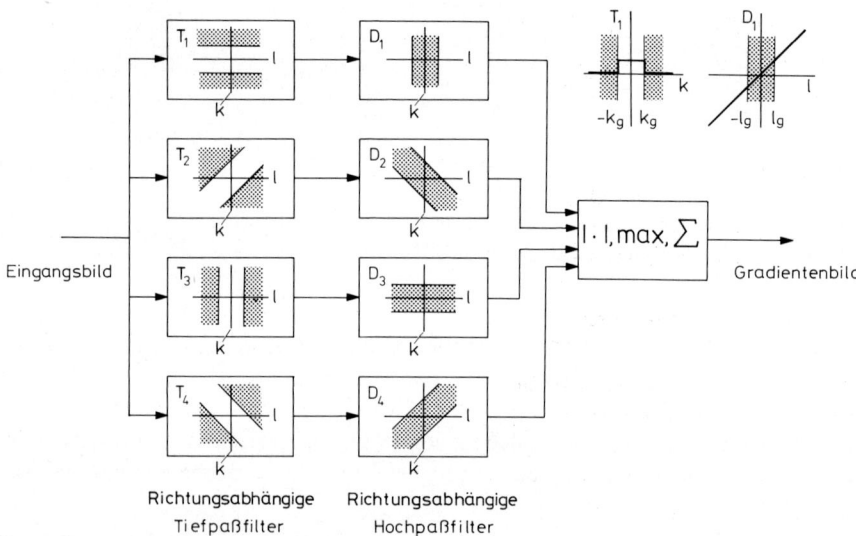

Bild 5.9. Zur Analyse von Gradientenoperatoren.

Systemtheoretisch lassen sich die meisten Verfahren mit dem in Bild 5.9 gezeigten Diagramm veranschaulichen. In mehreren (meist zwei oder vier) parallelen Zweigen werden zunächst lokale Mittelwerte in einer Richtung berechnet (richtungsabhängige Tiefpaßfilterungen), sodann in hierzu orthogonaler Richtung lokale Differenzwerte (meist 1. oder 2. Ordnung) gebildet. Anschließend werden die Beträge der Resultate der verschiedenen Zweige durch eine Summen- oder Maximumoperation zu einem Betragsgradientenbild $g(x, y)$ (manchmal auch zusätzlich zu einem Richtungsgradientenbild $\varphi(x,y)$) verrechnet. Während die beiden ersten Stufen in der Regel lineare Operationen sind, die sich mit Hilfe der in den vorhergehenden Kapiteln diskutierten systemtheoretischen Methoden analysieren und optimieren lassen, ist die 3. Stufe nichtlinear, die sich damit auch der Behandlung der linearen Systemtheorie entzieht. In /5.29, 5.30/ wird ein Überblick über gebräuchliche Verfahren gegeben.

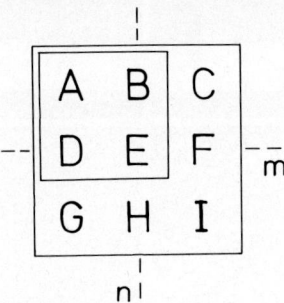

Bild 5.10.   Bezeichnung der Bildpunkte innerhalb eines 2×2 bzw. 3×3 Operatorfensters.

Ausgehend von der Bezeichnung der Bildpunkte des in Bild 5.10 dargestellten lokalen Operatorfensters ist beispielsweise der häufig angewendete Roberts-Gradient definiert als

$$g_{ROB} = \max(|A - E|, |B - D|) \qquad (5\text{-}17)$$

Die hiermit gewonnenen Gradientenbilder sind jeweils um ein halbes Abtastintervall in horizontaler und vertikaler Richtung in Bezug auf das ursprüngliche Bild verschoben. Der ebenso gebräuchliche Sobel-Operator ist definiert als

$$g_{SOB} = |(A + 2B + C) - (G + 2H + I)| + |(A + 2D + G) - (C + 2F + I)| \quad (5\text{-}18)$$

Ein gebräuchlicher Operator der Differenzen 2. Ordnung berechnet, also insbesondere auf Krümmungen von Intensitätsfunktionen sehr empfindlich reagiert, ist der sogenannte Absolute Pseudo-Laplace-Operator

$$g_{APL} = |(D - 2E + F) + (B - 2E + H)| = |B + D + H + F - 4E| \qquad (5\text{-}19)$$

Wie aus Gl.(5-17) ersichtlich ist, wirkt der Roberts-Gradient innerhalb eines lokalen 2×2-Bildfensters; ohne vorherige Tiefpaßfilterung werden Intensitätsdifferenzen in den beiden Diagonalenrichtungen gebildet. Es ist daher zu erwarten, daß dieser Operator auf im Bild vorhandene Rauschstörungen besonders empfindlich reagiert, was in Bild 5.11c,d veranschaulicht ist.
Aufgrund der vorhergehenden Tiefpaßfilterung (Faltung des Bildsignals in horizontaler bzw. vertikaler Richtung mit einer Impulsantwort mit den Abtastwerten 1,2,1) ist das Verhalten des innerhalb eines 3×3-Fensters arbeitenden, in

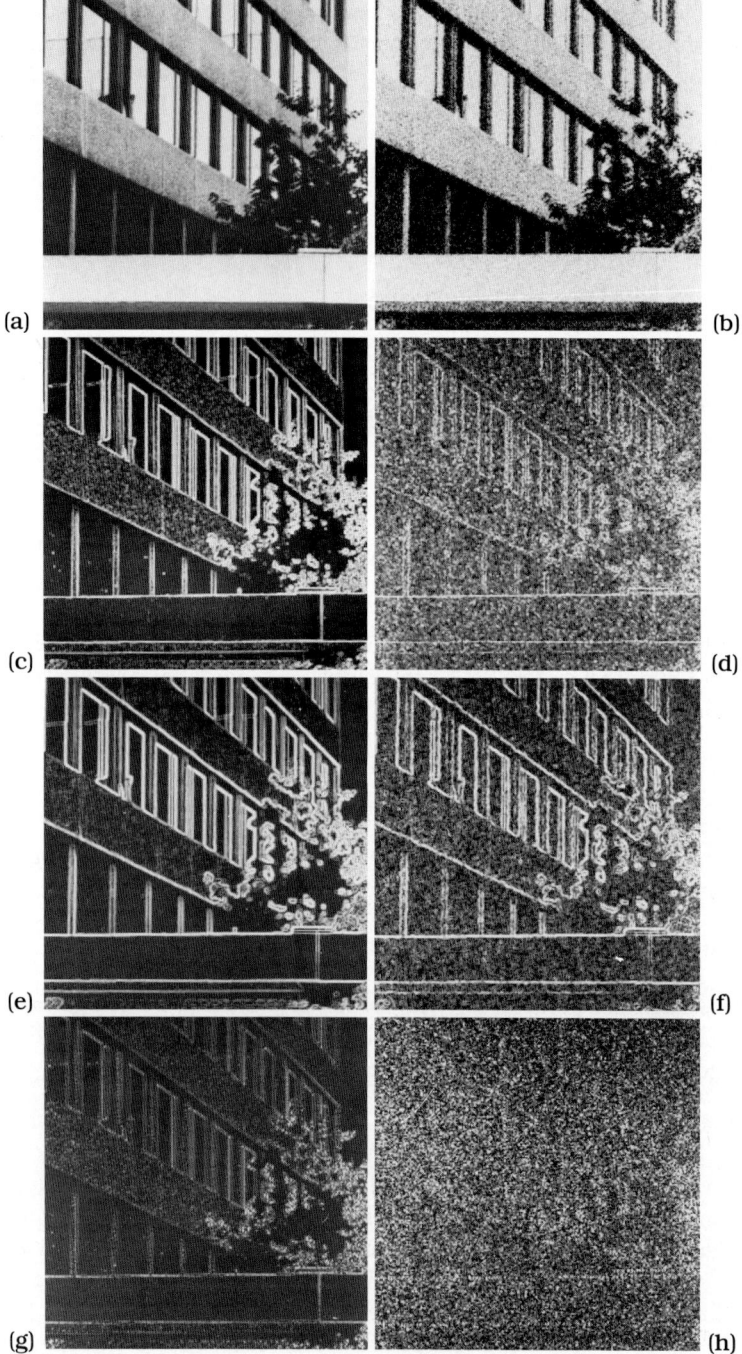

(a)   (b)

(c)   (d)

(e)   (f)

(g)   (h)

Bild 5.11.   Verarbeitungsbeispiele verschiedener Gradientenoperatoren.

Gl.(5-18) definierten Sobel-Operators bezüglich Rauschstörungen robuster (Bild
5.11f); dies wird jedoch mit etwas verbreiterten Konturen im ungestörten Fall
erkauft (vergl. Bild 5.11e mit Bild 5.11c). Je höher die Ordnung der realisierten Differenzenbildung ist, um so empfindlicher reagieren die Gradientenoperatoren auf Rauschstörungen. Dies ist deutlich anhand des im 3×3-Fensters
realisierten und in Gl.(5-19) definierten Absoluten Pseudo-Laplace-Operators im
ungestörten (Bild 5.11g) und gestörten Fall (Bild 5.11h) zu sehen. Insbesondere
Bild 5.11h veranschaulicht sehr deutlich die Grenzen der Leistungsfähigkeit lokaler Gradientenoperatoren bei gestörten Bildsignalen. Als Faustregel gilt: Je
stärker die einem Bildsignal überlagerten Störungen sind, umso ausgedehnter
müssen die Einzugsbereiche der Verfahren sein um eine gewisse Störrobustheit
zu erreichen. Da die Wahl großer Verarbeitungsfenster jedoch zu einem hohen
Rechenaufwand führt, empfiehlt es sich, die lokalen Richtungstiefpässe bzw. die
richtungsabhängigen Gradientenoperationen (vergl. Bild 5.9) beispielsweise als
rekursive Filter zu realisieren. In /5.31, 2.34/ wurde darüberhinaus gezeigt, daß
sich bei stark gestörten Bildern auch mit rotationsinvarianten, rekursiv realisierten Filtern, basierend auf stochastischen Kantenmodellen, sehr leistungsfähige
Verfahren realisieren lassen (siehe auch Beispiel in Bild 5.23d-f). In /5.32-5.37/
sind Methoden beschrieben, mit Hilfe derer die Leistungsfähigkeit von Kanten-
detektoren beurteilt werden kann.

5.2.2 Intensitätsgewichtete Gradientenverfahren

Wie erwähnt haben die oben behandelten Gradientenoperatoren den Nachteil,
daß sie auf zufällige Signalfluktuationen sehr empfindlich reagieren; dadurch ist
die Erzeugung von eindeutigen Konturen aus den Gradientenbildern oft mit
erheblichen Schwierigkeiten verbunden. In Fällen, in denen sich für Objekte
und Hintergrund charakteristische Intensitätsbereiche angeben lassen (wie beispielsweise die drei Grauwertplateaus bei Zellbildern), ist es deshalb sinnvoll,
neben den Intensitätsdifferenzen auch derartige Intensitätsabhängigkeiten mitzu-
berücksichtigen. Ähnlich wie man bei den Gradientenoperatoren implizit davon
ausgeht, daß ein monotoner Zusammenhang zwischen dem Gradientenwert und
der Wahrscheinlichkeit dafür besteht, daß der zugehörige Bildpunkt ein Konturpunkt ist, kann auch für jeden Bildpunkt eine Konturpunktwahrscheinlichkeit
in Abhängigkeit seines Intensitätswertes berechnet werden, oder mit anderen
Worten: Es gibt Intensitätsbereiche in denen das Vorhandensein eines Kontur-
punktes wahrscheinlicher ist als in anderen. Für die quantitative Festlegung dieser Abhängigkeit bedarf es einer statistischen Analyse bzw. eines statistischen
Modells. Hierfür könnte man beispielsweise in als typisch geltenden Bildern
interaktiv Konturpunkte markieren und gleichzeitig das Intensitätshistogramm
$h_K(i)$ dieser Konturpunkte berechnen. Ist $h(i)$ das Intensitätshistogramm des
gesamten Bildes, so gibt das Verhältnis $h_K(i)/h(i)$ direkt die Wahrscheinlichkeit
dafür an, daß ein Bildpunkt mit der Intensität i ein Konturpunkt ist.
Daß auf diese Weise ebenfalls gradientenartige Bilder erhalten werden, veranschaulicht Bild 5.12. Das sehr stark verrauschte Herzmuskelszintigramm (Bild

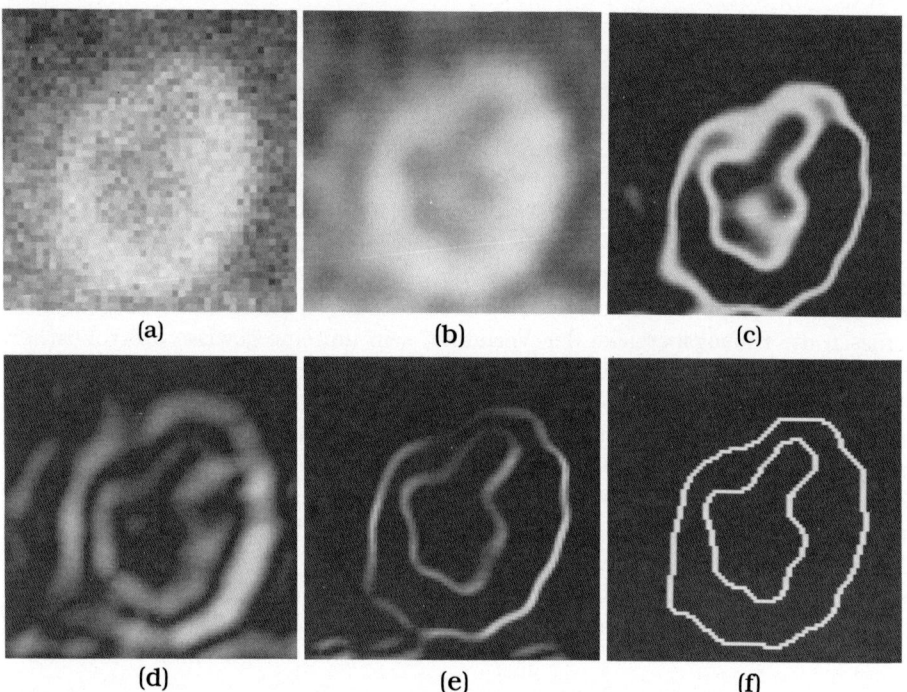

Bild 5.12.   Beispiel für intensitätsgewichtete Gradientenoperation. (a) Herzmuskelszintigramm, (b) Bild in (a) restauriert nach Wiener, (c) Bild in (b) intensitätsskaliert, (d) Sobel-Operator angewandt auf (b), (e) intensitätsgewichtetes Gradientenbild, (f) mittels Maximumverfolgung aus (e) extrahierte Organgrenze.

5.12a) wurde zunächst einer Optimalfilterung im Wienerschen Sinne unterworfen
(Bild 5.12b - zur Optimalfilterung siehe Abschnitt 4.4) und anschließend mit
einer Gaußfunktion intensitätsskaliert (Bild 5.12c).   Die Standardabweichung
der Gaußfunktion wurde im Beispiel willkürlich als 1/10 des gesamten Inten-
sitätsbereiches angenommen; für den Mittelwert wurde ein zwischen dem hellen
Organ und dem dunkleren Hintergrund liegender Wert gewählt. Zum Vergleich
ist in Bild 5.12d das Ergebnis des Sobeloperators, angewendet auf Bild 5.12b,
dargestellt. Wie zu sehen ist, haben im Bereich der Organgrenzen sowohl das
intensitätsskalierte Bild als auch das Gradientenbild hohe Signalwerte - zu einer nachfolgenden Konturverfolgung (siehe hierzu auch Abschnitt 5.2.4) sind
beide Bilder aufgrund der Signalfluktuationen in den übrigen Bereichen kaum
geeignet. Die in /5.10/ vorgeschlagenen intensitätsgewichteten Gradientenverfahren verknüpfen das Ergebnis der Intensitätsskalierung und das Gradientenbild multiplikativ miteinander und führen bei derartigen Bildern auf bessere,
weil störunempfindlichere Ergebnisse. Das Resultat dieser Verknüpfung im Fall
des Herzmuskelszintigramms ist in Bild 5.12e dargestellt. Bild 5.12f zeigt das
Ergebnis nach Anwendung eines anschließenden Konturverfolgungsverfahrens.
Bild 5.13 zeigt schematisch die drei verschiedenen Arten der Gradientenbildung

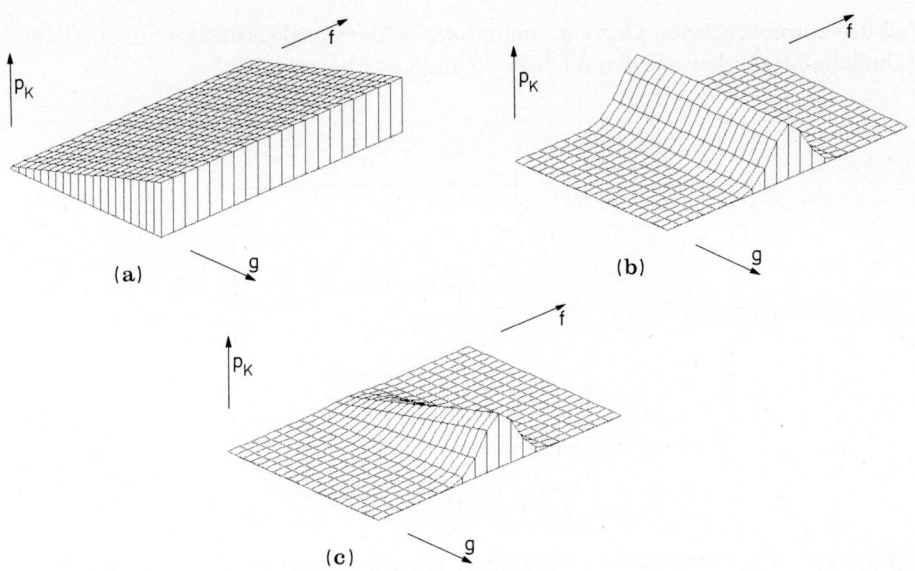

Bild 5.13. Darstellung von Gradientenverfahren als Konturpunktwahrscheinlichkeiten in der Intensitäts/Gradientenebene: (a) herkömmliche Gradientenverfahren, (b) Intensitätsgewichtung, (c) intensitätsbewertete Gradientenverfahren.

in der Gradienten/Intensitätsebene. Mit der oben skizzierten Vorgehensweise lassen sich auch andere Abhängigkeiten, wie z.B. Farbe, lokale Textur usw. in höherdimensionalen Konturwahrscheinlichkeitsräumen berücksichtigen. Angewendet wurden derartige Verfahren mit Erfolg auf nuklearmedizinische Bilddaten /5.19, 5.38, 5.39/, bei der Segmentierung von Zellbildern /5.40, 5.41/ und bei Hologrammrekonstruktionen /5.42/. Zur quantitativen Analyse siehe auch /5.14/.

Geht man von der realistischen Annahme aus, daß Gradientenbilder und intensitätsskalierte Bilder im Bereich von Objektkonturen sehr stark korreliert sind und in anderen Bereichen im wesentlichen zufällige Beiträge liefern, so lassen sich die Parameter der Intensitätsskalierungsfunktion aufgrund dieser Eigenschaft automatisch an ein individuelles Bild anpassen. Bild 5.14 zeigt das Blockschaltbild einer möglichen Realisierung dieser Parametereinstellung. Aus dem Eingangsbild $f(m,n)$ wird mit einem der im vorhergehenden Abschnitt beschriebenen Verfahren ein Gradientenbild $g(m,n)$ erzeugt (oberer Signalzweig). Im unteren Signalzweig wird $f(m,n)$ mit einer zweckmäßigerweise parametrisierten Funktion intensitätsskaliert. Ausgehend von geeigneten Anfangsparametern werden diese (im obigen Beispiel: Streuung und Mittelwert der Gaußfunktion) schrittweise solange verändert, bis sich eine maximale Korrelation zwischen Gradientenbild $g(m,n)$ und intensitätsskaliertem Bild $f'(m,n)$ ergibt. In diesem Fall entsteht das intensitätsgewichtete Gradientenbild durch Multiplikation von $g(m,n)$ mit $f'(m,n)$. Angewendet wurde dieses Verfahren erstmals bei der automatisierten Organgrenzfindung in Herzmuskelszintigrammen /5.39/ (ähnliche Methoden wurden auch in /5.43, 5.44/ beschrieben).

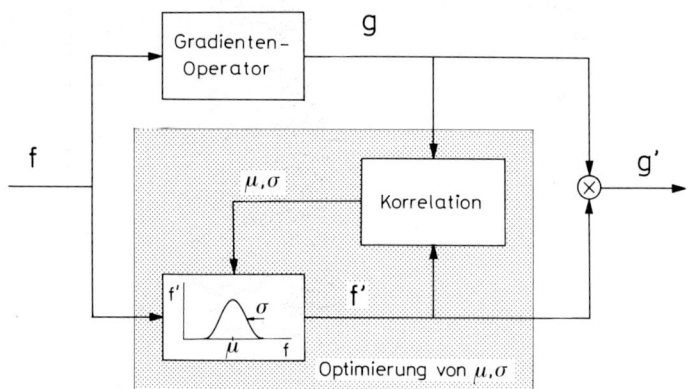

Bild 5.14. Zur automatischen Einstellung von Intensitätsgewichtungsfunktionen.

5.2.3 Kantendetektion mit Hilfe von Modellkanten

Die in Abschnitt 5.2.1 beschriebenen Gradientenoperatoren vergleichen den Bildinhalt innerhalb lokaler Bildfenster mit vorgegebenen Masken bzw. Schablonen; diese können bereits als sehr einfache, starre Modellkanten aufgefaßt werden. Beispielsweise wird bei Anwendung des Sobel-Operators (Gl.(5-18)) der Bildinhalt jeweils mit den beiden aus je 6 Bildpunkten bestehenden Masken ($A = 1$, $B = 2$, $C = 1$, $G = -1$, $H = -2$, $I = -1$) und ($A = 1$, $D = 2$, $G = 1$, $C = -1$, $F = -2$, $I = -1$) (siehe Bild 5.10) verglichen. Die Resultate dieser beiden Vergleiche werden anschließend nichtlinear miteinander verknüpft; der resultierende Gradientenwert stellt dann ein Maß für die Ähnlichkeit des Bildinhaltes mit einer dieser beiden Modellkanten dar. Wie bereits erwähnt müssen die Einzugsbereiche lokaler Gradientenoperatoren bei gestörten Bildsignalen sehr groß gewählt werden um eine gewisse Störrobustheit zu erreichen. Dadurch erhöht sich gleichzeitig die Vielfalt der möglichen Kanten innerhalb des Operatorfensters; aus diesem Grunde müßte idealerweise auch die Zahl der verwendeten Kantenschablonen entsprechend vergrößert werden, was aus Aufwandsgründen jedoch kaum praktikabel ist. Vielmehr ist die Verwendung variabler, d.h. vom Bildinhalt selbst abhängiger Schablonenfunktionen sinnvoll. Die hierbei zugrundegelegten Modellkanten können sehr unterschiedlich sein. Beispielsweise kann der Übergang von zwei aneinandergrenzenden Intensitätsbereichen als abrupt oder als intensitätskontinuierlich verlaufend modelliert werden (bei den im folgenden vorgestellten Verfahren wird jeweils von ersterem ausgegangen). Desweiteren können Kanten innerhalb einer vorgegebenen Bildfenstergröße mit verschiedenen Kantenformen modelliert werden. Bild 5.15 zeigt drei Beispiele hierfür.

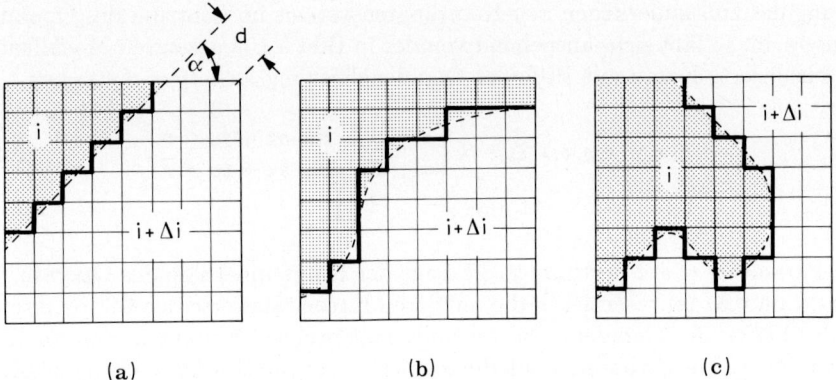

(a)   (b)   (c)

Bild 5.15. Kantenmodelle mit (a) linearer, (b) monotoner und (c) beliebiger Kantenform.

Das von Hueckel /5.45/ eingeführte Kantenmodell besteht aus einer geradlinigen Kante, das durch die Parameter α , d und die mittleren Intensitätswerte i und $i + \Delta i$ vollständig bestimmt ist (Bild 5.15a); Shaw /5.46/ fand eine aufwandsgünstige algorithmische Lösung für monotone Kantenformen (Bild 5.15b) und Wahl /5.47/ zeigte, daß Kantenmodelle auch ohne Restriktionen an die Kantenform realisiert werden können (Bild 5.15c) und zu guten Ergebnissen insbesondere bei feinstrukturierten Objekträndern führen. Üblicherweise werden derartige Verfahren in relativ großen Bildfenstern ($2N \times 2N$, mit N typisch 4, 5 oder 6) realisiert, wobei die Operatorfenster im Gegensatz zu den lokalen Operatoren nicht bildpunktweise sondern beispielsweise um jeweils N Bildpunkte in Spalten- und Zeilenrichtung über das Bild geschoben werden; das Ergebnis ist dann nicht ein einzelner Gradientenwert, sondern ein Kantensegment innerhalb des $2N \times 2N$-dimensionalen Operatorfensters, das im allgemeinen entsprechend der Intensitätsdifferenz Δi gewichtet zum Gradientenbild beiträgt. Es ist unschwer zu erkennen, daß im Gegensatz zur Verarbeitung mit lokalen Gradientenoperatoren mit weit ausgedehnten Einzugsbereichen abrupte Kanten nicht verbreitert werden, sondern aufgrund der Variabilität der Kantenlage innerhalb des Operatorfensters bei Verschiebung desselben prinzipiell immer positionsrichtig detektiert werden; bei der Verschiebung des Operatorfensters im Bereich einer Kante bleibt die detektierte Kante in Bezug auf das Bildsignal unverändert, während sie in Bezug auf das Operatorfenster entsprechend der Verschiebung des Operatorfensters in die entgegengesetzte Richtung wandert. Aufgrund der Leistungsfähigkeit insbesondere bei der Kantendetektion in stark verrauschten Bildsignalen werden im weiteren drei Verfahren, basierend auf den oben beschriebenen Kantenmodellen etwas ausführlicher beschrieben.

Kantenmodell nach Hueckel

Hueckel führt in /5.45/ die Kantendetektion auf eine Optimierung zurück, die in kontinuierlichen Ortskoordinaten approximativ gelöst wird. Nimmt man den Ur-

sprung des kontinuierlichen x, y-Koordinatensystems im Zentrum des Operatorfensters an, so läßt sich, ausgehend von der in Bild 5.15a gezeigten Modellkante,
die idealisierte Kante mit Hilfe der Geradengleichung $sx + ty = r$ angeben

$$g(x, y, r, s, t, i, \Delta i) = \begin{cases} i & \text{für } sx + ty \leq r \\ i + \Delta i & \text{für } sx + ty > r \end{cases} \qquad (5\text{-}20)$$

$$\text{mit } s^2 + t^2 = 1$$

Die Parameter r, s, t bestimmen die Lage der Kante innerhalb des Operatorfensters, i und Δi repräsentieren die mittleren Intensitätswerte der Bildpunkte auf
beiden Seiten der Geraden. Das Optimierungsproblem besteht nun darin, diese
Parameter so zu bestimmen, daß die mittlere quadratische Abweichung zwischen
Bildinhalt $f(x, y)$ und der Modellkante $g(x, y)$ innerhalb des Operatorfensters OF
minimal wird

$$\varepsilon(r, s, t, i, \Delta i) = \iint\limits_{\text{OF}} [f(x, y) - g(x, y, r, s, t, i, \Delta i)]^2 \, \mathrm{d}x \, \mathrm{d}y \to \min \qquad (5\text{-}21)$$

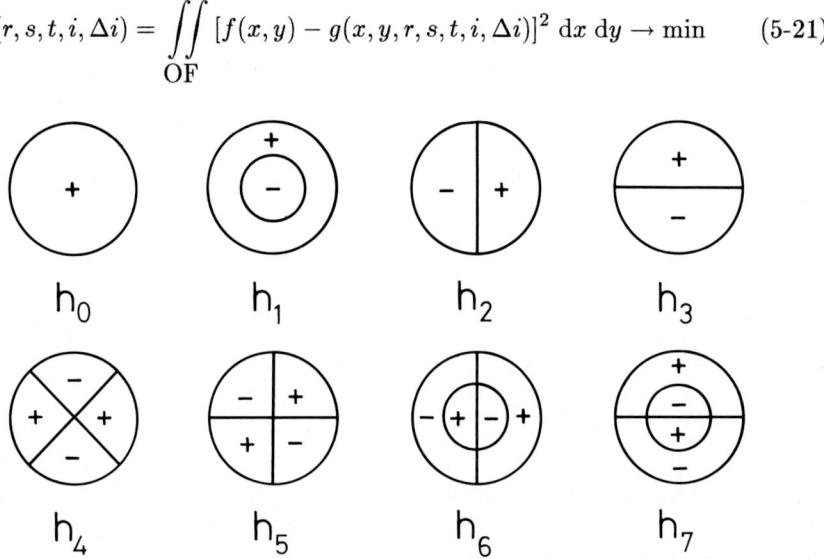

Bild 5.16. Vorzeichendarstellung der Basisfunktionen bei der Kantendetektion nach
Hueckel.

Hueckel löst dieses Problem durch Entwicklung von $f(x, y)$ und $g(x, y)$ nach
einem Satz orthonormaler Basisfunktionen $\{h_i(x, y) \mid i = 0, 1, 2, \ldots, \infty\}$ des
Hilbert'schen Funktionenraumes über OF, die aufgrund der speziellen Wahl dieser Basisfunktionen auch als Fouriertransformation von $f(x, y)$ und $g(x, y)$ in
Polarkoordinaten aufgefaßt werden kann. Damit geht Gl.(5-21) über in

$$\varepsilon(r, s, t, i, \Delta i) = \sum_{i=0}^{\infty} [F_i - G_i(r, s, t, i, \Delta i)]^2 \to \min \qquad (5\text{-}22)$$

$$\text{mit } F_i = \iint\limits_{OF} h_i(x,y) f(x,y) \, \mathrm{d}x \, \mathrm{d}y$$

$$\text{und } G_i = \iint\limits_{OF} h_i(x,y) g(x,y,r,s,t,i,\Delta i) \, \mathrm{d}x \, \mathrm{d}y$$

Hueckel verwendet zur Lösung von Gl.(5-22) nur 8 niederfrequente Basisfunktionen innerhalb eines kreisförmigen Operatorfensters (siehe schematische Darstellung in Bild 5.16) wodurch (a) implizit nur niederfrequente Signalanteile von $f(x,y)$ durch die Modellkante approximiert werden und (b) die Berechnung der Parameter r, s, t, i, Δi auf analytischem Weg mit reduziertem Aufwand möglich wird. Trotzdem bleibt der numerische Aufwand bei der Realisierung des Hueckel-Operators in seiner direkten, oben skizzierten Form noch enorm hoch (das Optimierungsproblem ist für jede Operatorfensterposition zu lösen!). Aus diesem Grunde wird im folgenden, ausgehend von der in Gl.(5-22) definierten Modellkante, ein Verfahren beschrieben, das die Parameterbestimmung mit geringem Aufwand direkt im Ortsbereich löst.

Ausgehend von Hueckels Arbeiten /5.45, 5.48/ wurde in /5.49/ gezeigt, daß die Richtungsbestimmung der Modellkante innerhalb des Operatorfensters mit den zwei in Bild 5.17 gezeigten einfachen diskreten Basisfunktionen $h_1(m,n)$, $h_2(m,n)$ möglich ist, die ausschließlich unter dem Gesichtspunkt geringer Rechenzeit gewählt wurden.

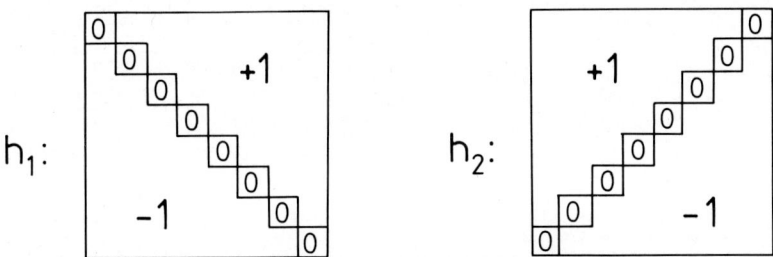

Bild 5.17. Vereinfachte Basisfunktionen zur Kantenrichtungsbestimmung nach Mero/Vassy.

Der Winkel α der stufenförmigen geraden Kante in Bild 5.15a berechnet sich im Operatorfenster OF aus $f(m,n)$ zu

$$\tan \alpha = \frac{\sum\limits_{\xi} \sum\limits_{\eta} f(\xi,\eta) h_2(\xi,\eta)}{\sum\limits_{\xi} \sum\limits_{\eta} f(\xi,\eta) h_1(\xi,\eta)} \tag{5-23}$$

mit $\xi, \eta \in$ OF. Dieser Ausdruck läßt sich numerisch sehr schnell berechnen, da keine Multiplikationen und nur eine einzige Division auftreten. Die Berechnung von α nach Gl.(5-23) ist darüberhinaus sehr robust gegenüber zufälligen

Signalfluktuationen; selbst bei Störsignalen, deren Standardabweichung gleich
dem Kantengradienten ist, liegt der Winkelfehler bei einem 8×8 Bildpunkte ausgedehnten Operatorfenster noch unter 10°. Ausgehend vom Winkel α muß im
nächsten Schritt die Lage der Kante innerhalb des Operatorfensters bestimmt
werden. Ein schnelles Verfahren hierzu wurde in /5.50/ angegeben. Es ist leicht
einzusehen, daß die quadratische Abweichung zwischen dem Bildinhalt $f(m,n)$
und einer Modellkante $g(m,n)$

$$\varepsilon = \sum_\xi \sum_\eta [f(\xi,\eta) - g(\xi,\eta)]^2 \tag{5-24}$$

mit $\xi,\eta \in$ OF dann minimal wird, wenn der Ausdruck

$$\rho = \sum_\xi \sum_\eta f(\xi,\eta)g(\xi,\eta) \tag{5-25}$$

einen Maximalwert annimmt (konstante Varianz von $f(m,n)$ und $g(m,n)$ vorausgesetzt). In Gl.(5-25) läßt sich $g(m,n)$ als Schablonenfunktion auffassen, mit
der der Bildinhalt $f(m,n)$ verglichen wird.

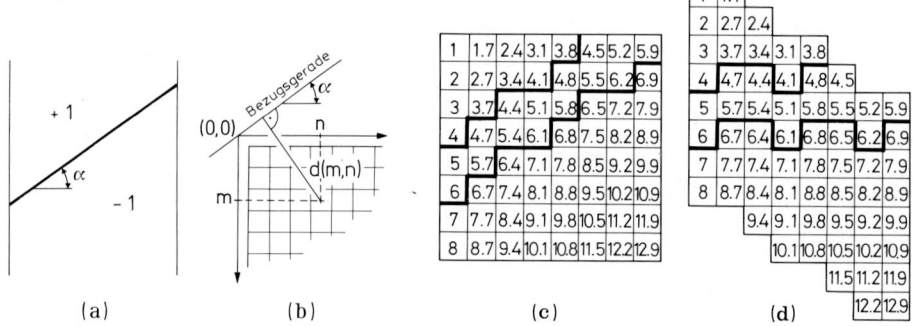

Bild 5.18. Zur Lagebestimmung von Kanten.

Eine einfache Schablonenfunktion zur Bestimmung der Kantenlage unter dem
Winkel α zeigt Bild 5.18a. Wird diese über das Bildfenster geschoben, so wird
der Ausdruck in Gl.(5-25) dann maximal, wenn Modellkante und Bildinhalt
übereinstimmen. Normiert man die Intensitätswerte innerhalb des Bildfensters
auf den Mittelwert Null, dann läßt sich Gl.(5-25) auf besonders einfache Weise
berechnen. Liegt die Schablonenfunktion so über dem Operatorfenster der Dimension $N \times N$, daß oberhalb der Kante q und unterhalb der Kante $N^2 - q$
Bildpunkte liegen, so ist

$$\rho(q) = \sum_{j=1}^{q} f(j) - \sum_{j=q+1}^{N^2} f(j) \tag{5-26}$$

wobei j ein neuer Index der Bildpunkte innerhalb OF ist, der angibt, in welcher Reihenfolge bei Verschiebung der Schablone von oben nach unten die Bildpunkte vom positiven Bereich der Schablone nacheinander überdeckt werden. Aufgrund der Normierung ist in Gl.(5-26)

$$\sum_{j=q+1}^{N^2} f(j) = -\sum_{j=1}^{q} f(j) \tag{5-27}$$

Damit berechnet sich ρ zu

$$\rho(q) = 2\sum_{j=1}^{q} f(j) \text{ bzw. } \rho'(q) = \frac{\rho(q)}{2} = \sum_{j=1}^{q} f(j) \tag{5-28}$$

Man sieht, daß ρ' gleich der Summe aller normierten Grauwerte oberhalb der Schablonenkante ist. Wird die Schablonenkante von oben nach unten über das Bildfenster geschoben, erfaßt sie an der linken oberen Ecke beginnend nacheinander alle Bildpunkte. Besteht das Bildfenster aus N^2 Punkten, so gibt es im allgemeinen N^2 verschiedene Positionen der Kante und entsprechend N^2 verschiedene Werte $\rho'(q)$. Jeweils der nächste von der Schablone erfaßte Punkt wird zu dem bisher berechneten $\rho'(q)$ addiert um das neue $\rho'(q+1)$ zu erhalten. Da die Schablonenkante parallel zu der in Bild 5.18b gezeichneten Bezugsgeraden wandert, werden die Bildpunkte in OF in der Reihenfolge ihrer Abstände zu dieser Geraden erfaßt:

$$d(m,n)^2 = \frac{[m + (n-1)\tan\alpha]^2}{1 + \tan^2\alpha} \tag{5-29}$$

Nachdem nur die Rangordnung der Abstände die Reihenfolge der Punkte bestimmt, kann als Maß für den Abstand auch

$$d'(m,n) = m + (n-1)\tan\alpha \tag{5-30}$$

verwendet werden. Für den Fall $\tan\alpha = 0,7$ sind die Abstände d' in Bild 5.18c als Beispiel angegeben. Um Gl.(5-28) berechnen zu können muß die Reihenfolge der Bildpunkte $j = j(m,n)$ entsprechend ihrer Abstände d' zur Bezugsgeraden ermittelt werden. In /5.51/ wurde hierzu ein schnelles Sortierverfahren vorgeschlagen. Da sich die Werte d' in Bild 5.18c von Zeile zu Zeile genau um 1 unterscheiden, kann man die Matrix der Abstände nach Bild 5.18d umordnen. Man sieht, daß - unabhängig vom gewählten Beispiel - die Elemente sich entsprechend ihren ganzzahligen Anteilen eindeutig in ein solches Schema einordnen lassen, wenn nur $0 < \tan\alpha < 1$ ist. Die gebrochenen Anteile treten innerhalb einer Zeile des Schemas immer in gleicher Reihenfolge auf. Ordnet man die Elemente einer einzigen Zeile nach der Größe ihrer Nachkommaanteile, so bekommt man für alle Zeilen die Reihenfolge der n-Indizes. Im Beispiel von

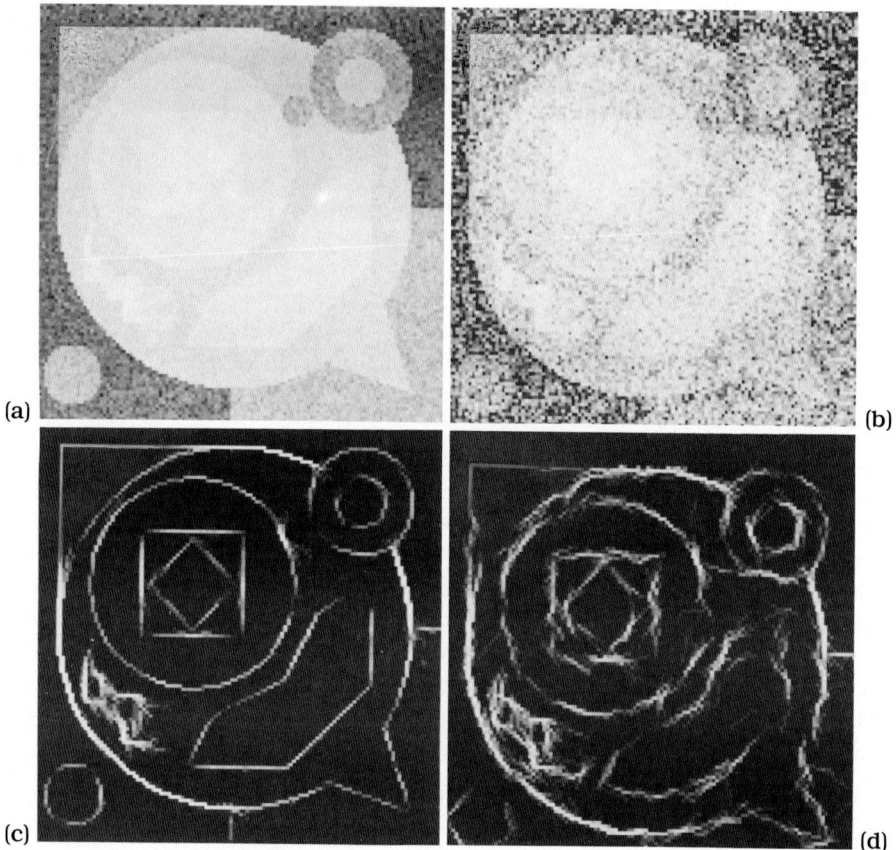

Bild 5.19. Detektionsbeispiele von Kanten mit linearem Kantenmodell (c), (d) anhand zweier unterschiedlich stark gestörter Testmuster (a), (b) (aus /5.50/).

Bild 5.18c wäre dies die Folge 1, 4, 7, 3, 6, 2, 5, 8. Wie aus Bild 5.18d hervorgeht existieren nicht in jeder Zeile alle n-Indizes, sondern nur in den Zeilen 5 bis 8. Wird dies berücksichtigt, erhält man eine eindeutige Vorschrift zur Bestimmung der Reihenfolge, d.h. eine Liste der Zeilen- und Spaltenindizes der Bildpunkte (in Bild 5.18c,d sind zwei jeweils korrespondierende Kantenpositionen angedeutet). Für andere Winkelbereiche von α gilt entsprechendes. Damit läßt sich die Berechnung gemäß Gl.(5-28) sehr aufwandsgünstig durchführen und ρ_{max} mit zugehörigem Index q_{max} bestimmen. ρ_{max} ist hierbei ein Maß für die optimale Übereinstimmung des Bildinhalts mit der Modellkante und kann zur Gewichtung des Kantensegments im Ausgangsbild herangezogen werden. Mit q_{max} ist eindeutig die Lage der Kante innerhalb des Operatorfensters bestimmt. Bild 5.19 zeigt zwei Verarbeitungsbeispiele mit dem oben beschriebenen Verfahren. Ein rechnergeneriertes Testmuster mit einem Intensitätsbereich von 100 bis 600 Einheiten wurde mit einem gaußverteilten Rauschsignal der Standardabweichung $\sigma = 25$

(Bild 5.19a) und $\sigma = 100$ (Bild 5.19b) überlagert. Die Verarbeitungsergebnisse sind jeweils darunter dargestellt. Die Dimension des Operatorfensters betrug 8×8 Bildpunkte; die Verschiebung in horizontaler und vertikaler Richtung erfolgte jeweils mit 4 Bildpunkten Inkrement. Wie zu sehen ist, können selbst im extrem stark gestörten Bild 5.19b noch relativ zuverlässig gerade bzw. wenig gekrümmte Kanten detektiert werden. Für die Kantendetektion feiner Strukturen, wie Eckpunkte, Objektränder mit starken Krümmungen, usw., eignen sich die im folgenden beschriebenen Kantenmodelle.

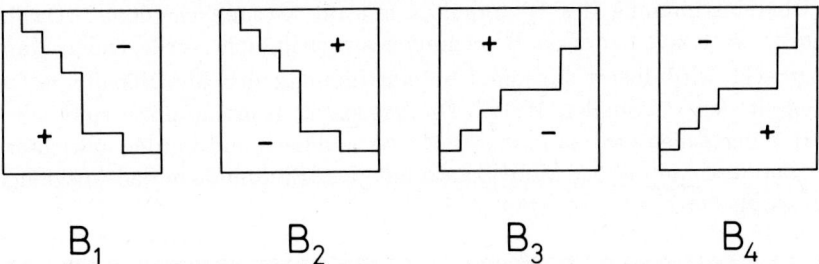

Bild 5.20. Zur Kantendetektion mit monoton verlaufenden Modellkanten.

Kantenmodell nach Shaw

Shaw beschreibt in /5.46/ ein Verfahren, mit dem für das Bildsignal innerhalb eines Operatorfensters der Dimension $N \times N$ eine optimal angepaßte Kantenschablone mit monoton verlaufender Kante konstruiert werden kann (siehe Bild 5.15b). In jeder Zeile i des Operatorfensters wird hierzu nach Normierung des Bildfensters auf den Intensitätsmittelwert Null mit einer "eindimensionalen Modellkante" (Sprungfunktion mit Amplitudenwerten $-1, +1$) eine "senkrechte Zeilenkante" mittels Schablonenvergleich zwischen zwei benachbarten Punkten dieser Zeile berechnet.

$$A(i,j) = \sum_{k=0}^{j} f(i,k) - \sum_{k=j+1}^{N} f(i,k) \qquad (5\text{-}31)$$

Unter der Voraussetzung, daß die Kante im Operatorfenster monoton verläuft, d.h. mit wachsender Zeilennummer i die Zeilenkante monoton nach rechts oder links wandert, läßt sich aus den Zeilenkanten schrittweise eine Kantenschablone für das gesamte Bildfenster konstruieren. Die hierbei möglichen 4 Typen von Kanten sind schematisch in Bild 5.20 dargestellt. Da der tatsächlich im Operatorfenster vorliegende Kantentyp a priori nicht bekannt ist, wird der Algorithmus für alle vier Kantentypen angewendet. Die vier Kantenschablonen berechnen sich dann aus $A(i,j)$ in Gl.(5-31) gemäß

$$B_1(i,j) = B_2(i,j) = B_3(i,j) = B_4(i,j) = A(i,j) \text{ für } i = 1$$

$$B_1(i,j) = A(i,j) + \max_{k \leq j}(B_1(i-1,k))$$

$$B_2(i,j) = A(i,j) + \min_{k \leq j} \left(B_2(i-1,k) \right) \tag{5-32}$$

$$B_3(i,j) = A(i,j) + \max_{k \geq j} \left(B_3(i-1,k) \right)$$

$$B_4(i,j) = A(i,j) + \min_{k \geq j} \left(B_4(i-1,k) \right)$$

Jedes Element von $B(i,j)$ gibt die Übereinstimmung des Bildfensters mit einer Teilschablone an, die bis zur i-ten Zeile durch die Zeilenextrema von $B(i,j)$ definiert ist. Demgemäß entspricht das Maximum in der letzten Zeile der Übereinstimmung des Bildinhaltes mit der Gesamtschablone. Dasjenige B_ξ mit $\xi = 1,2,3,4$, dessen Berechnungsvorschrift dem vorliegenden Kantentyp gerecht wird liefert für die Übereinstimmung der Modellkante mit dem Bildinhalt den maximalen Wert. Die gesuchten Kantenpunkte sind mit den Punkten der Zeilenmaxima in dieser Matrix identisch und werden gewichtet mit der Übereinstimmung der Modellkante mit dem Bildinhalt in das Ausgangsbild übertragen.

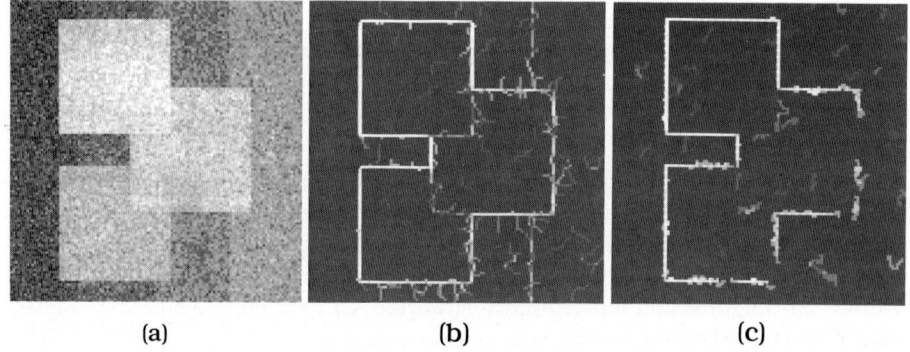

(a)   (b)   (c)

Bild 5.21. Kantendetektionsergebnisse mit Hilfe des (b) monotonen und (c) uneingeschränkten Kantenmodells, angewandt auf das in (a) gezeigte Testbild.

In Bild 5.21b ist ein Verarbeitungsbeispiel mit dieser Methode anhand des in Bild 5.21a gezeigten Testbildes dargestellt (Original: Intensitätsbereich 100-700 Einheiten mit Abstufungen von jeweils 100 Intensitätseinheiten; gestört mit gaußschem Rauschen mit Standardabweichung $\sigma = 100$ Intensitätseinheiten; Größe des Operatorfensters: 8×8 Bildpunkte).

Modellkanten ohne Formrestriktionen

Insbesondere bei feinstrukturierten Objekträndern, d.h. Konturen mit starken Krümmungen, sind Kantenmodelle ohne Restriktionen an die Form der Kante (wie Geradlinigkeit, Monotonie, etc.) sinnvoll (siehe Bild 5.15c). In einer Studie /5.47/ wurde gezeigt, daß derartige Kantenmodelle sehr einfach mit Bereichswachstumsverfahren realisiert werden können. Enthält ein Operatorfenster OF eine Objektkante, so teilt ein lokal auf OF angewendetes Bereichswachstumsverfahren das Operatorfenster in zwei Bereiche verschiedener Helligkeiten. Im Fall

von idealisierten nichtverrauschten Kanten sind die Helligkeiten innerhalb dieser
Bereiche konstant und alle Punkte gleicher Helligkeit sind Ortsnachbarn. Da
im allgemeinen die Intensitäten innerhalb der beiden Objektbereiche variieren
und/oder durch Rauschen gestört sind, geht diese Eigenschaft jedoch verloren.
Ausgehend von geeigneten Initialpunkten (beispielsweise Punkte mit minimaler
und maximaler Intensität des tiefpaßgefilterten Signals innerhalb des Operatorfensters) kann eine Aufteilung mit Hilfe des in Abschnitt 5.1.3 beschriebenen
Wachstumsprozesses lokal in zwei zusammenhängende Gebiete erreicht werden.
Die gesuchte Kante entspricht dann dem Grenzgebiet beider Bereiche. Sie wird
zweckmäßigerweise gewichtet mit der Intensitätsmittelwertsdifferenz beider Bereiche in das Ausgangsbild eingetragen. Bild 5.21c zeigt ein Verarbeitungsbeispiel dieses Verfahrens (Operatorfenster 8×8 Bildpunkte).

5.2.4 Konturverfolgung

Die Resultate der in den vorhergehenden Abschnitten beschriebenen Kanten-
detektoren sind ortsdiskrete, wertekontinuierliche Gradientenbilder, die lokale
Intensitätsdifferenzen 1. oder 2. Ordnung (manchmal auch die Gradientenrich-
tung) des ursprünglichen Signals repräsentieren. Objektränder bestehen hierbei
im allgemeinen aus mehreren Bildpunkte breiten Gradientenzügen, die auch Un-
terbrechungen aufweisen können. Mit Hilfe von Konturverfolgungsalgorithmen
können aus solchen Gradientenbildern dünne, binärwertige Objektkonturen erzeugt werden. Ausgehend von geeigneten Initialpunkten - z.B. Bildpunkte mit
hohem Gradientenwert - werden mit Konturverfolgungsalgorithmen sequentiell
Pfade aus den Gradientenbildern erzeugt, die vorgegebene Kriterien möglichst
gut erfüllen. Geht man beispielsweise davon aus, daß ein Bild mit hellem Objekt
auf dunklem Hintergrund mit einem Sobel-Operator (vergl. Abschnitt 5.2.1) verarbeitet wurde, so ist für einen anschließenden Konturverfolgungsalgorithmus ein
sinnvolles Kriterium, daß das Produkt der unter dem erzeugten Pfad liegenden
Gradientenwerte einen Maximalwert annimmt:

$$\prod_{i=0}^{L-1} g(i) \rightarrow \max \qquad (5\text{-}33)$$

wobei $g(i)$ der Gradientenwert des Konturelementes i und L die Anzahl der
die Kontur repräsentierenden Bildelemente sei. Da der Rechenaufwand für die
Optimierung von Gl.(5-33) über die gesamte Konturlänge L im allgemeinen un-
praktikabel hoch ist, begnügt man sich meist mit der Optimierung von kürzeren
Konturlinienabschnitten, bestehend aus jeweils $L' \ll L$ Konturpunkten. Hierbei
wählt man von den L' berechneten Elementen häufig nur das erste Element als
Konturpunkt und berechnet ausgehend von diesem als Initialpunkt den nächsten
Konturlinienabschnitt der Länge L'. Mit dieser rekursiven Vorgehensweise wer-
den für jeden neuen Konturpunkt demgemäß $L' - 1$ Elemente im voraus bei der
Auswahl berücksichtigt.

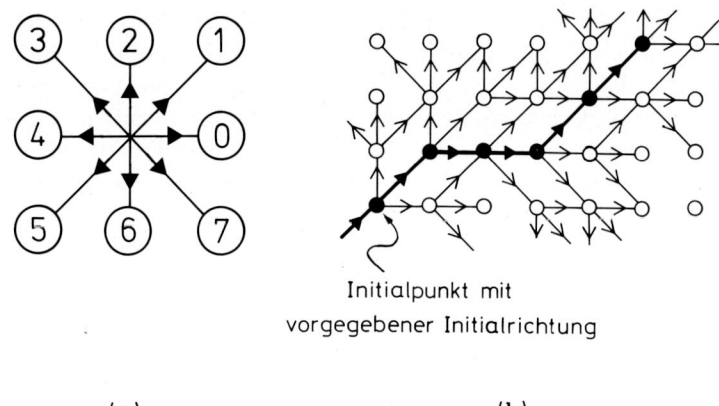

Initialpunkt mit
vorgegebener Initialrichtung

(a)   (b)

Bild 5.22. Zur Konturverfolgung. (a) Richtungsbezeichnungen; (b) Beispiel für die untersuchten Pfade entlang einer extrahierten Kontur.

Weiterhin ist es sinnvoll, bestimmte Randbedingungen für die Richtungsänderungen bei der Konturpunktsuche festzulegen. Bezeichnet man die möglichen 8 Richtungen beim Fortschreiten vom i-ten Konturpunkt zu einem der möglichen 8 Nachbarbildpunkte mit dem Index i+1 gemäß Bild 5.22a mit $r(i, i+1)$, so ist beispielsweise der Ausschluß von zwei aufeinanderfolgenden Schritten in entgegengesetzter Richtung sinnvoll, um ein Zurückwandern auf der bereits gefundenen Kontur zu vermeiden, d.h.

$$r(i-1, i) \neq [r(i, j+1) + 4] \bmod 8 \qquad (5\text{-}34)$$

Ist a priori bekannt, daß die gesuchten Objektkonturen keine starken Krümmungen aufweisen, kann die Vielfalt der möglichen Pfade über dem diskreten Gradientenbild bei der Berechnung von Gl.(5-33) weiterhin stark eingeschränkt werden. Eine sinnvolle Forderung ist beispielsweise

$$[r(i-1, i) - r(i, i+1)] \bmod 8 \leq \Delta r \qquad (5\text{-}35)$$

d.h. die Richtung beim Fortschreiten auf dem Abtastgitter kann sich pro Schritt nur um maximal Δr Richtungseinheiten gegenüber dem vorhergehenden Schritt ändern. Für den Fall $L' = 2$ und $\Delta r = 1$ sind in Bild 5.22 schematisch diejenigen Pfade dargestellt, die beim Verfolgen der 6 Konturpunkte untersucht werden. Weitere (problemabhängige!) Randbedingungen könnten beispielsweise darin bestehen, daß der Algorithmus den Bildrand nicht erreichen darf, daß geschlossene Konturen erzeugt werden müssen, daß die extrahierten Konturen bestimmte Längen nicht über- bzw. unterschreiten dürfen, usw..
In Bild 5.23 sind zwei Beispiele für die Konturverfolgung dargestellt. Aus dem in Bild 5.23a dargestellten Zellbild wurde zunächst mit dem in Abschnitt 5.2.2 beschriebenen intensitätsgewichteten Gradientenverfahren das in Bild 5.23b ge-

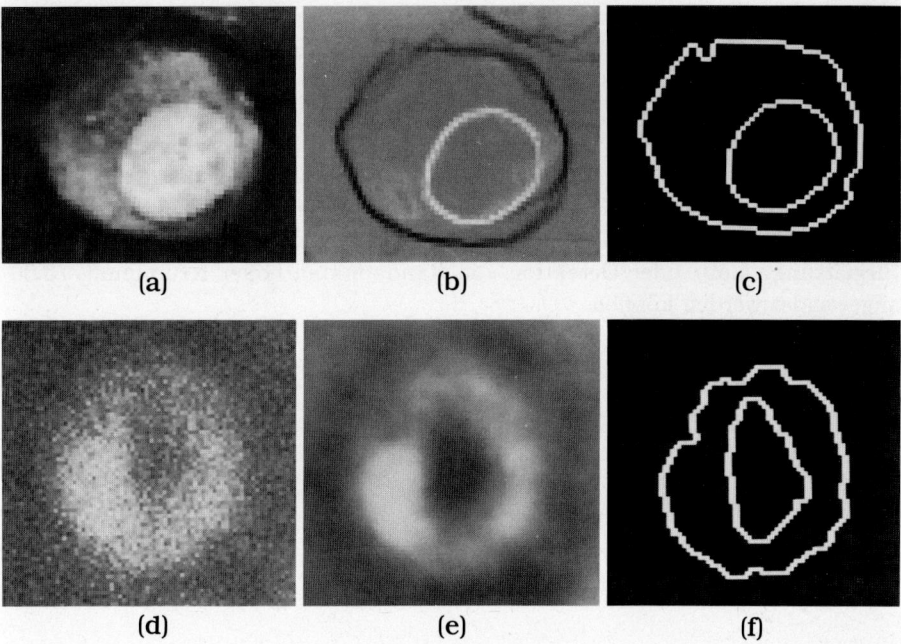

(a) (b) (c)

(d) (e) (f)

Bild 5.23. (a), (b), (c) Maximum/Minimumverfolgung, angewandt auf das Gradientenbild eines vorverarbeiteten Zellbildes; (d), (e), (f) Nulldurchgangsverfolgung angewandt auf das Laplace-Filterergebnis eines Herzmuskelszintigramms (aus /2.22/).

zeigte Gradientenbild berechnet (die Gewichtungsfunktionen waren hierbei zwei Gaußfunktionen mit für die Zellkern/Zellplasma-Grenze positiven und für die Zellplasma/Hintergrund-Grenze negativem Vorzeichen; der mittlere Grauwert entspricht dem Gradientenwert Null). Ausgehend von den jeweils zwei Gradientenmaxima und Gradientenminima einer zentralen Bildzeile des Gradientenbildes als Initialpunkte, wurden mit oben beschriebener Methode sequentiell die Pfade maximaler bzw. minimaler Gradientenwerte verfolgt; der dabei zurückgelegte Weg entspricht den gesuchten Objektkonturen, die in Bild 5.23c dargestellt sind. In /2.22/ wurde gezeigt, daß selbst in stark gestörten Szenen mittels optimal bandbegrenzter Laplace-Operatoren noch relativ zuverlässig Intensitätsdifferenzen 2. Ordnung berechnet werden können. Ein Beispiel hierfür ist anhand des in Bild 5.23d gezeigten Herzmuskelszintigramms in Bild 5.23e dargestellt (die Grauwerte repräsentieren hier Krümmungen der Intensitätsfunktion, wobei der mittlere Grauwert der Krümmung Null entspricht). Wie man sich leicht überlegen kann, sind hierbei die Objektkanten durch die Nulldurchgänge gegeben. Verfolgt man deshalb in Bild 5.23e, ausgehend von den 4 steilsten Nulldurchgängen in der mittleren Bildzeile, die Pfade mit den steilsten Nulldurchgängen, so entspricht der durch den Algorithmus zurückgelegte Weg wiederum den gesuchten, in Bild 5.23f gezeigten Organgrenzen. Falls vorhanden, sollte auch die Richtungsinformation von Gradienten für die Konturverfolgung miteinbezogen werden. Die Wahl geeigneter Kriterien für die Pfadoptimierung, sowie die Wahl der dem Verfolgungsalgorithmus zugrundegelegten Randbedingungen sind stark problemabhängig, bei der möglichst viel Vorwissen über die zu verarbeitenden Bildszenen einfließen sollte. Weitere Ansätze für derartige Suchstrategien in planaren Graphen mit Anwendungsbeispielen finden sich beispielsweise in /1.14, 5.40, 5.52-5.55/. Die entstehenden Konturlinien lassen sich anstelle von Binärbildern auch mit Hilfe von Kettencodes repräsentieren /5.56-5.58/, auf die dann auf besonders einfache Weise Nachverarbeitungsalgorithmen, z.B. zur Konturglättung /5.59/ oder Detektion von Randpunkten hoher Krümmung /5.60/ angewendet werden können.

6 Signalorientierte Bildanalyse

Die Wahl eines geeigneten Bildanalyseverfahrens bzw. die geeignete Beschreibung von Bildbereichen hängt sehr stark vom jeweiligen Anwendungsgebiet ab. Eine erschöpfende Behandlung ist aus diesem Grunde im vorgegebenen Rahmen nicht möglich. Vielmehr soll im folgenden mit der Darstellung einiger gebräuchlicher (primär signalorientierter) Ansätze ein Gefühl für dieses wichtige Gebiet vermittelt werden; eine eingehendere Behandlung dieses Gebietes findet der interessierte Leser in der in Kapitel 1 zitierten Literatur /1.12-1.24/. Um segmentierte Bildunterbereiche getrennt analysieren zu können müssen diese, wie in Abschnitt 6.1 beschrieben wird, zunächst mit Etiketten versehen werden. Abschnitt 6.2 behandelt einige einfach zu berechnende Merkmale wie Fläche, Umfang, Durchmesser, usw.. In Abschnitt 6.3 wird auf die Repräsentation von Objektbereichsformen (Silhouetten) mittels Fourierreihen eingegangen. Auf der Basis der in Abschnitt 6.4 behandelten Momente können sowohl Formmerkmale, als auch Intensitätseigenschaften innerhalb von Objektbereichen ermittelt werden. Mit Hilfe der in Abschnitt 6.5 beschriebenen Detektionsfilter lassen sich Objekte in Szenen wiederauffinden bzw. die Ähnlichkeit von Musterfunktionen mit dem Bildinhalt messen. In den Abschnitten 6.6 und 6.7 werden schließlich Möglichkeiten der statistischen Signalbeschreibung von Bildern mit globalen/lokalen Leistungsspektren und Grauwertübergangsmatrizen aufgezeigt.

6.1 Etikettierung von Bildpunkten

Enthalten segmentierte Bilder P Objekte die getrennt analysiert werden sollen, so müssen die zu verschiedenen Objektbereichen gehörenden Bildpunkte zunächst mit P unterschiedlichen Etiketten versehen werden. Das Ziel hierbei ist, den Bildpunkten eines Objektbereiches f_i mit $i = 1, \ldots, P$ eine einheitliche Kennummer - zweckmäßigerweise i - zuzuordnen; alle Bildpunkte außerhalb f_i bekommen Etiketten j mit $j = 1, \ldots, P$ und $j \neq i$. Die Etikettierung mehrerer Objekte kann gleichzeitig auf folgende Weise durchgeführt werden: Unter der Annahme, daß Objekte mit 1-Elementen und der Hintergrund mit 0-Elementen in Form eines Binärmaskenbildes vorliegen, beginnt man, beispielsweise ausgehend von der linken oberen Bildecke, in der ersten Bildzeile nach Objektpunkten zu suchen. Der erste gefundene Objektpunkt erhält die Etikette 1. Ist der nächste, rechts danebenliegende Bildpunkt ebenfalls Objektpunkt, so erhält dieser, da er zum gleichen Objekt gehört, ebenfalls die Etikette 1 usw.. Die nächsten

Nicht-Objektpunkte in dieser Zeile werden mit 0 als Hintergrund etikettiert. Der nächsten zusammenhängenden Sequenz von Objektpunkten dieser Zeile wird die Etikette 2 zugeordnet, usw.. Beim Etikettieren der weiteren Zeilen verfährt man ebenso, berücksichtigt dabei jedoch die Etiketten der jeweils vorhergehenden Bildzeilen. D.h., hat ein Objektpunkt in der vorhergehenden Bildzeile einen bereits etikettierten Nachbarn, so erhält er dessen Etikette. Objektpunkten ohne benachbarte, bereits etikettierte Objektpunkte, wird jeweils die nächste noch frei verfügbare Etikette zugeordnet. Hat ein Objektpunkt zwei Nachbarn in der vorhergehenden Zeile mit unterschiedlichen Etiketten, ordnet man ihm beispielsweise den kleineren Etikettenwert zu und notiert in einer Tabelle, daß beide Etiketten ein und denselben Bereich kennzeichnen. Falls erforderlich, kann diese Tabelleninformation in einem weiteren Nachverarbeitungsschritt dazu genutzt werden, um die Etiketten von zusammenhängenden Objektbereichen zu vereinheitlichen.

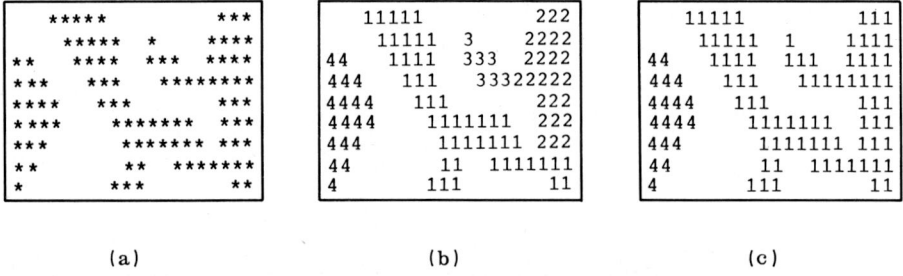

(a)   (b)   (c)

Bild 6.1.   Zur Bildpunktetikettierung. (a) Originales Binärmuster, (b) Zwischenergebnis nach einem Durchlauf, (c) berichtigte Etiketten benachbarter Bereiche nach zweitem Durchlauf.

Bild 6.1 zeigt ein Etikettierungsbeispiel anhand eines einfachen Binärmusters mit zwei zusammenhängenden Objektstrukturen vor (b) und nach (c) diesem Nachverarbeitungsschritt. Das Ergebnis des Etikettierverfahrens hängt von der Definition der Nachbarschaft ab. Bei der sogenannten Vierernachbarschaft werden als Nachbarpunkte des Bildpunktes mit den Koordinaten (m, n) die vier Bildpunkte mit den Koordinaten $(m+1, n)$, $(m-1, n)$, $(m, n+1)$ und $(m, n-1)$ definiert; bei der Achternachbarschaft werden zusätzlich die Bildpunkte mit den Koordinaten $(m+1, n+1)$, $(m+1, n-1)$, $(m-1, n+1)$ und $(m-1, n-1)$ als Nachbarbildpunkte betrachtet. Im Beispiel von Bild 6.1 wurde ausgehend von der Achternachbarschaftsdefinition etikettiert.

6.2 Einfache Merkmale von Binärobjekten

Für die Lösung einfacher Bildanalyseprobleme genügen häufig einfach berechenbare Merkmale zur Objektbeschreibung. Hierzu gehört beispielsweise die Fläche eines Objektes, die durch Abzählen der zu einem Objekt gehörenden Bildpunkte ermittelt werden kann. Sie läßt sich simultan mit der Etikettierung des Bildes bestimmen, indem jeder Etikette ein Zähler zugeordnet wird, der während des Etikettiervorgangs bei der Vergabe dieser Etikette jeweils um Eins inkrementiert wird. Die Flächenbestimmung ist aufwandsgünstig auch auf der Basis von den in Abschnitt 5.2.4 erwähnten Kettencodes möglich (z.B. /5.56, 6.1/).

Etwas aufwendiger zu berechnen ist der Umfang eines Objektbereiches. In der Literatur wurden verschiedene Definitionen für den Umfang beliebiger binärer Objekte angegeben (z.B. /1.9/). Beispielweise kann er durch Abzählen von benachbarten Punktepaaren (p, q) angenähert werden, wobei p jeweils zum Hintergrund und q zum Objekt gehört. Eine etwas genauere Umfangbestimmung ist mit Hilfe einer Konturverfolgung möglich, wobei Schritte in horizontaler und vertikaler Richtung zum Umfang jeweils um die Längeneinheit 1 beitragen, Schritte in den Diagonalenrichtungen jeweils um den Wert $\sqrt{2}$. Die Bestimmung des Umfangs von Objekten kann ebenso auf der Basis von Kettencoderepräsentationen erfolgen /5.56, 6.2, 6.3/. Umfang U und Fläche F werden oft zur Berechnung des einfachen größeninvarianten Formfaktors

$$S = U^2/(4\pi F) \qquad (6\text{-}1)$$

verwendet. Dieser wird näherungsweise (Diskretisierungseffekte!) gleich 1 für kreisförmige Objekte und nimmt große Werte für linienhafte Objekte an.

Häufig verwendete Größen zur Charakterisierung von Objekten sind die Krümmungen von Objekträndern. Unter der Krümmung des Objektrandes beim Punkt p_i versteht man die Winkeldifferenz derjenigen beiden Geraden, die durch die beiden Punktepaare (p_{i-1}, p_i) und (p_i, p_{i+1}) verlaufen, wobei p_{i-1} und p_{i+1} ebenfalls Objektrandpunkte sind, die zu p_i unmittelbar benachbart sind. Da diese Winkeldifferenzen nur Vielfache von 45° als Wert annehmen können, verwendet man zur Bestimmung der Geradenwinkel anstelle der unmittelbar benachbarten Objektrandpunkte p_{i-1}, p_{i+1} auch oft die k-nächsten Nachbarn p_{i-k}, p_{i+k} (z.B. $k = 2$: die übernächsten Nachbarn auf dem Objektrand) und spricht dann von der sogenannten k-Krümmung im Punkt p_i. Der Mittelwert der Krümmung kann entweder ein Maß für die "Gekrümmtheit" bei linienhaften Objekten und/oder ein Maß für die "Ausgefranstheit" der Objektränder sein. Aussagekräftiger sind im allgemeinen Histogramme von Objektrandkrümmungen und auch Histogramme von Objektrandtangentenrichtungen.

Oft werden zur Formcharakterisierung auch von Distanzmaßen abgeleitete Grössen verwendet. Beispiele für Distanztransformationen sind in Bild 6.2 abgebildet. Ausgehend von dem in Bild 6.2a gezeigten binären Objekt zeigt Bild 6.2b das Ergebnis einer Abstandstransformation, die für jeden Objektpunkt den Abstand zum nächstliegenden Nicht-Objektpunkt angibt. Der Abstand zwischen zwei Punkten mit den Koordinaten (i, j) und (h, k) ist hierbei in der sogenannten City-Block-Metrik

$$d_4\left((i, j), (h, k)\right) = |i - h| + |j - k| \qquad (6\text{-}2)$$

definiert. Andere gebräuchliche Abstandsmaße sind in Euklidscher Metrik

$$d_e\left((i, j), (h, k)\right) = \sqrt{(i - h)^2 + (j - k)^2} \qquad (6\text{-}3)$$

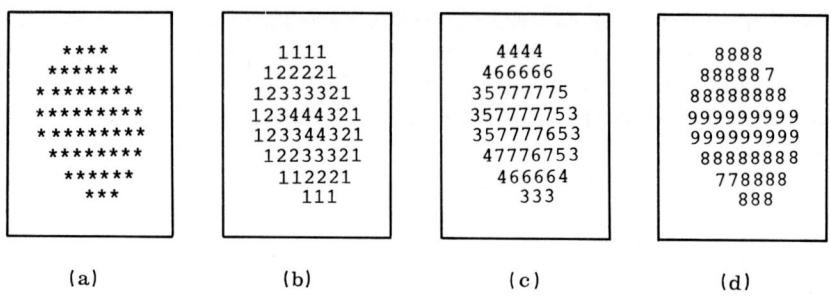

(a)   (b)   (c)   (d)

Bild 6.2. Beispiele für Distanzmaße (siehe Text).

oder der sogenannten Schachbrett-Metrik

$$d_8\left((i,j),(h,k)\right) = \max\left(|i-h|,|j-k|\right) \tag{6-4}$$

definiert (siehe z.B. /6.4, 6.5/). Die Summe der Abstandswerte bezogen auf die Objektfläche liefert wiederum ein einfaches größeninvariantes Maß für die Kompaktheit eines Objektes /6.6/. In der Literatur wurden zur globalen Formcharakterisierung von Binärbildern, wie Linienhaftigkeit, mittlere Kompaktheit und Exzentrizität von binären Objekten, auch sogenannte Rand-zu-Rand-Abstandstransformationen eingeführt /6.7/. Die Distanz $d_{RR}(i,j)$ gibt hierbei die Länge einer durch den Objektpunkt mit den Koordinaten (i,j) und zwei gegenüberliegenden Randpunkten verlaufenden Geraden an. Wählt man die Winkel dieser Geraden punktweise so, daß sich minimale bzw. maximale Rand-zu-Rand-Abstände ergeben ($d_{RR\,min}$ bzw. $d_{RR\,max}$), so resultiert diese Transformation angewendet auf das Binärbild in Bild 6.2a in den beiden Bildern 6.2c,d (die Abstandsmaße sind auf ganze Zahlen gerundet). Die Mittelwerte dieser Distanzwerte wurden beispielsweise für die Berechnung gut diskriminierender Merkmale zur Unterscheidung von Textbereichen, Graphiken und Halbtonbildern auf Dokumenten verwendet /6.7/. Wie aufgrund von Bild 6.2d leicht zu sehen ist, entspricht der Maximalwert von $d_{RR\,max}$ dem Durchmesser des Binärobjektes. Zusammen mit dem Maximalwert von $d_{RR\,min}$ erhält man ein Maß für die Exzentrizität eines Objektes

$$\varepsilon = \max(d_{RR\,max})/\max(d_{RR\,min}) \tag{6-5}$$

Neben den oben beschriebenen geometrischen Kenngrößen sind auch häufig topologische Merkmale zur Charakterisierung und Identifizierung von Objekten hilfreich. Topologische Merkmale sind invariant gegenüber stetigen geometrischen Verzerrungen; für ihre Berechnung sind nicht die Abstände von Punktpaaren im Bild entscheidend, sondern ausschließlich ihre gegenseitige Verbundenheit, d.h., ob es beispielsweise Verbindungslinien zwischen Punktpaaren gibt, die innerhalb desselben Objekt/Hintergrundbereiches liegen. Das einfachste topologische Maß ist die sogenannte Eulerzahl. Ist L die Anzahl der Löcher (durch Objektpunkte eingeschlossene Nicht-Objektpunkte) und O die Anzahl der vorhandenen einander nicht berührenden Objekte so ist die Eulerzahl E definiert als

$$E = O - L \qquad (6\text{-}6)$$

Faßt man beispielsweise den Buchstaben "A" als Binärobjekt auf, so ist $E = 0$, da er aus einer zusammenhängenden Objektfläche besteht, die genau einen Einschluß aufweist. Demgegenüber wäre die Eulerzahl für den Buchstaben "B" $E = -1$.

6.3 Fourierdarstellung von Objektkonturen

Die im vorhergehenden Abschnitt beschriebenen einfachen Merkmale von Objekten sind globaler Natur; sie reduzieren eine unter Umständen komplexe Objektform auf einige wenige Zahlen, wobei die Information über die ursprüngliche Form verloren geht. So gibt es beispielsweise viele Binärmuster mit gemeinsamer Fläche, Umfang und Eulerzahl. Zu einer differenzierteren Diskriminierung kann die diskrete Fouriertransformation der Randpunktkoordinaten herangezogen werden. Nimmt man an, der Objektrand eines Binärobjektes liege in Form von Q Konturpunkten vor, so lassen sich die Koordinatenwerte m, n der Konturpunkte als komplexe Zahlen $m + jn$ auffassen. Verfolgt man die Konturlinie, ausgehend von einem beliebigen Anfangspunkt, so bekommt man eine Sequenz $f(i)$ von komplexen Zahlen mit $0 \leq i \leq Q-1$. Wird die diskrete Fouriertransformation auf diese Sequenz angewendet, so erhält man eine eindeutige Abbildung der Kontur im Fourierraum $F(k)$ mit $0 \leq k \leq Q - 1$. Die Fourierkoeffizienten eignen sich direkt zur Formcharakterisierung; beispielsweise signalisieren große Amplitudenwerte bei hohen Frequenzen abrupte Kantenverläufe, usw.. Weiterhin hat man im Fourierraum die Möglichkeit durch Normierung der Fourierkoeffizienten Lage, Größe und Orientierung auf einfache Weise zu normieren und damit mit Fourierkonturlinienrepräsentationen von anderen Objekten zu vergleichen. Gemäß der in Abschnitt 2.3 diskutierten Gesetzmäßigkeiten der diskreten Fouriertransformation bedeutet beispielsweise das Nullsetzen von $F(0)$ ein Verschieben des Objektflächenschwerpunktes in den Koordinatenursprung des Ortsbereiches. Die Ausdehnung der Konturlinie kann dann durch einfaches Multiplizieren von $F(k)$ mit einem konstanten Faktor verändert werden. Um die Konturlinie um den Winkel φ im Ortsbereich um den Koordinatenursprung zu drehen wird $f(i)$ mit $\exp(j\varphi)$ multipliziert, was identisch mit der Multiplikation von $F(k)$ mit $\exp(j\varphi)$ im Fourierbereich ist. Da die Koordinatenwerte der Konturlinie bei Anwendung der diskreten Fouriertransformation als genau eine Periode einer unendlich fortgesetzten periodischen Funktion aufgefaßt werden müssen, entspricht einer Verschiebung des Anfangspunktes auf der Konturlinie um l Elemente eine Multiplikation des k-ten Fourierkoeffizienten um den Faktor $\exp(j2\pi kl/Q)$. Dies kann zur standardisierten Wahl von Anfangspunkten ausgenutzt werden.

Es muß vermerkt werden, daß der oben beschriebene Fourierzusammenhang exakt nur für eine äquidistante Abtastung der Konturlinie gilt. Da die Kon-

turpunkte im allgemeinen jedoch auf einem diskreten quadratischen Abtastgitter gegeben sind, variieren die Abtastintervalle um den Faktor $\sqrt{2}$. Dadurch bekommt das oben beschriebene Verfahren approximativen Charakter.
Da durch diesen Artefakt insbesondere die Phase von $F(k)$ beeinträchtigt wird,
beschränkt man sich bei der Beschreibung und Objektidentifizierung durch die
Fourierkonturliniendarstellung häufig auf die Amplitude von $F(k)$. Normiert
man den Umfang der darzustellenden Objekte durch Interpolation so, daß Q
den Wert einer Zweierpotenz annimt, kann für die Transformation der in Abschnitt 2.3.4 beschriebene schnelle Fouriertransformationsalgorithmus verwendet
werden. Weiterführende Literatur hierzu findet der Leser in /6.8-6.13/. In den
beiden Übersichtsaufsätzen /6.14, 6.15/ finden sich weitere interessante Methoden zur Formanalyse und Formerkennung, sowie weitere nützliche Referenzen
auf diesem Gebiet.

6.4 Bilddarstellung durch Momente

Sowohl Objektformen, als auch die Intensitätsverläufe innerhalb von Objektbereichen (oder auch Bilder im globalen Sinne) lassen sich mit Hilfe von Momenten
eindeutig darstellen und umgekehrt /6.16/. Das zu charakterisierende Objekt
muß hierbei in segmentierter Form als Bild $f(m,n)$ vorliegen, wobei $f(m,n)$
innerhalb des Objektbereiches mit den Intensitätswerten des ursprünglichen Bildes identisch ist und außerhalb gleich Null ist. Möchte man nur die Objektform
durch Momente darstellen, setzt man innerhalb des Objektbereiches $f(m,n) = 1$
und außerhalb $f(m,n) = 0$. Die Momente von $f(m,n)$ sind definiert als

$$m_{pq} = \sum_m \sum_n m^p n^q f(m,n) \tag{6-7}$$

mit $p,q = 0,1,2,\ldots$. $(p+q)$ bezeichnet man als die Ordnung des Momentes
m_{pq}. Mit den beiden Flächenschwerpunkten $\bar{m} = m_{10}/m_{00}$ und $\bar{n} = m_{01}/m_{00}$
sind die sogenannten Zentralmomente gegeben zu

$$\mu_{pq} = \sum_m \sum_n (m - \bar{m})^p (n - \bar{n})^q f(m,n) \tag{6-8}$$

mit $p,q = 0,1,2\ldots$. Im Gegensatz zu den in Gl.(6-7) gegebenen Momenten
sind die Zentralmomente invariant gegenüber Verschiebungen des Bildsignals im
m,n-Koordinatensystem. Momente und Zentralmomente lassen sich ineinander
umrechnen. Für die Zentralmomente bis zur Ordnung 3 gilt

$$
\begin{aligned}
&\mu_{00} = m_{00} && \mu_{11} = m_{11} - \bar{n} m_{10} \\
&\mu_{10} = 0 && \mu_{30} = m_{30} - 3\bar{m} m_{20} + 2 m_{10} \bar{m}^2 \\
&\mu_{01} = 0 && \mu_{12} = m_{12} - 2\bar{n} m_{11} - \bar{m} m_{02} + 2\bar{n}^2 m_{10} \\
&\mu_{20} = m_{20} - \bar{m} m_{10} && \mu_{21} = m_{21} - 2\bar{m} m_{11} - \bar{n} m_{20} + 2\bar{m}^2 m_{01} \\
&\mu_{02} = m_{02} - \bar{n} m_{01} && \mu_{03} = m_{03} - 3\bar{n} m_{02} + 2\bar{n}^2 m_{01}
\end{aligned}
\tag{6-9}
$$

Normiert man die Zentralmomente in Gl.(6-8) gemäß

$$\mu_{pq} = \eta_{pq}/\mu_{00}^{\gamma+1} \tag{6-10}$$

mit $\gamma = (p+q)/2$ für $p+q = 2,3,\ldots$, so kann man einen Satz von 7 Momenten angeben der invariant gegenüber Verschiebungen, Drehungen und Größenänderungen ist /6.17/:

$$
\begin{aligned}
\varphi_1 =& \eta_{20} + \eta_{02}\\
\varphi_2 =& (\eta_{20} - \eta_{02})^2 + 4\eta_{11}^2\\
\varphi_3 =& (\eta_{30} - 3\eta_{12})^2 + (3\eta_{21} + \eta_{03})^2\\
\varphi_4 =& (\eta_{30} + \eta_{12})^2 + (\eta_{21} + \eta_{03})^2\\
\varphi_5 =& (\eta_{30} - 3\eta_{12})(\eta_{30} + \eta_{12})[(\eta_{30} + \eta_{12})^2 - 3(\eta_{21} + \eta_{03})^2] +\\
& + (3\eta_{21} - \eta_{03})(\eta_{21} + \eta_{03})[3(\eta_{30} + \eta_{12})^2 - (\eta_{21} + \eta_{03})^2]\\
\varphi_6 =& (\eta_{20} - \eta_{02})[(\eta_{30} + \eta_{12})^2 - (\eta_{21} + \eta_{03})^2] +\\
& + 4\eta_{11}(\eta_{30} + \eta_{12})(\eta_{21} + \eta_{03})\\
\varphi_7 =& (3\eta_{12} - \eta_{30})(\eta_{30} + \eta_{12})[(\eta_{30} + \eta_{12})^2 - 3(\eta_{21} + \eta_{03})^2] +\\
& + (3\eta_{21} - \eta_{03})(\eta_{21} + \eta_{03})[3(\eta_{30} + \eta_{12})^2 - (\eta_{21} + \eta_{03})^2]
\end{aligned}
\tag{6-11}
$$

Damit hat man eine weitere leistungsfähige Möglichkeit Objekte (bzw. Objektformen) zu identifizieren bzw. zu charakterisieren. Weitere Literatur zur Theorie von Momenten und Anwendungen findet der interessierte Leser in /6.18-6.22/.

6.5 Detektionsfilter

Bei der Diskussion der Eigenschaften der diskreten Fouriertransformation wurde bereits darauf hingewiesen, daß sich die Korrelationfunktion ϕ_{fg} zweier Signale $f(m,n)$ und $g(m,n)$ als Faltung des Signals $f(m,n)$ mit dem Signal $g(-m,-n)$ auffassen läßt (Abschnitt 2.3):

$$\phi_{fg}(i,j) = \sum_m \sum_n f(m,n)g(m-i,n-j) \tag{6-12}$$

Dieser Zusammenhang kann genutzt werden, um (a) die Ähnlichkeit zweier Muster bei einer gegenseitigen örtlichen Verschiebung um i,j Bildpunkte zu messen, oder (b) im Signal $f(m,n)$ nach einem durch $g(m,n)$ vorgegebenen Signalverlauf zu suchen; $\phi_{fg}(i,j)$ ist dabei ein Maß für die Ähnlichkeit im quadratischen Sinne und wird für diejenige Verschiebung i,j maximal, für die sich maximale Übereinstimmung zwischen dem zu untersuchenden Bild $f(m,n)$ und der "Musterfunktion" $g(m,n)$ ergibt. Damit läßt sich neben der Ähnlichkeit beider Funktionen auch die Position des gesuchten Musters im zu vermessenden Bild angeben. Wie in Abschnitt 2.3 erwähnt, läßt sich die Operation in Gl.(6-12),

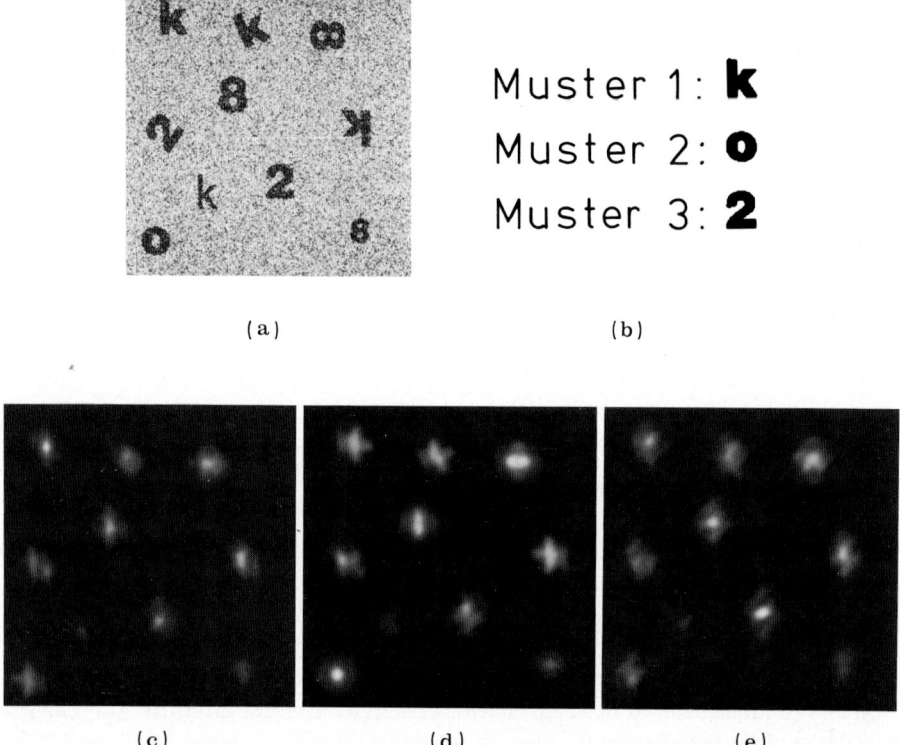

(a)   (b)

(c)   (d)   (e)

Bild 6.3. Detektionsfilterung. (a) gestörtes Testbild, (b) zu detektierende Testmuster, (c), (d), (e) Detektionsfilterergebnisse unter Verwendung von Muster 1 bis 3 in Bild (b).

die man auch als Detektionsfilterung bezeichnet, auch mit Hilfe der diskreten Fouriertransformation durchführen

$$\Phi_{fg}(k,l) = F(k,l)G^*(k,l) \qquad (6\text{-}13)$$

wobei $\Phi_{fg}(k,l)$ und $F(k,l)$ die Fouriertransformierten von $\phi_{fg}(i,j)$ bzw. $f(m,n)$ sind und $G^*(k,l)$ die konjugiert komplexe Fouriertransformierte von $g(m,n)$ ist. Die Realisierung im Fourierbereich ist gegenüber der direkten Realisierung im Ortsbereich insbesondere bei weit ausgedehnten Musterfunktionen zu bevorzugen. $f(m,n)$ bzw. $g(m,n)$ muß hierbei eventuell auf eine einheitliche Dimension erweitert werden (Abschnitt 2.3). Für den Fall der exakten Übereinstimmung entspricht ϕ_{fg} der Signalenergie von $f(m,n)$ bzw. $g(m,n)$. Im Fall von durch additives Rauschen gestörten Bildern geht das Detektionsfilter $G^*(k,l)$ in Gl.(6-13) in das Filter

$$H(k,l) = G^*(k,l)/|R(k,l)|^2 \qquad (6\text{-}14)$$

über, wobei $|R(k,l)|^2$ das Leistungsspektrum des Rauschprozesses ist. Das Detektionsfilter detektiert die Position von lagevarianten, jedoch größen- und drehungsinvarianten Signalen und maximiert hierbei das Signal-zu-Rausch-Verhältnis im Sinne des quadratischen Fehlerkriteriums. Bild 6.3 zeigt ein Verarbeitungsbeispiel hierfür. Das in Bild 6.3a dargestellte Buchstabenmuster wurde mit weißem gaußschen Rauschen überlagert und in den Fourierbereich transformiert. Aus den Mustern "k", "O" und "2" (Bild 6.3b) und der Energie des Rauschprozesses wurden drei Detektionsfilter gemäß Gl.(6-14) berechnet, auf die Fouriertransformierte von Bild 6.3a angewendet und die Ergebnisse anschließend wieder in den Ortsbereich zurücktransformiert (Bilder 6.3c,d,e). Wie zu sehen ist, treten in den Bildern 6.3c,d,e jeweils dort nennenswerte Signalwerte im Bild auf, an denen sich im Bild 6.3a Muster befinden. Extreme Werte werden in Bild 6.3c links oben angenommen (Position des fetten aufrechten "k" in Bild 6.3a), in Bild 6.3d links unten (beachte auch die relativ hohen Signalwerte bei den fetten "8"-en) und in Bild 6.3e in der Mitte des unteren Bildbereiches. Mit Hilfe einer zusätzlichen Schwellwertoperation ließen sich demgemäß aus dem Bild 6.3a mit Detektionsfiltern Muster an der jeweils ursprünglichen Position wieder auffinden. Möchte man bei der Objekterkennung mehr Gewicht auf die Objektkonturen legen, so bietet sich das modifizierte Filter

$$H(k,l) = (-1)^p \frac{(k^2 + l^2)^2 G^*(k,l)}{|R_p(k,l)|^2} \tag{6-15}$$

an /6.23/, wobei $|R_p(k,l)|^2$ das Leistungsspektrum des Rauschprozesses nach Anwendung der Gradientenoperation der Ordnung p ist. Weitere Literatur zur zweidimensionalen Detektionsfilterung mit Anwendungen findet man in /6.24-6.27/.

6.6 Bildanalyse mit lokalen Leistungsspektren

Die in Abschnitt 2.3 diskutierte Fouriertransformation wird oft genutzt, um die statistischen Eigenschaften von Bildern zu analysieren. Wie erwähnt, ist das Leistungsspektrum $|F(k,l)|^2$ die Fouriertransformierte der Autokorrelationsfunktion des Signals $f(m,n)$ und kann daher zur Messung der statistischen Bindungen zwischen den Grauwerten benachbarter Bildpunkte in $f(m,n)$ herangezogen werden. Beispielsweise deuten hohe Werte des Leistungsspektrums bei hohen Ortsfrequenzen auf fein texturierte Grauwertverläufe, abrupte Kanten, usw. hin, während sich die Spektralenergien von Bildern mit relativ glatten Intensitätsverläufen primär auf niederfrequente Bereiche konzentrieren. Berechnet man die Leistungsspektren innerhalb lokaler Bildfenster, so lassen sich auf diese Weise auch ortsinstationäre Muster beschreiben. Bedingt durch den Einfluß der Bildfensterfunktion entstehen im allgemeinen störende Anteile im Leistungsspektrum, die jedoch durch eine geeignete multiplikative Gewichtung der Originalfunktion (z.B. /6.28/) oder durch Spiegelung $N \times N$ großer Bildfenster an den jeweiligen Koordinatenachsen und Berechnung der Leistungsspektren der

162   6 Signalorientierte Bildanalyse

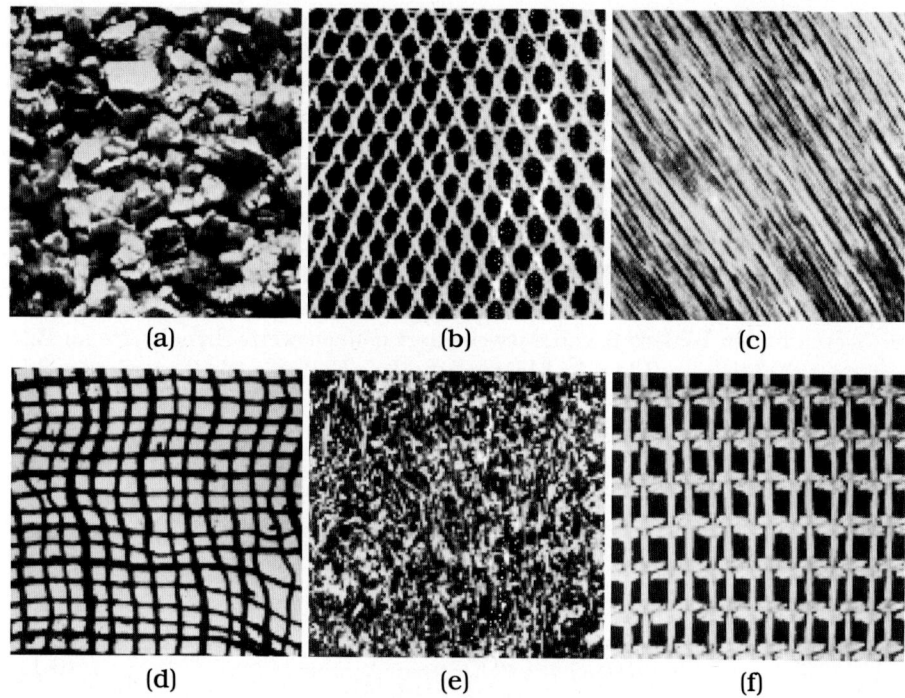

(a)   (b)   (c)

(d)   (e)   (f)

Bild 6.4. Texturbeispiele (aus /5.1/ nach Brodatz).

so entstehenden $2N \times 2N$ Signale /6.29/ reduziert werden können. Durch diese Vorgehensweise verschwinden Grauwertunterschiede an gegenüberliegenden Fensterkanten, die sonst störende Anteile im Leistungsspektrum erzeugen würden. Aus dem Leistungsspektrum $|F(k,l)|^2$ können beispielsweise Merkmale durch Aufsummierung der Spektralwerte in Kreisringen mit variierendem Radius r und konstanter Dicke Δr

$$\lambda_1(r) = \sum_k \sum_l |F(k,l)|^2 \qquad (6\text{-}16)$$

mit $r \leq \sqrt{k^2 + l^2} \leq r + \Delta r$ und $0 \leq r \leq N/2$ oder in Kreissegmenten mit unterschiedlicher Orientierung φ und Segmentbreite $\Delta\varphi$

$$\lambda_2(\varphi) = \sum_k \sum_l |F(k,l)|^2 \qquad (6\text{-}17)$$

mit $\varphi \leq \arctan(l/k) \leq \varphi + \Delta\varphi$ und $0 \leq \varphi \leq \pi$ berechnet werden. Aufgrund der Symmetrie von Leistungsspektren reeller Funktionen müssen die Summationen in Gl.(6-16) bzw. Gl.(6-17) nur jeweils über eine Halbebene des Leistungsspektrums erstreckt werden. In Abhängigkeit der Werte Δr und $\Delta\varphi$ ergeben sich unterschiedlich viele Merkmale zur Charakterisierung der aus $N \times N$ Bildpunkten bestehenden Bildfenster. Häufig angewendet wird die oben beschriebene Technik zur statistischen Beschreibung und Diskriminierung von Texturen. Aus den 6 in Bild 6.4 gezeigten Texturmustern wurden beispielsweise in /5.1/ u.a. 15 Texturpaare gebildet. Diese wurden in 16×16 Bildpunkte große Bildfenster unterteilt, mit der Hammingfunktion

$$h(m,n) = \prod_{i=m,n} (0,54 - 0,46\cos(2\pi i/15)) \qquad (6\text{-}18)$$

mit $m,n = 0,\ldots,15$ multipliziert und anschließend fouriertransformiert. Aus den lokalen Leistungsspektren wurden gemäß Gln.(6-16) und (6-17) mit $\Delta r = N/12$ und $\Delta\varphi = \pi/6$ je 6 Merkmale berechnet. Die mit einem einfachen Klassifikator erreichbaren Fehlerraten, d.h. die Wahrscheinlichkeiten, mit der eines der 16×16-Bildfenster jeweils der falschen Textur zugeordnet wird, sind in Tabelle 6.1 in Prozentwerten angegeben; die mittlere Fehlerwahrscheinlichkeit beträgt 12,1%.

TEXTURPAARE	a/b	a/c	a/d	a/e	a/f	b/c	b/d	b/e	b/f	c/d	c/e	c/f	d/e	d/f	e/f
LEISTUNGS-SPEKTRUM	23.7	15.9	5.4	1.7	19.5	0.7	0.7	17.1	25.4	0.7	0.0	20.7	6.7	42.5	0.6
ÜBERGANGS-MATRIZEN	0.6	11.4	34.3	19.1	0.5	8.6	20.5	5.0	16.4	0.2	21.8	5.2	1.5	7.0	0.7

Tabelle 6.1. Vergleich von Leistungsspektren und Grauwertübergangsmatrizen zur Texturerkennung anhand der in Bild 6.4 gezeigten Texturbeispiele.

6.7 Bildanalyse mit Grauwertübergangsmatrizen

Mit Hilfe sogenannter Grauwertübergangsmatrize ı (engl. 'co-occurence matrices') lassen sich Merkmale zur lokalen oder globale ı Bildcharakterisierung effizient direkt im Ortsbereich berechnen - je nachdem ‹b die Technik jeweils in lokalen Bildausschnitten oder auf das gesamte Bild angewendet wird. Zur Bildung der Grauwertübergangsmatrix mit den Elementen $g(i,j)$ des Bildes $f(m,n)$ muß ein Dipolvektor $(\Delta m, \Delta n)$ vorgegeben werden, der die relative Lage der jeweils betrachteten Bildpunktpaare festlegt. $g(i,j)$ gibt jeweils die relative Häufigkeit an, mit der Punktepaare mit der durch den Dipolvektor festgelegten Lagebeziehung mit den Grauwerten i und j im Bild auftreten. Da sich für jede Länge und Orientierung des Dipolvektors eine individuelle Matrix und damit eine riesige Menge von Merkmalen ergibt, muß eine Auswahl von wenigen Parametern getroffen werden. Es hat sich gezeigt, daß die Berücksichtigung nur weniger Orientierungen (z.B. $\varphi = 0°, 45°, 90°$ und $1: ?°$) und Längen (z.B. $\Delta m, \Delta n = 1$) bereits sehr leistungsfähige Beschreibungsme ‹male liefert. Die Dimension von $g(i,j)$

ist durch die Intensitätsauflösung des digitalisierten Bildes gegeben. Um diese
klein zu halten empfiehlt es sich, die Anzahl der Helligkeitsstufen auf $Q = 8$ oder
$Q = 16$ zu reduzieren. Aus den Grauwertübergangsmatrizen können eine Reihe
von Merkmalen abgeleitet werden /6.30/. Für $\Delta m, \Delta n = 1$ und $\varphi = 0^o, 45^o, 90^o$
und 135° ergeben sich dann mit den folgenden Gleichungen beispielsweise insge-
samt 16 Merkmale:

Kontrast:
$$\lambda_1 = \sum_{i=1}^{Q} \sum_{j=1}^{Q} (i-j)^2 g(i,j) \tag{6-19}$$

Homogenität:
$$\lambda_2 = \sum_{i=1}^{Q} \sum_{j=1}^{Q} g(i,j)^2 \tag{6-20}$$

Entropie:
$$\lambda_3 = - \sum_{i=1}^{Q} \sum_{j=1}^{Q} g(i,j) \log g(i,j) \tag{6-21}$$

Korrelation:
$$\lambda_4 = \frac{1}{\sigma_m \sigma_n} \left(\sum_{i=1}^{Q} \sum_{j=1}^{Q} ij g(i,j) - \mu_m \mu_n \right) \tag{6-22}$$

wobei $\mu_m, \mu_n, \sigma_m, \sigma_n$ die Mittelwerte bzw. Standardabweichungen von p_m und
p_n sind mit

$$p_m(i) = \sum_{j=1}^{Q} g(i,j) \tag{6-23}$$

$$p_n(j) = \sum_{i=1}^{Q} g(i,j) \tag{6-24}$$

Bezüglich ihrer Leistungsfähigkeit zur Beschreibung und Diskriminierung von
Texturen sind Grauwertübergangsmatrizen und Leistungsspektren vergleichbar;
erstere lassen sich mit Digitalrechnern jedoch wesentlich effizienter berechnen.
Die beiden Merkmale Kontrast und Homogenität wurden jeweils für 3 Rich-
tungen ($\varphi = 0^o, 45^o$ und 90°) sowie 2 Dipollängen ($\Delta m, \Delta n = 1$ und 3) für
Paare der in Bild 6.4 gezeigten Muster berechnet /5.1/. Tabelle 6.1 zeigt im
Vergleich zur Diskriminierung mit lokalen Leistungsspektren die auf der Basis von Grauwertübergangsmatrizen erreichbaren prozentualen Fehlerraten; die
mittlere Fehlerrate beträgt hierbei 10,2%.

Anhang: Hankeltransformation

In /2.1, A.1/ finden sich nützliche Hankeltransformationskorrespondenzen die analytisch berechnet wurden; einige hiervon sind in Tabelle A.1 zusammengestellt. Aufgrund der Identität der Hankeltransformation mit ihrer Rücktransformation gelten die angegebenen Korrespondenzen implizit auch dann, wenn die Radialkoordinatenvariablen r mit den Radialfrequenzvariablen w jeweils vertauscht werden.

Ortsfunktion f(r)	f(r) ○—H—●		Spektrum $\bar{F}(w)$
1 für $0 < r < r_0$ 0 sonst			$\dfrac{r_0}{w}\,J_1(r_0 w)$
1 für $r_1 < r < r_2$ 0 sonst			$\dfrac{1}{w}\,[r_2 J_1(r_2 w) - r_1 J_1(r_1 w)]$
$\delta(r - r_0)$			$r_0\,J_0(w\,r_0)$
$\dfrac{1}{r}$ für $0 < r < \infty$			$\dfrac{1}{w}$
$\dfrac{e^{-ar}}{r}$ für $0 < r < \infty,\ a > 0$			$\dfrac{1}{\sqrt{w^2 + a^2}}$
$e^{-\alpha r^2}$ für $\mathrm{Re}\,\{\alpha\} \geq 0$			$\dfrac{1}{2\alpha}\,e^{-\frac{w}{4\alpha}}$

Tabelle A.1. Einige Hankeltransformationskorrespondenzen (nach /2.1/).

Läßt sich eine direkte analytische Lösung der Hankeltransformation nicht angeben, so ist eine numerische Berechnung notwendig. In Bild A.1 ist hierfür ein Fortranunterprogramm aus /A.2/ wiedergegeben. Die Transformationsglei-

```
C    FORTRAN-UNTERPROGRAMM HANK ZUR BERECHNUNG DER
C    H A N K E L  -  T R A N S F O R M A T I O N
C    SEF: EINGANGSDATENVEKTOR (DIMENSION: N)
C    EMAX: MAXIMALER RADIUS BZW. RADIALFREQUENZ VON SEF
C    SAF: AUSGANGSDATENVEKTOR (DIMENSION: N)
C    AMAX: MAXIMALE RADIALFREQUENZ BZW. RADIUS VON SAF
C    BESSG: TRANSFORMATIONSKONSTANTE (TYPISCH: 20.)
C
         SUBROUTINE HANK(SEF,EMAX,SAF,AMAX,N,BESSG)
         DIMENSION SEF(1),SAF(1)
         PI=3.141592654
         PI1=PI*2.
         PI2=SQRT(2./PI)
         PI3=PI/4.
         PI4=PI/2.
         PI5=2./PI
         DE=EMAX/FLOAT(N)
         DE2=DE/2.
         DA=AMAX/FLOAT(N)
         A=DA/2.
         DO 11 L1=1,N
         SA=0.
         E=DE2
         DO 10 L2=1,N
         EA=E*A*PI1
         IF(EA-BESSG) 2,2,1
1        BO=PI2*COS(EA-PI3)/SQRT(EA)
         GOTO 4
2        L3END=IFIX(EA)+3
         DFI=PI4/FLOAT(L3END)
         BO=0.
         FI=DFI/2.
         DO 3 L3=1,L3END
         BO=BO+COS(EA*SIN(FI))
3        FI=FI+DFI
         BO=BO*PI5*DFI
4        SA=SA+E*SEF(L2)*BO
10       E=E+DE
         SAF(L1)=SA*DE*PI1
11       A=A+DA
         RETURN
         END
```

Bild A.1. Fortranprogramm zur Berechnung der Hankeltransformation (nach /A.1/).

chungen (2-11) bzw. (2-12) werden jeweils durch die Summe

$$SAF(L1) = 2\pi \sum_{L2=1}^{N} SEF(E(L2))\ BO(2\pi E(L2)\ A(L1))\ E(I2)\ DE \qquad (A-1)$$

$$\text{mit } E(L2) = L2\ DE-DE/2,\ DE=EMAX/N$$
$$A(L1) = L1\ DA-DA/2,\ DA=AMAX/N$$

angenähert, wobei BO die Besselfunktion nullter Ordnung und SAF und SEF N-dimensionale diskrete Ein- bzw. Ausgangsradialfunktionen der Transformation sind. Normalerweise ist EMAX=AMAX und damit DE=DA. Die Besselfunktion wird abhängig von dem einzustellenden Grenzwert BESSG auf zwei Weisen berechnet:

$$BO(2\pi EA) = \begin{cases} \frac{1}{2\pi} \sum\limits_{L3=1}^{L3END} \cos\left(EA\sin\alpha(L3)\right)D_\alpha & \text{für } EA \leq BESSG \\ \sqrt{2/(\pi EA)}\cos(EA - \pi/4) & \text{für } EA > BESSG \end{cases} \tag{A-2}$$

$$\text{mit } \alpha(L3) = L3\,D_\alpha - D_\alpha/2, \quad D_\alpha = \frac{\pi}{2}L3END, \quad L3END=\mathtt{IFIX(EA)}+3$$

Die einzustellende Konstante BESSG legt fest, ab welchem Argument die Bessel-funktion durch eine cos-Funktion angenähert wird (typischer Wert: BESSG=20) und bestimmt damit die Genauigkeit der Transformation. Die Genauigkeit läßt sich durch zweimaliges Anwenden der Transformation auf eine Testfunktion und Vergleich des Ergebnisses mit der ursprünglichen Funktion abschätzen. Da die Berechnung im Diskreten erfolgt, ist bei der Wahl von N das Abtast-theorem zu beachten (zum Abtasttheorem für radialsymmetrische Funktionen in Polarkoordinatendarstellung siehe z.B. /2.14, 2.15/ - zur numerischen Berech-nung der Hankeltransformation siehe auch /A.3-A.5/).

Literaturverzeichnis

1.1   H.C. Andrews (ed.): Tutorial and Selected Papers in Digital Image Processing. IEEE Press, New York (1978).

1.2   H.C. Andrews, B.R. Hunt: Digital Image Restoration. Prentice-Hall, Englewood Cliffs, New Jersey (1977).

1.3   R. Bernstein (ed.): Digital Image Processing for Remote Sensing. IEEE Press, New York (1978).

1.4   K.R. Castleman: Digital Image Processing. Prentice-Hall, Englewood Cliffs, New Jersey (1979).

1.5   R.C. Gonzalez, P. Wintz: Digital Image Processing. Addison-Wesley, London, Amsterdam (1977).

1.6   E.L. Hall: Computer Image Processing and Recognition. Academic Press, New York (1979).

1.7   H. Kazmierczak (Hrsg.): Erfassung und maschinelle Verarbeitung von Bilddaten. Springer, Wien, New York (1980).

1.8   W.K. Pratt: Digital Image Processing. Wiley, New York (1978).

1.9   A. Rosenfeld, A.C. Kak: Digital Picture Processing. Vol.1+2, Academic Press, New York (1982).

1.10   A. Rosenfeld (ed.): Image Modeling. Academic Press, New York (1981).

1.11   P. Stucki (ed.): Advances in Digital Image Processing. Plenum Press, New York, London (1979).

1.12   J.K. Aggarwal, R.O. Duda (ed.): Computer Methods in Image Analysis. IEEE Press, New York (1977).

1.13   A.K. Agrawala (ed.): Machine Recognition of Patterns. IEEE Press, New York (1977).

1.14   D.H. Ballard, C.M. Brown: Computer Vision. Prentice-Hall, Englewood Cliffs (1982).

1.15   R.O. Duda, P.E. Hart: Pattern Classification and Scene Analysis. Wiley, New York (1973).

1.16   A. Grasselli (ed.): Automatic Interpretation and Classification of Images. Academic Press, New York (1969).

1.17   A.R. Hanson, E.M. Riseman (ed.): Computer Vision Systems. Academic Press, New York (1978).

1.18   T.S. Huang (ed.): Image Sequence Analysis. Springer, Berlin, Heidelberg, New York (1981).

1.19   T.S. Huang (ed.): Image Sequence Processing and Dynamic Scene Analysis. Springer, Berlin, Heidelberg, New York, Tokyo (1983).

1.20 R. Nevatia: Machine Perception. Prentice-Hall, Englewood Cliffs (1982).

1.21 H. Niemann: Pattern Analysis. Springer, Berlin, Heidelberg, New York (1981).

1.22 T. Pavlidis: Structural Pattern Recognition. Springer, Berlin, Heidelberg, New York (1977).

1.23 S. Tanimoto, A. Klinger (ed.): Structured Computer Vision. Academic Press, New York (1980).

1.24 P.H. Winston (ed.): The Psychology of Computer Vision. McGraw-Hill, New York (1975).

1.25 Special Issue on Image Bandwidth Compression. IEEE COM-25, No.11 (1977).

1.26 Special Issue on Picture Communication Systems. IEEE COM-29, No.12 (1981).

1.27 T.S. Huang, O.J. Tretiak (ed.): Picture Bandwidth Compression. Gordon and Breach, New York (1972).

1.28 W.K. Pratt (ed.): Image Transmission Techniques. Academic Press, New York (1979).

1.29 J.C. Beatty, K.S. Booth (ed.): Tutorial: Computer Graphics. IEEE Press (1982).

1.30 J.D. Foley, A. van Dam: Fundamentals of Interactive Computer Graphics. Addison-Wesley, Ma. (1982).

1.31 H. Freeman (ed.): Tutorial and selected readings in Interactive Computer Graphics. IEEE Press, New York (1980).

1.32 W.M. Newman, R.F. Sproul: Principles of Interactive Computer Graphics. 2nd Ed., McGraw-Hill, New York (1979).

1.33 Proc. of IEEE Computer Society Workshop on Computer Architecture for Pattern Analysis and Image Database Management. IEEE Press, New York (1981).

1.34 M.J.B. Duff, S. Levialdi (ed.): Languages and Architectures for Image Processing. Academic Press, London, New York (1981).

1.35 K.S. Fu, T. Ichikawa (ed.): Special Computer Architectures for Pattern Processing. CRC Press, Boca Raton (1982).

1.36 K. Preston, jr., L. Uhr (ed.): Multicomputers and Image Processing. Academic Press, New York (1982).

1.37 L. Uhr: Algorithm-Structured Computer Arrays and Networks. Academic Press, New York (1983).

1.38 Computer Graphics and Image Processing. Vol.1 (1972), ff., ab Vol.21, 1983: Computer Vision, Graphics and Image Processing. Academic Press, New York. (Enthält jährliche Literaturübersichten von A. Rosenfeld).

1.39 IEEE Transactions on Pattern Analysis and Machine Intelligence. Vol.1 (1979), ff., IEEE Press, New York.

1.40 IEEE Transactions on Medical Imaging. Vol.1 (1982), ff., IEEE Press, New York.

170

1.41 Pattern Recognition. Vol.1 (1968), ff., Pergamon Press.

1.42 Pattern Recognition Letters. Vol.1 (1982), ff., North-Holland.

1.43 Signal Processing. Vol.1 (1979), ff., North-Holland.

1.44 Proceedings of the International Conferences on Pattern Recognition. IEEE Press, New York (1973, 1974, 1976, 1978, 1980, 1982).

1.45 Proceedings of Pattern Recognition and Image Processsing, since 1983: Computer Vision and Pattern Recognition. IEEE Press, New York, (1975, 1978, 1979, 1981, 1982, 1983).

1.46 Proceedings of First IEEE Computer Society International Symposium on Medical Imaging and Image Interpretation. IEEE Press, New York (1982).

1.47 H.-H. Nagel (ed.): Digitale Bildverarbeitung/Digital Image Processing. Informatik Fachberichte 8, Springer, Berlin, Heidelberg, New York (1977).

1.48 E. Triendl (ed.): Bildverarbeitung und Mustererkennung. Informatik Fachberichte 17, Springer, Berlin, Heidelberg, New York (1978).

1.49 J.P. Foith (ed.): Angewandte Szenenanalyse. Informatik Fachberichte 20, Springer, Berlin, Heidelberg, New York (1979).

1.50 S.J. Pöppl, H. Platzer (ed.): Erzeugung und Analyse von Bildern und Strukturen. Informatik Fachberichte 29, Springer, Berlin, Heidelberg, New York (1980).

1.51 B. Radig (ed.): Modelle und Strukturen. Informatik Fachberichte 49, Springer, Berlin, Heidelberg, New York (1981).

1.52 Applications of Digital Image Processing. (1977) ff., Proc. SPIE.

2.1 H. Marko: Die Systemtheorie der homogenen Schichten. Kybernetik 5, 221-240 (1969).

2.2 J.W. Goodman: Introduction to Fourier Optics. McGraw-Hill, New York (1968).

2.3 A. Papoulis: The Fourier Integral and its Applications. McGraw-Hill, New York (1962).

2.4 Platzer, Etschberger: Fouriertransformation zweidimensionaler Signale. Laser+Elektro-Optik 1/2 (1972).

2.5 H. Marko: Methoden der Systemtheorie. Nachrichtentechnik 1, Springer, Berlin, Heidelberg, New York (1977).

2.6 L. Schwartz: Théorie des Distributions. Hermann, Paris (1950).

2.7 R.N. Bracewell: Two-Dimensional Aerial Smoothing in Radio Astronomy. Australia J. Phys. Vol.9, pp.297 (1956).

2.8 D.P. Petersen, D.Middleton: Sampling and Reconstruction of Wave-Number-Limited Functions in N-Dimensional Euclidean Spaces. Information and Control 5, 279-323 (1962).

2.9 T.S. Huang: Digital Transmission of Halftone Pictures. Comp. Graphics and Image Proc. 3, 195-202 (1974).

2.10 O. Bryngdahl: Halftone Images: Spatial Resolution and Tone Reproduction. J. Opt. Soc. Am., Vol.68, 416-422 (1978).

2.11 A. Steinbach, K.Y. Wong: Understanding Moire Pattern Formation in Images Reconstructed from Scanned Halftone Pictures. IBM Res. Report RJ3180 (1981).

2.12 R.M. Mesereau: The Processing of Hexagonally Sampled Two-Dimensional Signals. Proc. IEEE, Vol.67, No.6, 930-949 (1979).

2.13 R.M. Mersereau, T.C. Speake: The Processing of Periodically Sampled Multidimensional Signals. IEEE Trans. ASSP-31, No.1, pp.188 (1983).

2.14 H. Stark: Sampling theorems in polar coordinates. J. Opt. Soc. Am., Vol.69, No.11, 1519-1525 (1979).

2.15 P.A. Rattey, A.G. Lindgren: Sampling the 2-D Radon Transform. IEEE Trans. ASSP-29, No.5, 994-1002 (1981).

2.16 H. Stark, H. Webb: Bounds on errors in reconstructing from undersampled images. J. Opt. Soc. Am., Vol.69, No.7, 1042-1043, (1979).

2.17 L.J. Pinson: A Quantitative Measure of the Effects of Aliasing on Raster Scanned Imagery. IEEE SMC-8, No.10, 774-778 (1978).

2.18 J. Hofer, F. Wahl, J. Bofilias, J. Kretschko: Zum Problem der Bildqualitätsverluste bei Kameraszintigrammen durch digitale Darstellung und Lösungsmöglichkeiten ohne Erhöhung des Speicherplatzbedarfs. In: Proc. of 15th Int. Meeting of Soc. of Nuc. Med., Groningen/Netherlands (1977).

2.19 J. Hofer, F. Wahl, J. Kretschko: Der Einfluß der digitalen Darstellung auf die Bildqualität von Kameraszintigrammen. Biomed. Techn. Bd.23 (1978).

2.20 H.C. Andrews, C.L. Patterson: Digital Interpolation of Discrete Images. IEEE Trans. C-25, No.2, 196-202 (1976).

2.21 J.P. Allebach: Aliasing and quantization in the efficient display of images. J. Opt. Soc. Am., Vol.69, No.6, 869-877 (1979).

2.22 F.M. Wahl: Rekursive Verfahren zur Ortsfrequenzfilterung von Bildsignalen. In: Bildverarbeitung und Mustererkennung, Hrsg. E. Triendl, Informatik Fachberichte 17, Springer, Berlin, Heidelberg, New York (1978).

2.23 R.F. Eschenbach, B.M. Oliver: An Efficient Coordinate Rotation Algorithm. IEEE Trans. C-27, No.12, 1178-1180 (1978).

2.24 T.S. Huang, J.W. Burnett, A.G. Deczky: The Importance of Phase in Image Processing Filters. IEEE Trans. ASSP-23, No.6, 529-542 (1975).

2.25 A.V. Oppenheim, J.S. Lim: The Importance of Phase in Signals. IEEE Proc., Vol.69, No.5, 529-541 (1981).

2.26 I. DeLotto, D. Dotti: Two-Dimensional Transforms by Minicomputers without Matrix Transposing. Comput. Graph. Image Proc. 4, 271-278 (1975).

2.27 M.B. Ari: On Transposing Large $2^n \times 2^n$ Matrices. IEEE Trans. C-27, No.1, 72-75 (1979).

2.28 L.R. Rabiner, B. Gold: Theory and Application of Digital Signal Processing. Prentice-Hall, Englewood Cliffs (1975).

2.29 H.J. Nussbaumer: Fast Fourier Transform and Convolution Algorithms. Springer, Berlin, Heidelberg, New York (1980).

2.30 J.W. Cooley, P. Lewis, P.D. Welch: The Finite Fourier Transform. IEEE Trans. AU-17, No.2, 76-79 (1967).

2.31 A.G. Tescher: Transform Image Coding. In: Image Transmission Techniques. W.K. Pratt (ed.), Academic Press, New York (1979).

2.32 A. Albert: Regression and the Moore-Penrose Pseudoinverse. Academic Press, New York (1972).

2.33 R. Zurmühl: Matrizen. Springer, Berlin, Göttingen, Heidelberg (1964).

2.34 F.M. Wahl: Der Entwurf zweidimensionaler rekursiver Filter und ihre Anwendung in der digitalen Bildverarbeitung. Nachrichtentechnische Berichte Bd.2, Lehrstuhl f. Nachrichtentech., TU München (1980).

2.35 A. Lacroix: Digitale Filter. Oldenbourg, München, Wien (1980).

2.36 R. Lücker: Grundlagen digitaler Filter. Nachrichtentechnik 7, Springer, Berlin, Heidelberg, New York (1980).

2.37 H.W. Schüßler: Digitale Systeme zur Signalverarbeitung. Springer, Berlin, Heidelberg, New York (1973).

2.38 M.S. Bertran: Approximation of Digital Filters in One and Two Dimensions. IEEE Trans. ASSP-23, (1975).

2.39 G.A. Maria, M.M. Fahmy: An lp-Design Technique for Two-Dimensional Digital Recursive Filters. IEEE Trans. ASSP-22, (1974).

2.40 R.R. Read, J.L. Shanks, S. Treitel: Two-Dimensional Recursive Filtering. In: Picture Processing and Digital Filtering. T.S. Huang (ed.). Springer, Berlin, Heidelberg, New York (1975).

2.41 P.A. Ramamoorthy, L.T. Bruton: Design of Two-Dimensional Recursive Filters. In: Two-Dimensional Digital Signal Processing I. T.S. Huang (ed.). Springer, Berlin, Heidelberg, New York (1981).

2.42 V. Cappellini, A.G. Constantinides, P. Emiliani: Digital Filters and Their Applications. Academic Press, London, New York, San Francisco (1978).

2.43 E.L. Hall: A Comparison of Computations for Spatial Frequency Filtering. Proc. of IEEE, Vol.60, No.7, 887-891 (1972).

2.44 R.M. Mersereau, D.E. Dudgeon: Two-Dimensional Digital Filtering. Proc. of IEEE, Vol.63, 610-623 (1975).

3.1 H.C. Andrews: Monochrome digital image enhancement. Appl. Optics, Vol.15, No.2, 495-292 (1976).

3.2 R.E. Woods, R.C. Gonzalez: Real-Time Digital Image Enhancement. Proc. IEEE, Vol.69, No.5, 643-654 (1981).

3.3 W. Frei: Image Enhancement by Histogram Hyperbolization. Comput. Graph. Image Proc., Vol.6, pp.286-294 (1977).

3.4 Kontron - Bildanalyse GmbH: IBAS, Das Interaktive Bildanalysesystem. Firmenschrift, München.

3.5 Kontron - Bildanalyse GmbH: Shading Correction - Application Note. Firmenschrift, München (1981).

3.6 L. Abele, T. Kitahashi, F. Wahl: Ein Digitales Verfahren zur Konturfindung und Störbeseitigung bei Zellbildern. In: H.-H. Nagel (ed.): Digitale Bildverarbeitung, Informatik Fachberichte 8, Springer, Berlin, Heidelberg, New York (1977).

3.7 L.W. Abele, F.M. Wahl: A Digital Procedure for Boundary Detection and Elimination of Background in Cytologic Images. Proc. of MEDINFO 77, IFIP, North-Holland (1977).

3.8 S.G. Tyan: Median Filtering: Deterministic Properties. In: T.S. Huang (ed.): Two-Dimensional Digital Signal Processing II. Springer, Berlin, Heidelberg, New York (1981).

3.9 B.I. Justusson: Median Filtering: Statistical Properties. ibid..

3.10 D.S. Lebedev, L.I. Mirkin: Smoothing of Two-Dimensional Images Using the 'Composite' Model of a Fragment. In: S.K. Mitra, M.P. Ekstrom (ed.): Two-Dimensional Digital Signal Proc., Dowden, Hutchinson & Ross, Stroudsburg, Pennsylvania (1978).

3.11 A. Lev, S.W. Zucker, A. Rosenfeld: Iterative Enhancement of Noisy Images. IEEE Trans. SMC-7, No.6, 435-442 (1977).

3.12 D.P. Panda: Nonlinear Smoothing of Pictures. Comput. Graph. Image Proc. Vol.8, 259-270 (1978).

3.13 J.P. Davenport: A Comparison of Noise Cleaning Techniques. Univ. of Maryland Computer Science Center Report TR-689, (1978).

3.14 A. Scher, F.R. Dias Velasco, A. Rosenfeld: Some New Image Smoothing Techniques. IEEE Trans. SMC-10, No.3, 153-158 (1980).

3.15 D.C. Wang, A.H. Vagnucci: Gradient Inverse Weighted Smoothing Scheme and the Evaluation of Its Performance. Comput. Graph. Image Proc., Vol.15, 167-181 (1981).

3.16 G.L. Anderson, A.N. Netravali: Image Restoration Based on a Subjective Criterion. IEEE Trans. SMC-6, No.12, 845-853 (1976).

3.17 T. Hentea, B.E.A. Saleh: Image Restoration Utilizing Spatial Masking of the Visual System. IEEE Trans. SMC-8, No.12, 883-888 (1978).

3.18 P.P. Varoutas, L.R. Nardizzi, E.M. Stockley: Digital Image Processing Applied to Scintillation Images from Biomedical Systems. IEEE Trans. BME-24, No.4, 337-347 (1977).

3.19 H. Götzelmann: Optimalfilterung zur Verbesserung gestörter Bildsignale. Diplomarbeit am Institut f. Nachrichtentechnik, TU München (1978).

3.20 A.V. Oppenheim, R.W. Schafer, T.G.Stockham, Jr.: Nonlinear Filtering of Multiplied and Convolved Signals. Proc. IEEE, Vol.56, 1264-1291 (1968).

3.21 T.G. Stockham, Jr.: Image Processing in the Context of a Visual Model. Proc. IEEE, Vol.60, No.7, 828-842 (1972).

3.22 W.F. Schreiber: Image Processing for Quality Improvement. Proc. IEEE, Vol.66, No.12, 1640-1651 (1978).

3.23 J.S. Ostrem: Homomorphic Filtering of Specular Scenes. IEEE Trans. SMC-11, No.5, 385-386 (1981).

4.1 T.G. Stockham, Jr., T.M. Cannon, R.B. Ingebretsen: Blind Deconvolution Through Digital Signal Processing. Proc. IEEE, Vol.63, No.4, 678-692 (1975).

4.2 M. Cannon: Blind Deconvolution of Spatially Invariant Image Blurs with Phase. IEEE Trans. ASSP-24, No.1, 58-63 (1976).

4.3 D.L. Phillips: A Technique for the Numerical Solution of Certain Integral Equations of the First Kind. J. ACM, Vol.9, 84-97 (1962).

4.4   S. Twomey: On the Numerical Solution of Fredholm Integral Equations of the First Kind by the Inversion of the Linear System Produced by Quadrature. J. ACM, Vol.10, 97-101 (1963).

4.5   B.R. Hunt: The Application of Constrained Least Squares Estimation to Image Restoration by Digital Computer. IEEE Trans. C-22, No.9, 805-812 (1973).

4.6   K.A. Dines, A.C. Kak: Constrained Least Squares Filtering. IEEE Trans. ASSP-25, No.4, 346-350 (1977).

4.7   W. Frank: Mathematische Grundlagen der Optimierung. Oldenbourg, München, Wien (1969).

4.8   W. Entenmann: Optimierungsverfahren. Hüthig, Heidelberg (1976).

4.9   B.R. Frieden: Statistical Models for the Image Restoration Problem. Comput. Graph. Image Proc., Vol.12, 40-59 (1980).

4.10   N. Wiener: The Extrapolation, Interpolation and Smoothing of Stationary Time Series, Wiley & Sons, New York (1949).

4.11   D. Middleton: An Introduction to Statistical Communication Theory. McGraw-Hill, New York (1960).

4.12   C.W. Helstrom: Image Restoration by the Method of Least Squares. J. Opt. Soc. Am., Vol.57, No.3, 297-303 (1967).

4.13   T. Yatagai: Optimum Spatial Filter for Image Restoration Degraded by Multiplicative Noise. Optics Communications, Vol.19, No.2, 236-239 (1976).

4.14   K. Kondo, Y. Ichioka, T. Suzuki: Image restoration by Wiener filtering in the presence of signal-dependent noise. Applied Optics, Vol.16, No.9, 2554-2558 (1977).

4.15   F.M. Wahl, J. Hofer-Alfeis: Ortsvariante Systeme in der Bildverarbeitung. ntz-Archiv Bd.3, H.9, 253-257 (1981).

4.16   J. Hofer: Optical Reconstruction from Projections via Deconvolution. Optics Communications, Vol.29, No.1, 22-26 (1979).

4.17   G.M. Robbins, T.S. Huang: Inverse Filtering for Linear Shift-Variant Imaging Systems. Proc. IEEE, Vol.60, No.7, 862-872 (1972).

4.18   A.A. Sawchuk: Space-variant image restoration by coordinate transformations. J. Opt. Soc. Am., Vol.64, No.2, 138-144 (1974).

4.19   A.A. Sawchuk: Space-Variant Image Motion Degradation and Restoration. Proc. IEEE, Vol.60, No.7, 854-861 (1972).

4.20   J.W. Woods, C.H. Radewan: Kalman Filtering in Two Dimensions. IEEE Trans. IT-23, (1977).

4.21   J.W. Woods: Two-Dimensional Kalman Filtering. In: T.S. Huang (ed.): Two-Dimensional Digital Signal Processing I, Springer, Berlin, Heidelberg, New York (1981).

4.22   J.F. Belsher: Space-Variant and Parametric Nonlinear Restoration of Photon-Limited Images. Ph.D. Thesis Information Systems Lab., Stanford Univ. (1979).

4.23   D.T.-W. Kuan: Nonstationary Recursive Restoration of Images with Signal-Dependent Noise with Application to Speckle Reduction. Ph.D. Thesis, Dept. of Electrical Engineering, University of Southern California, Los Angeles (1982).

5.1   L. Abele: Statistische und strukturelle Texturanalyse mit Anwendungen in der Bildsegmentierung. Nachrichtentechnische Berichte Bd.6, Lehrstuhl für Nachrichtentechnik, TU München (1982).

5.2   R.N. Nagel, A. Rosenfeld: Steps Toward Handwritten Signature Verification. Proc. 1st Intern. Joint Conf. on Pattern Recognition, 59-66 (1973).

5.3   J.S. Weszka, R.N. Nagel, A. Rosenfeld: A Threshold Selection Technique. IEEE Trans. on Computers, 1322-1326 (Dec. 1974).

5.4   D. Mason, I. Lauder, D. Rutowitz, G. Spowart: Measurement of C-bands in human chromosomes. Comput. Biol. Med., Vol.5, 179-201 (1975).

5.5   S. Watanabe and the CYBEST Group: An Automated Apparatus for Cancer Prescreening: CYBEST. Comput. Graph. Image Proc., Vol.3, 350-358 (1974).

5.6   J.S. Weszka: A Survey of Threshold Selection Techniques. Comput. Graph. Image Proc., Vol.7, 259-265 (1978).

5.7   N. Ahuja, A. Rosenfeld: A Note on the Use of Second-Order Gray-Level Statistics for Threshold Selection. IEEE Trans. SMC-8, No.12, 895-898 (1978).

5.8   A. Rosenfeld, L.S. Davis: Iterative histogram modification. IEEE Trans. SMC-8, 300-302 (1978).

5.9   S. Peleg: Iterative Histogram Modification, 2. IEEE Trans. SMC-8, No.7, 555-556 (1978).

5.10   C. Lange, F. Wahl: A Computer Aided Method for Extraction of Contours in Myocard Scintigrams. Proc. BIOSIGMA 78, Paris (1978).

5.11   D.P. Panda, A. Rosenfeld: Image Segmentation by Pixel Classification in (Gray Level, Edge Value) Space. IEEE Trans. C-27, No.9, 875-879 (1978).

5.12   D.L. Milgram, M. Herman: Clustering Edge Values for Threshold Selection. Comput. Graph. Image Proc., Vol.10, 272-280 (1979).

5.13   J.S. Weszka, A. Rosenfeld: Histogram Modification for Threshold Selection. IEEE Trans. SMC-9, No.1, 38-52 (1979).

5.14   L. Abele, C. Lange: Konturfindungsalgorithmen und ihre Anwendung auf dem Gebiet der medizinischen Bilddatenverarbeitung. In: E. Triendl: Bildverarbeitung und Mustererkennung. Informatik Fachberichte 17, Springer, Berlin, Heidelberg, New York (1978).

5.15   C.K. Chow, T. Kaneko: Automatic Boundary Detection of the Left Ventricle from Cineangiograms. Comput. Biomed. Res., Vol.5, 388-410 (1972).

5.16   Y. Yakimovsky: Boundary and Object Detection in Real World Images. J. ACM, Vol.23, No.4, 599-618 (1976).

5.17   N. Otsu: A Threshold Selection Method from Gray-Level Histograms. IEEE Trans. SMC-9, No.1, 62-66 (1979).

5.18　D. Ernst, B. Bargel, F. Holdermann: Processing of Remote Sensing Data by a Region Growing Algorithm. Proc. 3rd Int. Joint Conf. on Pattern Recognition (1976).

5.19　J.N. Gupta, P.A. Wintz: Computer Processing Algorithm for Locating Boundaries in Digital Pictures. Proc. 2nd Int. Joint Conf. on Pattern Recognition (1974).

5.20　J.N. Gupta, P.A. Wintz: Multi-image modeling. Tech. Report TR-EE 74-24, School of Electrical Engineering, Purdue Univ. (1974).

5.21　J.A. Feldman, Y. Yakimovsky: Decision Theory and Artificial Intelligence. I. A Semantics-Based Region Analyzer. Artificial Intelligence, Vol.5, 349-371 (1974).

5.22　Y. Yakimovsky: On the Recognition of Complex Structures: Computer Software Using Artificial Intelligence Applied to Pattern Recognition. Proc. 2nd Int. Joint Conf. on Pattern Recognition (1974).

5.23　Y. Yakimovsky, J. Feldman: A Semantics-Based Decision Theory Region Analyzer. Proc. 3rd Int. Joint Conf. on Artificial Intelligence (1973).

5.24　T.V. Robertson, P.H. Swain, K.S. Fu: Multispectral Image Partitioning. Tech. Report TR-EE 73-26, School of Electrical Engineering, Purdue Univ., (1973).

5.25　S.L. Horowitz, T. Pavlidis: Picture Segmentation by a Directed Split-And-Merge Procedure. Proc. 2nd Int. Joint Conf. on Pattern Recognition (1974).

5.26　S.L. Horowitz, T. Pavlidis: Picture Segmentation by a Tree Traversal Algorithm. J. ACM, Vol.23, No.2, 368-388 (1976).

5.27　P.C. Chen, T. Pavlidis: Image Segmentation as an Estimation Problem. Comput. Graph. Image Proc., Vol.12, 153-172 (1980).

5.28　S.W. Zucker: Region Growing: Childhood and Adolescence. Comput. Graph. Image Proc., Vol.5, 382-399 (1976).

5.29　B.J. Schachter, A. Rosenfeld: Some New Methods of Detecting Step Edges. Techn. Report TR-481, Computer Science Center, Univ. of Maryland (1976).

5.30　J. Kugler, F. Wahl: Kantendetektion mit lokalen Operatoren. In: J.P. Foith (ed.): Angewandte Szenenanalyse. Informatik Fachberichte 20, Springer, Berlin, Heidelberg, New York (1979).

5.31　J.W. Modestino, R.W. Fries: Edge Detection in Noisy Images Using Recursive Digital Filtering. Comput. Graph. Image Proc., Vol.6, 409-433 (1977).

5.32　D.P. Panda: Statistical Analysis of Some Edge Operators. Techn. Report TR-558, Computer Science Center, Univ. of Maryland (1977).

5.33　E.S. Deutsch, J.R. Fram: A Quantitative Study of the Orientation Bias of Some Edge Detector Schemes. IEEE Trans. C-27, No.3, 205-213 (1978).

5.34　I.E. Abdou, W.K. Pratt: Quantitative Design and Evaluation of Enhancement/Thresholding Edge Detectors. Proc. IEEE, Vol.67, No.5, 753-763 (1979).

5.35 L. Kitchen, A. Rosenfeld: Edge Evaluation Using Local Edge Coherence. IEEE Trans. SMC-11, No.9, 597-605 (1981).

5.36 T. Peli, D. Malah: A Study of Edge Detection Algorithms. Comput. Graph. Image Proc., Vol.20, 1-21 (1982).

5.37 W. Geuen, H.-G. Preuth: New Performance Criteria of Edge Detection Algorithms. Proc. Int. Conf. on Acoustics, Speech and Signal Processing (1982).

5.38 F. Wahl, C. Lange, J. Hofer: Computerisierte Organgrenzfindung in der Myocardszintigraphie. Biomed. Techn. Bd. 23, (1978).

5.39 F. Wahl, C. Lange, J. Kretschko: A Digital Boundary Detection Procedure Applied to Myocardial Scintigrams. Proc. of 16th Int. Annual Meeting of Society of Nuclear Medicine, Madrid (1978).

5.40 R.D. Tilgner, L.W. Abele, F.M. Wahl: An Improved Edge Detection System Applied to Cytological Material. Proc. Convegno su Tecniche di Elaborazione di Immagini di Interesse Clinico, Pavia (1977).

5.41 W. Abmayr, L. Abele, J. Kugler, H. Borst: Capabilities of a Nonlinear Gradient and a Thresholding Algorithm for the Segmentation of Papanicolaou-Stained Cervical Cells. Analytical and Quantitative Cytology J., Vol.2, No.3, 221-233 (1980).

5.42 G. Haussmann: Kantendetektion in granulationsverrauschten Hologramm-rekonstruktionen. In: J.P. Foith (ed.): Angewandte Szenenanalyse. Informatik Fachberichte 20, Springer, Berlin, Heidelberg, New York (1979).

5.43 Y. Nakagawa, A. Rosenfeld: Edge/Border Coincidence as an Aid in Edge Extraction. IEEE Trans. SMC-8, No.12, 899-901 (1978).

5.44 D.L. Milgram: Region Extraction Using Convergent Evidence. Comput. Graph. Image Proc., Vol.11, 1-12 (1979).

5.45 M.H. Hueckel: An Operator Which Locates Edges in Digitized Pictures. J. ACM, Vol.18, No.1, 113-125 (1971).

5.46 G.B. Shaw: Local and Regional Edge Detectors: Some Comparisons. Comput. Graph. Image Proc., Vol.9, 135-149 (1979).

5.47 F. Wahl: Unveröffentlichte Studie über Kantendetektion mittels lokalem Grauwertclustering (1976).

5.48 M.H. Hueckel: A Local Visual Operator Which Recognizes Edges and Lines. J. ACM, Vol.20, No.4, 634-647 (1973).

5.49 L. Mero, Z. Vassy: A Simplified and Fast Version of the Hueckel Operator for Finding Optimal Edges in Pictures. In: Proc. 4th Int. Conf. on Artificial Intelligence (1975).

5.50 M. Burow, F. Wahl: Eine Verbesserte Version des Kantendetektionsverfahrens nach Mero/Vassy. In: J.P. Foith (ed.): Angewandte Szenenanalyse. Informatik Fachberichte 20, Springer, Berlin, Heidelberg, New York (1979).

5.51 M. Burow: Kantendetektion in gestörten Bildsignalen. Diplomarbeit, Institut für Nachrichtentechnik, TU München (1977).

5.52   G.P. Ashkar, J.W. Modestino: The Contour Extraction Problem with Biomedical Applications. Comput. Graph. Image Proc., Vol.7, 331-355 (1978).

5.53   J.M. Lester, H.A. Williams, B.A. Weintraub, J.F. Brenner: Two Graph Searching Techniques for Boundary Finding in White Blood Cell Images. Comp. Biolog. Medicine, Vol.8, 293-308 (1978).

5.54   A. Martelli: Edge Detection Using Heuristic Search Methods. Comput. Graph. Image Proc., Vol.1, 169-182 (1972).

5.55   A. Martelli: An Application of Heuristic Search Methods to Edge and Contour Detection. Communications of the ACM, Vol.19, No.2, 73-83 (1976).

5.56   H. Freeman: On the Encoding of Arbitrary Geometric Configurations. IRE Trans. EC-10, 260-268 (1961).

5.57   C.T. Zahn: A Formal Description for Two-Dimensional Patterns. Proc. Int. Joint Conf. on Artificial Intelligence (1969).

5.58   I. Chakravarty: A Single-Pass, Chain Generating Algorithm for Region Boundaries. Comput. Graph. Image Proc., Vol.15, 182-193 (1981).

5.59   M.J. Eccles, M.P.C. McQueen, D. Rosen: Analysis of the Digitized Boundaries of Planar Objects. Pattern Recognition, Vol.9, 31-41 (1977).

5.60   H. Freeman, L.S. Davis: A Corner-Finding Algorithm for Chain-Coded Curves. IEEE Trans. on Computers, (March 1977).

6.1   P. Zamperoni: A Note on the Computation of the Enclosed Area for Contour-Coded Binary Objects. Signal Proc., Vol.3, 267-271 (1981).

6.2   G. Grant, A.F. Reid: An Efficient Algorithm for Boundary Tracing and Feature Extraction. Comput. Graph. Image Proc., Vol.17, 225-237 (1981).

6.3   H. Wechsler: A New and Fast Algorithm for Estimating the Perimeter of Objects for Industrial Vision Tasks. Comput. Graph. Image Proc., Vol.17, 375-385 (1981).

6.4   A. Rosenfeld, J.L. Pfaltz: Distance Functions on Digital Pictures. Pattern Recognition, Vol.1, 33-61 (1968).

6.5   P.-E. Danielsson: Euclidean Distance Mapping. Comput. Graph. Image Proc., Vol.14, 227-248 (1980).

6.6   P.-E. Danielsson: A New Shape Factor. Comput. Graph. Image Proc., Vol.7, 292-299 (1978).

6.7   F. M. Wahl: A New Distance Mapping and Its Use for Shape Measurement on Binary Patterns. Comput. Graph. Image Proc., Vol.23, 218-226 (1983).

6.8   E.L. Brill: Character Recognition Via Fourier Descriptors. In: WESCON Tech. Papers, Session 25 (1968).

6.9   C.T. Zahn, R.Z. Roskies: Fourier Descriptors for Plane Closed Curves. IEEE Trans. C-21, No.3, 269-281 (1972).

6.10   G.H. Granlund: Fourier Preprocessing for Hand Print Character Recognition. IEEE Trans. C-21, 195-201 (Feb. 1972).

6.11   E. Persoon, K.S. Fu: Shape Discrimination Using Fourier Descriptors. 2nd Int. Joint Conf. on Pattern Recognition (1974).

6.12   T.P. Wallace, P.A. Wintz: An Efficient Three-Dimensional Aircraft Reco-
       gnition Algorithm Using Normalized Fourier Descriptors. Comput. Graph.
       Image Proc., Vol.13, 99-126 (1980).

6.13   D. Proffitt: Normalization of Discrete Planar Objects. Pattern Recogni-
       tion, Vol.15, No.3, 137-143 (1982).

6.14   T. Pavlidis: A Review of Algorithms for Shape Analysis. Comput. Graph.
       Image Proc., Vol.7, 243-258 (1978).

6.15   T. Pavlidis: Algorithms for Shape Analysis of Contours and Waveforms.
       IEEE Trans. PAMI-2, No.4, 301-312 (1980).

6.16   A. Papoulis: Propability, Random Variables and Stochastic Processes.
       McGraw-Hill, New York (1965).

6.17   M.-K. Hu: Visual Pattern Recognition by Moment Invariants. IRE Trans.
       IT-8, 179-187 (1962).

6.18   R.G. Casey: Moment Normalization of Handprinted Characters. IBM J.
       Res. Develop., Vol.14, 548-557 (1970).

6.19   R.Y. Wong, E.L. Hall: Scene Matching with Invariant Moments. Comput.
       Graph. Image Proc., Vol.8, 16-24 (1978).

6.20   M.R. Teague: Image analysis via the general theory of moments. J. Opt.
       Soc. Am., Vol.70, No.8, 920-930 (1980).

6.21   T.C. Hsia: A Note on Invariant Moments in Image Processing. IEEE
       Trans. SMC-11, No.12, 831-834 (1981).

6.22   S.S. Reddi: Radial and Angular Moment Invariants for Image Identifica-
       tion. IEEE Trans. PAMI-3, No.2, 240-242 (1981).

6.23   H.C. Andrews: Automatic Interpretation and Classification of Images by
       Use of the Fourier Domain. In: A. Grasselli (ed.): Automatic Interpre-
       tation and Classification of Images. Academic Press, New York, London
       (1969).

6.24   G.S. Garrett, E.L. Reagh, E.B. Hibbs, Jr.: Detection Threshold Estimation
       for Digital Area Correlation. IEEE Trans. SMC-6, 65-70 (1976).

6.25   A. Rosenfeld, G.J. Vanderbrug: Coarse-Fine Template Matching. IEEE
       Trans. SMC-7, 104-107 (1977).

6.26   R.Y. Wong, E.L. Hall: Sequential Hierarchical Scene Matching. IEEE
       Trans. C-27, No.4, 359-366 (1978).

6.27   D.J. Kahl, A. Rosenfeld, A. Danker: Some Experiments in Point Pattern
       Matching. IEEE Trans. SMC-10, No.2, 105-116 (1980).

6.28   B. Bargel, H. Kazmierczak: Texturanalyse. In: H. Kazmierczak (ed.):
       Erfassung und maschinelle Verarbeitung von Bilddaten. Springer, Wien,
       New York (1980).

6.29   C.R. Dyer, A. Rosenfeld: Fourier Texture Features: Suppression of Aper-
       ture Effects. IEEE Trans. SMC-6, No.10, (1976).

6.30   R.M. Haralick, K. Shanmugam, I. Dinstein: Textural Features for Image
       Classification. IEEE Trans. SMC-3, No.6, (1973).

A.1   R.N. Bracewell: The Fourier Transform and Its Applications. McGraw-
       Hill, New York (1978).

A.2   J. Hofer: Erzeugung b·,ndpaßgefilterter Muster mittels kohärent-optischem Analogrechner. Diplomarbeit am Institut für Nachrichtentechnik, TU München (1974).

A.3   J. Brunol, P. Chavel: Fourier Transformation of Rotationally Invariant Two-Variable Functions: Computer Implementation of Hankel Transform. Proc. IEEE, pp.1089-1090 (July 1977).

A.4   A.V. Oppenheim, G.V. Frisk, D.R. Martinez: An Algorithm for the Numerical Evaluation of the Hankel Transform. Proc. IEEE, Vol.66, No.2, pp.264-265 (1978).

A.5   S.M. Candel: Dual Algorithms for Fast Calculation of the Fourier-Bessel-Transform. IEEE Trans. ASSP-29, No.5, pp.963-972 (1981).

A.3   J. Brunol, P. Chavel: Fourier Transformation of Rotationally Invariant Two-Variable Functions: Computer Implementation of Hankel Transform. Proc. IEEE, pp.1089-1090 (July 1977).

A.4   A.V. Oppenheim, G.V. Frisk, D.R. Martinez: An Algorithm for the Numerical Evaluation of the Hankel Transform. Proc. IEEE, Vol.66, No.2, pp.264-265 (1978).

A.5   S.M. Candel: Dual Algorithms for Fast Calculation of the Fourier-Bessel-Transform. IEEE Trans. ASSP-29, No.5, pp.963-972 (1981).

Sachverzeichnis

182

Bildausschnitt, 22.·
Bildbereiche, intensitätskonstante, 129.
Bildcharakterisierung, globale, 163.
–, lokale, 163.
Bildcodierung, 4.
Bilddarstellung, 14,25ff.
– durch Momente, 158ff.
Bilddaten, nuklearmedizinische, 139.
–kompression, 49.
Bilddrehung, 54.
Bildeigenschaften, Analyse der
  statistischen, 161.
Bildfensterfunktion, 161.
Bildfilterung, inverse, 92ff.
Bildfolge, 4.
Bildgewinnung, 2.
Bildgewinnungssystem, 90,110f.
–, technisches, 90.
Bildinterpolation, 91.
Bildinterpretation, 2.
Bildklasse, 23,53.
Bildmatrix, 15.
Bildmonitor, 26.
Bildqualität, 26,83.
Bildrestauration, 89ff.
  –, ortsvariante rekursive, 114ff.
  –, signaladaptive, 117ff.
  –, stochastische, 104ff.
Bildschärfe, 74.
Bildsegmentierung, 121ff.
  –, kantenorientierte, 133.
  –, bereichsorientierte, 133.
Bildserie, 110.
Bildsignal, restauriertes, 105.
  –mittelwert, 118.
Bildtransformationen, 48ff.
Bildverarbeitungssystemarchitekturen, 4.
Bildverbesserungsverfahren, 62ff.
Bildverschärfungsoperator, 78ff.
Bildwiedergabe, 25ff.
bimodal, 129.
bimodales Histogramm, 129.
bimodale Wahrscheinlichkeitsfunktion,
  129.
Bimodalität, 128.
binäres Objekt, 156.
Binärmaskenbild, 153.
Binärobjekt, Durchmesser eines, 156.
binärwertige Objektkontur, 134,149.
Bindung, statistische, 105.
Biologie, 1.
Bottom-Up-Verfahren, 133.

charakteristischer Intensitätsbereich, 137.
City-Block-Metrik, 155.
co-occurence matrix, 163.
Computergraphik, 4.
Constrained-Filter, optimales, 97ff.
constraint, 98.
cos-förmige Wellenfunktion, 38.

Darstellungsfehler, 26.
Datenrand, 60.
Datenverarbeitung, 1.
Datenzugriff, 43.
decimation in time, 44.
Decodierung, ortsvariante, 111.
Dehnung, 8,33.
Detektion von Randpunkten hoher
  Krümmung, 152.
Detektionsfilter, 159ff.
Diagonalmatrix, 54.
Differenzen, 34.
Differenzenbildung, örtliche, 34.
Differenzengleichung, 59,115.
Differenzwert, lokaler, 134.
digitales Filter, 60ff.
Dimensionsreduktion, 54,56.
Dipolvektor, 163.
Diracfeld, 12.
Diracfunktion, 11.
  –, Ausblendeigenschaft der, 12.
  –, Verschiebungseigenschaft der, 12.
diskrete Approximation, 92,112.
  – des Laplace-Operators, 125.
diskrete Fourierreihe, 29.
diskrete Fouriertransformation, 29ff.
  – – separierbarer Signale, 31.
  – –, Separierbarkeit, 31.
  – –, Symmetrieeigenschaften, 32.
  – Fourierrücktransformation, 29.
diskretes Signalmodell, 92.
  – System, 36.·
Diskretisierung, 2,14ff.
Diskriminierung von Texturen, 164.
Distanzmaß, 155.
Distanztransformation, 155.
Dokumentenererstellung, –erfassung,
  –verarbeitung, automatisierte, 1.
Drehung, 8.
Drehungsinvarianz, 159.
Durchmesser von Binärobjekten, 156.
Dynamikreduktion, 86.
dynamische Szene, 4.

Editierverfahren, 133.
Eigenschaft, homogene, 114.
  –, statistische, 161.

183

Nachrichtentechnik Herausgeber: H. Marko

Springer-Verlag
Berlin
Heidelberg
New York
Tokyo

Nachrichtentechnik Herausgeber: H. Marko

Springer-Verlag
Berlin
Heidelberg
New York
Tokyo